[illegible]

[illegible]tions Intérieures

[illegible] et Questionnaire

à l'usage

[illegible] Officiers Instructeurs

PAR LE

Capitaine GROS

PARIS

HENRI CHARLES-LAVAUZELLE
Éditeur militaire
[illegible], Rue Danton, Boulevard Saint-Germain, 118
(Même maison à Limoges)

1914

BATTERIES MONTÉES DE 75

INSTRUCTIONS INTÉRIEURES

BATTERIES MONTÉES DE 75

Instructions Intérieures

Recueil et Questionnaire

à l'usage

des Sous-Officiers Instructeurs

PAR LE

Capitaine GROS

PARIS
HENRI CHARLES-LAVAUZELLE
Éditeur militaire
10, Rue Danton, Boulevard Saint-Germain, 118
(Même Maison à Limoges)

1914

AVANT-PROPOS

Les différentes matières qui, sous la désignation d'instructions intérieures, doivent être enseignées aux canonniers des batteries de 75, sont éparpillées dans un certain nombre de documents (pas moins de onze). Les trouver demande toujours du temps, surtout que souvent elles sont comprises dans un ensemble qui ne s'adresse pas uniquement aux canonniers, mais aussi aux gradés.

Eviter au sous-officier instructeur ces recherches, placer entre ses mains un document unique contenant ce qu'il doit enseigner et seulement cela, en un mot lui simplifier sa tâche difficile, tel est le but de ce recueil.

Un programme hebdomadaire, portant sur dix-huit semaines, ce qui conduit vers la fin du mois de février, l'instruction commençant vers le 10 octobre, indique l'ordre dans lequel l'enseignement doit être donné.

Des revisions seront évidemment nécessaires au cours de la deuxième période de l'instruction ; les matières à reviser seront indiquées par l'emploi du temps établi par le capitaine ; un numéro placé en tête de chaque instruction en rendra la désignation et la recherche faciles.

Un questionnaire suit l'exposé de chaque matière ; l'instructeur l'utilisera pour questionner les canonniers. Il pourra le modifier et le compléter s'il le juge utile. Pour quelques numéros, et en tête de ce questionnaire, on a placé, sous forme d'observations, des indications pour l'instructeur. Ce sont des conseils qui pourront lui être utiles.

Certains numéros n'ont pas à être enseignés à tous les canonniers, un renvoi indique ceux auxquels l'instruction doit être faite.

Ce recueil ne comporte pas ce que l'on a appelé « des instructions morales », instructions ayant trait à la patrie, au drapeau, à l'honneur militaire, à la discipline, à la camaraderie, etc, etc. C'est intentionnellement que cette omission a été faite. De telles instructions doivent, pour être productives, être faites au moment opportun : un fait, un incident de la vie journalière les provoquent et cela à un moment quelconque du jour et non pas spécialement pendant le temps consacré aux instructions intérieures. L'instructeur, digne de ce nom, saura saisir l'instant, profiter de l'occasion et, dans une causerie très courte (c'est là une qualité essentielle de ces instructions), traitera du sujet qui lui sera offert. Les causeries que les officiers lui auront faites à lui-même sur de tels sujets, ses lectures, son intelligence et plus encore son cœur et son sentiment du devoir lui feront trouver les mots qu'il faut dire.

L'instructeur doit être bien pénétré de cette idée que les instructions intérieures doivent, comme toutes les autres instructions, être surtout pratiques et dirigées toujours dans la pensée de la préparation à la guerre (1).

Très diverses, elles ont toutes leur importance, mais, pour beaucoup d'entre elles, la tâche de l'intructeur sera brève et se bornera à indiquer une ou deux fois comment et pourquoi telle chose doit être faite. Dans les causeries de la chambrée, par les nécessités de la vie journalière, le canonnier complètera lui-même son instruction. La connaissance des grades, le nom des gradés, la manière de placer les effets

---

(1) Certaines instructions intérieures semblent, à première vue, ne pas répondre à ce but de la préparation à la guerre; ainsi : la tenue des chambres, l'hygiène des hommes et des chevaux en garnison, la tenue en ville, etc., etc. En y réfléchissant, on constate pourtant que ces instructions ne s'éloignent pas du but poursuivi, car les unes apprennent à l'homme à avoir de l'ordre, chose utile en campagne; les autres lui donnent le moyen de conserver sa santé, et c'est bien là de la bonne préparation à la guerre; les autres encore le disciplinent, etc., etc. A toutes ces instructions, il est facile de trouver le but militaire final qui ne s'éloigne pas de celui indiqué, d'où l'obligation de n'en négliger aucune pas plus qu'on ne doit rien négliger dans les exercices.

dans les chambres, de les entretenir, etc., etc., font partie de ces choses que le canonnier apprendra tout naturellement sans qu'il soit nécessaire de lui faire subir de longues séances d'interrogations.

Mieux vaut revenir sur ces questions après quelques semaines de service que lui bourrer la tête de connaissances difficiles à assimiler dans les débuts.

Employer une ou plusieurs séances d'instruction à faire faire, simultanément par tous les canonniers, leur lit et leur paquetage, un paquetage de campagne, à disposer leurs armes pour une inspection, etc., sera beaucoup plus profitable que de leur faire raconter ce qu'ils auraient à faire dans le cas considéré.

Avec moins de peine, l'instructeur obtiendra plus vite de meilleurs résultats.

Il est également inutile d'apprendre aux recrues des chiffres nombreux relatifs aux poids des rations de diverses espèces, par exemple. Il suffit que le canonnier sache sommairement comment, en temps de paix ou de guerre, sa subsistance est assurée. Il lui sera parfaitement inutile de savoir qu'il a droit à 700 grammes de pain biscuité, par exemple, le jour où les convois ne pourront pas arriver. Il vaut mieux qu'il sente qu'il aura le devoir d'aller de l'avant quand même, en se disant qu'un jour de jeûne n'a jamais fait mourir personne, qu'on se bat mieux quand on a les dents longues, que si les vivres manquent c'est qu'il a été impossible de faire mieux.

BATTERIES MONTÉES DE 75

INSTRUCTIONS INTÉRIEURES

PROGRAMME

1re semaine.

Nos

1. S'habiller. — Plier les fournitures de literie. — Faire le lit.
2. Ce que doit faire le canonnier au réveil.
3. Soins de propreté corporelle.
4. Forme du salut.
5. Description du bridon, du licol. — Approcher un cheval à l'écurie. — Bridonner, débridonner. — Sortir un cheval de l'écurie, l'attacher pour le pansage.
6. Faire le pansage.

2e semaine.

7. Seller, desseller. — Entretien de la selle.
8. Devoirs de l'homme de chambre.
9. Appels. — Rassemblements.
10. Repas. — Obligation d'y assister. — Tenue.
11. Ce que doit faire le canonnier malade.

Revision des nos 3, 5, 6.

3e semaine.

12. Différentes collections d'effets d'habillement.
13. Manière de placer les effets dans les chambres.
14. Entretien des effets.
15. Tenue en ville, en voyage, en permission.
16. A qui doit-on le salut ? — Salut dans les différentes circonstances.

Revision des nos 7, 8, 9.

4e semaine.

17. Manière de s'adresser et de se présenter à un supérieur.

Nos

18. Officier entrant dans un local occupé par la troupe.
19. Tenue et police des chambres.
20. Entretien de la literie.
21. Lavage du linge de corps.
 Revision des nos 11, 16.

5e semaine.

22. Différentes tenues.
23. Hygiène des chevaux au quartier.
24. Service des gardes d'écurie.
25. Lettres. — Mandats. — Bons de poste.
26. Hiérarchie. — Appellations. — Noms, adresses des officiers et gradés.
 Revision des nos 15, 18.

6e semaine.

27. Description et entretien des armes.
28. Manière de présenter un cheval. — Présenter un cheval au montoir. — Tenir les pieds. — Mettre les crampons à glace.
 Revision des nos 19, 20.

7e semaine.

29. Service de place.
30. Rouler la capote, le manteau. — Les porter en sautoir. — Placer le manteau sur la selle.
 Revision des nos 23, 24.

8e semaine.

31. Récompenses. — Permissions. — Congés.
32. Punitions.
33. Réclamations.
34. Comment on écrit, pour le service, à un supérieur.
 Revision des nos 27 (§ 4, 5, 8), 29 (§ 1, 2, 3, 4).

9e semaine.

35. Notions sur la solde, l'ordinaire, l'alimentation au quartier.
36. Description de la bride de porteur. — Brider, débrider. — Ajuster la bride. — Entretien de la bride.
37. Description du porte-sabre, du collier d'attache, des sacoches. — Fixer le sabre à la selle. — Mettre le collier d'attache. — Fixer les sacoches sur la selle.
 Revision des nos 27 (§ 6 à 12), 29 (§ 5 à 10).

10e semaine.

Nos

38. Notions sommaires d'hippologie.
39. Descriptions des harnais. — Harnacher et déharnacher le porteur de derrière, le sous-verge de derrière. — Brider les chevaux. — Ajustage des brides.

Revision des nos 10, 12, 13, 14.

11e semaine.

40. Harnacher les attelages du milieu et de devant. — Transformer les traits. — Relever les traits des attelages haut-le-pied. — Ajuster les harnais.
41. Mettre les colliers d'attache. — Fixer les sacoches sur la sellette. — Entretien du harnachement.
42. Livret individuel. — Livret matricule. — Plaque d'identité.

Revision des nos 2, 17, 21, 22.

12e semaine.

43. Tenue de campagne.
44. Paquetage de campagne.
45. Transport des havresacs, sacs d'hommes montés et de l'avoine de route.

Revision des nos 25, 26, 28.

13e semaine.

46. Transport des vivres et de l'avoine de réserve, des ferrures de rechange.
47. Transport des vivres et de l'avoine du jour, du train régimentaire, des bagages.
48. Alimentation en campagne.

Revision des nos 31, 32.

14e semaine.

49. Notions sur l'organisation générale de l'armée, sur l'organisation de l'artillerie.
50. Hygiène des hommes en campagne.
51. Hygiène des chevaux en campagne.

Revision des nos 33, 34.

15e semaine.

52. Transport des troupes en chemin de fer.

Revision des nos 35, 38.

16e semaine.

Nos

53. Prescriptions à observer pendant les marches, dans les cantonnements ou bivouacs.
54. Légion d'honneur. — Médaille militaire.
Revision des nos 42, 43, 44, 45.

17e semaine.

55. Notions sur la justice militaire.
56. Sections spéciales.
57. Réforme.
Revision des nos 46, 47.

18e semaine.

58. Notions sur la masse d'habillement.
59. Obligations auxquelles sont tenus, dans leurs foyers, les hommes soumis à la loi militaire.
60. Rengagements.
Revision des nos 48, 49, 50, 51.

1. S'HABILLER. — PLIER LES FOURNITURES DE LITERIE. — FAIRE LE LIT.

I. — S'habiller.

Les effets que le canonnier doit revêtir le matin doivent toujours avoir été mis en parfait état de propreté et d'entretien dès la veille au soir, car, le matin, il n'a pas le temps de le faire.

Pour être bien habillé il est indispensable de bien placer d'abord le linge de corps : flanelle, chemise, caleçon, trois effets dont le port est obligatoire.

La chemise doit toujours avoir le col et les poignets pourvus de boutons, elle doit être ainsi que la flanelle, bien tirée vers le bas et ne pas boursoufler vers la ceinture.

Le caleçon doit être fixé au-dessus des chevilles par les liens; la ceinture en est ajustée au moyen des liens de manière à ce que l'effet tienne au-dessus des hanches.

Le pantalon ou la culotte doivent toujours être soutenus par des bretelles. La culotte doit serrer un peu le mollet et le bas de la jambe afin de ne pas remonter; le canonnier déplace s'il y a lieu, pour cela, les boutons des jambes. Aucun bouton ne doit manquer, même aux poches.

La cravate doit faire deux fois le tour du cou, être arrêtée par un nœud plat placé exactement devant l'échancrure du col de la veste. Elle doit dépasser le col de la veste d'environ un centimètre. Elle sera maintenue en place par deux ou trois épingles de sûreté.

La veste doit avoir les agrafes du col solidement fixées et toujours agrafées; les boutons, nettoyés tous les jours, sont entièrement boutonnés; les basques sont fermées par les boutons.

Le ceinturon doit être serré à la ceinture, au-dessus des hanches. Lorsqu'il est porté par-dessus le bourgeron, les plis qu'il fait former à cet effet doivent être ramenés en arrière et le bourgeron ne doit pas boursoufler au-dessus du ceinturon.

Les objets que le canonnier place dans ses poches : mouchoir, porte-monnaie, montre, couteau doivent être répartis entre les différentes poches de manière à ne pas les gonfler.

Les brodequins, cirés ou graissés, doivent être lacés entièrement.

Les jambières des conducteurs doivent être bien fixées par les ressorts et les courroies; elles doivent être rendues brillantes par le cirage. Les sous-pieds sont toujours bien fixés.

Les jambières des servants doivent être lacées entièrement et bien cirées.

Les éperons sont polis avec la brique; les sous-pieds et brides sont cirés.

Les brodequins et jambières doivent toujours avoir leurs coutures en bon état.

Le képi, brossé chaque jour, doit avoir la visière et la jugulaire brillantes. Il est porté d'aplomb sur la tête, la visière à deux travers de doigts au-dessus de la ligne des yeux.

II. — Plier les fournitures de literie.

Après le réveil, le canonnier doit plier ses fournitures de literie. A cet effet, il secoue la couverture, la plie en huit, secoue les couvre-pieds et les plie en quatre, secoue les draps et les plie l'un après l'autre en huit, retourne le matelas et le replie sur lui-même en deux. Il place ensuite les fournitures dans l'ordre suivant : matelas, traversin, draps, couvre-pieds, couverture, le tout bien superposé sur l'alignement du pied du lit.

Chaque objet de literie porte une étiquette avec un numéro permettant à l'homme de le reconnaître.

III. — Faire le lit.

Le lit est fait après la soupe du matin. Pour faire le lit : étendre l'isolateur sur le sommier, étendre le matelas; placer le drap du dessous, puis celui du dessus; les engager sous le matelas, vers le pied, puis sous les côtés; les replier à la tête de manière qu'ils ne dépassent pas le matelas; étendre les couvre-pieds puis, par-dessus, la couverture; fixer la couverture sous le matelas, au pied du lit; entourer le traversin avec la couverture, le rouler pour tendre la couverture; fixer celle-ci sous les côtés du matelas. La couverture doit être bien tendue.

Lorsque le canonnier veut se coucher, il dégage le traversin de la couverture, l'entoure avec le drap du dessous et rabat le drap du dessus sur la couverture.

QUESTIONNAIRE

Observation. — L'instruction des matières de ce numéro doit être surtout pratique; l'instructeur montrera à exécuter deux ou trois fois chacune d'elles, puis fera exécuter simultanément par tous les canonniers. Il les fera pratiquer de temps en temps au cours des premières semaines. Lorsque les canonniers ont fini le travail demandé, il passe dans les chambres, suivi du groupe à instruire et montre les imperfections.

A quel moment le canonnier doit-il mettre en état les effets qu'il doit revêtir ?

Quels sont les effets de linge de corps que le canonnier doit toujours avoir sur lui ?

Comment doivent être placées la flanelle et la chemise ?
Comment doit être placé le caleçon ?
Comment doit être tenu le pantalon ?
Comment doit être tenue la culotte ?
Comment se place la cravate ?
Comment se place le ceinturon ?
Cumment sont portés les brodequins ?
Comment doivent être les jambières ?
Comment se porte le képi ?
Comment le canonnier doit-il plier les fournitures de literie ?
Comment le canonnier fait-il son lit ?
A quel moment fait on le lit ?

2. CE QUE DOIT FAIRE LE CANONNIER AU RÉVEIL

A la sonnerie du réveil, ou, à défaut de cette sonnerie, à l'appel du chef de chambrée, le canonnier doit immédiatement se lever.

Il revêt aussitôt pantalon (culotte) et veste et se rend au lavabo pour se laver les mains, la figure, la bouche, se brosser la tête.

Il revient ensuite dans la chambre, boit le café, plie ses fournitures de literie, balaie sous son lit.

Il s'habille alors dans la tenue prescrite pour la première manœuvre.

Il refait son paquetage, époussette les planches à bagages placées à hauteur de son lit.

Ceci fait, il se rend au rassemblement pour l'appel du matin.

QUESTIONNAIRE

Que fait le canonnier à la sonnerie du réveil ?
Où va-t-il prendre les soins de propreté ?
Que fait-il ensuite ?
Où prend-il le café ?
Que fait-il de ses fournitures de literie ?
A quel moment se met-il en tenue pour la manœuvre ?
Quels soins prend-il relativement à son paquetage, aux planches à bagages ?

3. SOINS DE PROPRETÉ CORPORELLE

Pour bien se porter il faut être propre.

Les pores de la peau contribuent à la respiration et servent de porte de sortie à un grand nombre de produits nuisibles. Il faut donc les débarrasser des souillures qui peuvent les boucher, telles que sueur, poussière, boue, etc.

L'homme malpropre s'expose à une mauvaise santé générale et à un grand nombre d'affections de la peau :

furoncles, panaris, adénites, eczémas, etc. La mauvaise odeur qu'il dégage incommode ses voisins et rend malsain l'air des chambres.

Aussitôt après le réveil, le canonnier doit se rendre au lavabo, se laver à l'eau et au savon : les mains, la figure, le cou, les organes génitaux, l'anus. Il doit se rincer la bouche et se nettoyer les dents avec une brosse dure, se brosser la tête.

Dans la journée, et en particulier avant les repas, il doit se laver les mains qui sont souillées par le pansage, par le conctact des armes, du matériel, du harnachement. Avant de sortir en ville, se laver la figure et les mains, se nettoyer les ongles qu'il faut porter courts.

Deux fois par semaine au moins, et, en outre, la veille des jours de revue ou de garde, le canonnier doit se faire raser. Le coiffeur est à la disposition des hommes tous les jours aux heures indiquées sur la pancarte affichée près de l'endroit où le coiffeur travaille. Il est absolument défendu au coiffeur, sous peine de prison, de recevoir un paiement quelconque.

Le canonnier qui sait se servir du rasoir se rase lui-même.

Le port de la barbe est autorisé, mais elle doit être portée de longueur telle qu'elle ne cache pas les écussons de la veste. Le port des favoris est interdit. Il est interdit au canonnier de raser la moustache.

Une fois par quinzaine, le canonnier prend une douche chaude ou un bain chaud. Le corps entier doit alors être savonné avec soin.

L'été, des bains de rivière peuvent être ordonnés. Afin d'éviter les accidents, il est absolument défendu au canonnier de se baigner ailleurs qu'à la baignade militaire et en dehors des heures fixées.

Les cheveux doivent être coupés tous les quinze jours; ils sont toujours portés courts surtout derrière. Le canonnier doit, après s'être fait couper les cheveux, se laver la tête au savon, puis rincer abondamment à l'eau et sécher les cheveux avec la serviette.

Aussi souvent qu'il est nécessaire, et au moins deux fois par semaine, le canonnier doit se laver les pieds. Les ongles des pieds doivent être coupés carrément pour éviter que les ongles ne pénètrent dans les chairs (ongle incarné).

Les conducteurs doivent se tenir les fesses et les cuisses très propres, c'est le meilleur moyen d'éviter les furoncles et l'envenimement des blessures que l'exercice du cheval peut amener. En cas de blessure, se graisser avec de la vaseline, du baume du marcheur ou de la chandelle. Ces ingrédients sont donnés gratuitement au canonnier qui n'a qu'à les demander à son instructeur.

Les objets nécessaires à la toilette ne doivent pas se prêter.

L'achat d'une brosse à dents, d'une brosse à cheveux, d'un rasoir sont des dépenses réellement utiles. Apprendre à se raser soi-même constitue une économie de temps et d'argent.

QUESTIONNAIRE

Quelle est la condition première pour se bien porter?
Quel est le but des soins de propreté corporelle?
Pourquoi, plus que tout autre, le soldat doit-il être très propre?
Quels soins de propreté le canonnier doit-il prendre après le réveil?
Quand doit-il se laver les mains?
Que doit-il faire avant de sortir en ville?
Quand se fait-il raser?
Que doit-il payer au coiffeur pour cela?
Peut-il porter la barbe?
Quand prend-il une douche ou un bain?
Comment se lave-t-il le corps?
Le canonnier peut-il se baigner à la rivière?
Quand se fait-il couper les cheveux?
Que fait-il après s'être fait couper les cheveux?
Quand doit-il se laver les pieds?
Comment doivent être taillés les ongles des pieds?
Quelles parties du corps le canonnier qui monte à cheval doit-il tenir toujours très propres?
Quel moyen emploie-t-il pour soigner les blessures des fesses?
Où se procure-t-il les ingrédients nécessaires?
Le canonnier doit-il prêter les objets de toilette? Pourquoi?
Quels objets de toilette le canonnier doit-il se procurer?

4. FORME DU SALUT.

La forme du salut est la suivante :

Porter la main droite ouverte au côté droit de la coiffure, la main dans le prolongement de l'avant-bras, les doigts étendus et joints, le pouce réuni aux autres doigts, la paume de la main en avant, le bras sensiblement horizontal et dans l'alignement des épaules.

L'attitude du salut doit être prise d'un geste vif et décidé. Tout militaire exécutant le salut de pied ferme ou en marche rectifie son attitude, lève la tête et tend les jarrets; il regarde la personne qu'il salue. Le salut terminé, il replace vivement la main droite sur le côté.

QUESTIONNAIRE.

Observation. — L'instructeur ne s'occupera, dans la première semaine, que de la forme du salut. Saluant lui-même, il fera prendre l'attitude du salut et rectifiera. Il fera saluer souvent dans le cours de chaque instruction. Avant de rompre les rangs, à la fin d'un exercice ou d'une instruction, tous les canonniers doivent saluer.

5. DESCRIPTION DU BRIDON, DU LICOL. APPROCHER UN CHEVAL A L'ÉCURIE. BRIDONNER, DÉBRIDONNER. — SORTIR UN CHEVAL DE L'ÉCURIE, L'ATTACHER POUR LE PANSAGE.

I. — Description du bridon et du licol.

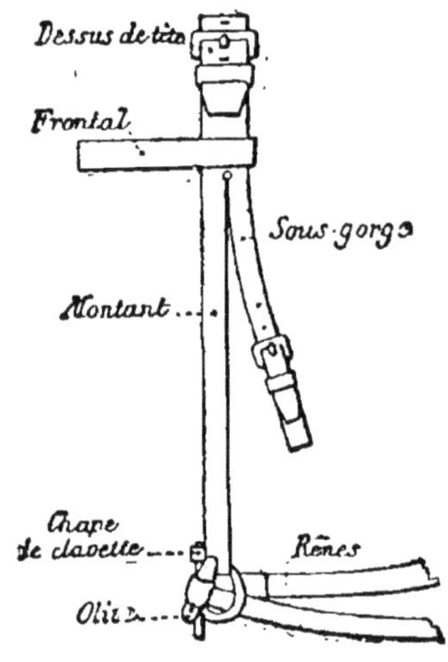

Bridon d'abreuvoir.

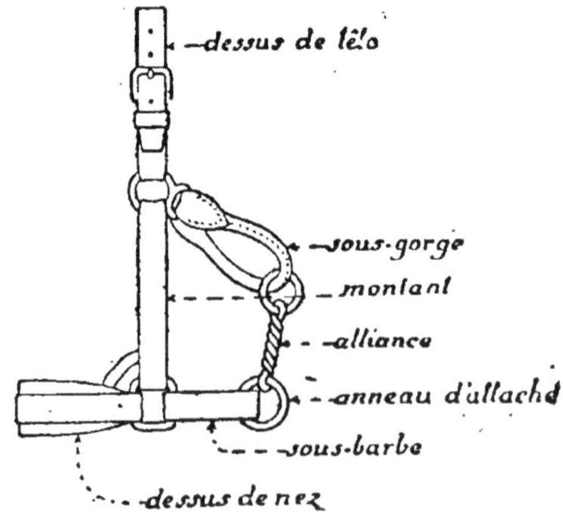

Licol d'écurie.

II. — Approcher un cheval à l'écurie.

Il faut toujours, avant d'approcher un cheval, le prévenir en lui parlant, en disant plusieurs fois « hola ». Ceci fait, s'approcher et lui frapper franchement sur la fesse avec la main à plat ; se porter ensuite vers sa tête, du côté gauche.

III. — Bridonner, débridonner.

Pour bridonner un cheval :

Placer le dessus de tête sur l'avant-bras gauche, près du poignet, le frontal du côté du coude, les rênes relevées sur le dessus de tête;

Se placer à la gauche du cheval;

Dégager le contre-sanglon du licol du passant et de la boucle sans l'abandonner;

Saisir le cheval au toupet avec la main gauche, abandonner le licol, passer avec la main droite les rênes par-dessus l'encolure;

Prendre le bridon ou dessus de tête avec la main droite, l'élever à la hauteur et en avant de la tête du cheval, prendre le toupet avec la main droite, engager avec la main gauche le mors dans la bouche, passer alors les oreilles du cheval entre le frontal et le dessus de tête, dégager le toupet, boucler la sous-gorge;

Ramasser le licol et le suspendre au râtelier en bouclant le contre-sanglon du dessus de tête.

La longueur des montants du bridon doit être telle que le mors appuie sur la commissure des lèvres sans la faire plisser; régler cette longueur au moyen des trous du dessus de tête. La sous-gorge ne doit jamais serrer la gorge du cheval.

Pour débridonner :

Déboucler la sous-gorge;

Passer les rênes par-dessus les oreilles et les laisser tomber dans le pli du bras gauche;

Placer le licol à portée de la main;

Oter le bridon en commençant à dégager l'oreille droite, maintenir le cheval au toupet avec la main gauche;

Rattacher le cheval avec le licol.

IV. — Sortir un cheval de l'écurie, l'attacher à l'anneau de pansage.

Le cheval étant bridonné, le faire reculer pour le faire sortir de sa stalle ; pour cela, lui faire face et prendre un montant du bridon dans chaque main près du mors, appuyer légèrement sur les montants.

Le cheval étant sorti de sa stalle, se placer à sa gauche en saisissant les deux rênes de bridon avec la main droite à environ quinze centimètres de la bouche du cheval, se mettre en marche sans regarder le cheval et sortir de l'écurie.

Pour attacher le cheval avec le bridon à un anneau de pansage :

Déboucler la sous-gorge du bridon ;
Introduire dans l'anneau, de dessus en dessous, l'extrémité des rênes en les tenant à pleine main ;
Les ressaisir au-dessous de l'anneau, également à pleine main ;
Engager la sous-gorge entre les rênes ;
Reboucler la sous-gorge.

Le canonnier ne doit jamais, en attachant un cheval, introduire les doigts entre les rênes ; sans cette précaution, il s'exposerait à des blessures graves, au cas où le cheval tirerait en arrière, ce que l'on appelle « tirer au renard ».

QUESTIONNAIRE.

Observation. — L'instruction des choses contenues dans ce numéro doit être surtout pratique. L'instructeur montrera en exécutant lui-même deux ou trois fois, puis fera exécuter par deux ou trois canonniers après lui. Enfin, donnant un bridon à chaque homme, il lui désignera un cheval à sortir de l'écurie.

Montrez-moi telle partie du bridon (du licol)?
Comment appelez-vous ceci?
Que faut-il faire avant d'approcher un cheval?
Où placez-vous le licol après avoir bridonné?
Comment fait-on sortir un cheval de sa stalle?
Comment le met-on en marche?
Quelles précautions faut-il prendre en l'attachant à un anneau?

6. FAIRE LE PANSAGE

Le pansage sert à débarrasser la peau du cheval des impuretés qui la souillent.

Le cheval, comme tous les animaux, ne respire pas seulement par la bouche et le nez, mais aussi par les pores de la peau. Il faut donc que ces pores ne soient pas bouchés par la poussière, la crasse.

Un vieux proverbe dit : « Pansage vaut fourrage », et les gens qui sont habitués à soigner des chevaux savent tous combien il est vrai.

Le pansage doit être fait avec activité ; en une demi-heure on peut faire un pansage absolument parfait à un cheval.

Pour faire le pansage, le canonnier dispose des outils suivants : une brosse en chiendent, une étrille, une brosse en crins, un torchon-serviette, une éponge, une curette en bois. Il place en outre à proximité du cheval, un seau ou baquet rempli d'eau propre.

Pour panser un cheval, il faut l'attacher au dehors de l'écurie, à moins que l'état du temps ne s'y oppose.

Le canonnier dispose ensuite ses outils de pansage derrière le cheval, puis, prenant la brosse en chiendent, il la passe rapidement sur tout le corps du cheval, à grands coups, à rebrousse-poil, afin de décoller les poils et faire tomber le crottin ou la boue.

Ceci fait, il prend l'étrille et la passe légèrement à rebrousse-poil sur toutes les parties charnues, en commençant par la croupe et étrillant le côté droit d'abord, le gauche ensuite.

La tête, le dessous de l'encolure, la base de la queue, les hanches, l'épine dorsale, le fourreau, les mamelles, la face interne des cuisses et des avant-bras, les parties inférieures des membres ne doivent jamais être touchées avec l'étrille.

L'étrille ayant été passée sur les parties indiquées, le canonnier l'abandonne et reprend la brosse en chiendent, avec laquelle il enlève rapidement la plus grande partie de la crasse amenée à la surface par l'étrille.

Laissant alors la brosse en chiendent, il prend l'étrille dans la main gauche et la brosse en crins dans la main droite; avec la brosse, il brosse tout le côté gauche du cheval, en commençant par la tête et en donnant un coup de brosse d'abord à rebrousse-poil, puis un dans le sens du poil, en ayant soin, après ce deuxième coup de brosse, de passer celle-ci sur l'étrille pour la débarrasser de la crasse. Il brosse les membres gauches en agissant de la même manière. Il passe ensuite à droite du cheval et brosse tout le côté droit.

Pour brosser la tête, déplacer le bridon pour pouvoir atteindre toutes les parties.

Nettoyer, avec la brosse en crins, toutes les parties sur lesquelles l'étrille ne doit pas être passée.

Brosser ensuite, en séparant les crins mèche par mèche, le toupet, la crinière, la queue.

Curer les pieds avec la curette en bois et s'assurer à ce moment que les fers sont solidement fixés.

Passer ensuite l'éponge humide aux lèvres, aux yeux, aux naseaux, au fourreau, à l'anus. Laver les canons et les paturons avec l'éponge mouillée. Sécher et frictionner les membres.

Terminer le pansage en lustrant le poil avec le torchon-serviette passé sur tout le corps du cheval.

Toute écorchure, blessure, un mauvais état de la ferrure, doit être immédiatement signalé par le canonnier au sous-officier de service.

QUESTIONNAIRE

Observation. — L'instruction du pansage, très importante, est rarement bien faite. Elle a besoin d'être suivie avec soin d'un bout à l'autre par l'instructeur. Au début, elle ne doit être que pratique; ce n'est que par la suite, dans les revisions, que l'instructeur questionnera le canonnier.

Il faut : exiger que le pansage soit rapidement mené, ne pas donner au canonnier l'habitude de traîner une heure autour du même cheval. Il y a tout avantage, pour inculquer cette habitude de célérité, à renvoyer l'homme dès que son cheval ou ses chevaux sont pansés. Si l'abreuvoir ne peut être fait aussitôt après que le cheval confié à un canonnier a été pansé, laisser l'homme libre jusqu'à l'heure de l'abreuvoir.

Il faut aussi habituer le canonnier à utiliser largement l'éponge au cours du pansage.

A quoi sert le pansage?
Pourquoi faut-il débarrasser la peau de la crasse?
Combien faut-il de temps pour faire un excellent pansage à un cheval?
Quels sont les effets de pansage dont le canonnier doit être pourvu?
Où place-t-on le cheval pour le panser?
Le cheval étant attaché, que doit-on faire tout d'abord?
Comment doit on se servir de l'étrille?
Sur quelles parties du corps du cheval est-il défendu de passer l'étrille?
Après avoir étrillé le cheval, que fait-on?
Comment se sert-on de la brosse en crins?
Comment nettoie-t-on la crinière, le toupet, la queue?
A quoi emploie-t-on l'éponge?
Après avoir lavé les parties inférieures des membres, que faut-il faire?
Que doit-on faire aux pieds?
Par quoi termine-t-on le pansage?
Que doit faire le canonnier qui, en pansant son cheval, constate une blessure, un mauvais état de la ferrure?

7. DESCRIPTION DE LA SELLE. — SELLER, DESSELLER. — ENTRETIEN DE LA SELLE.

I. — Description de la selle.

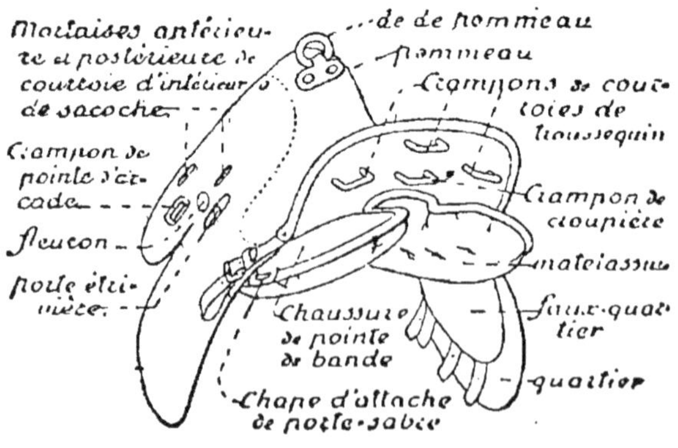

Selle vue par derrière.

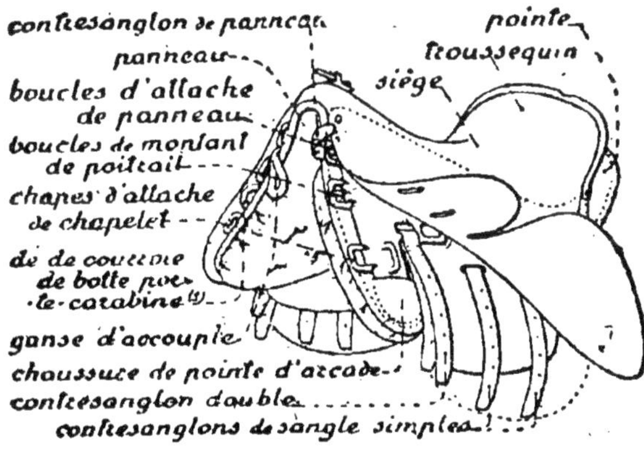

Selle vue par devant.

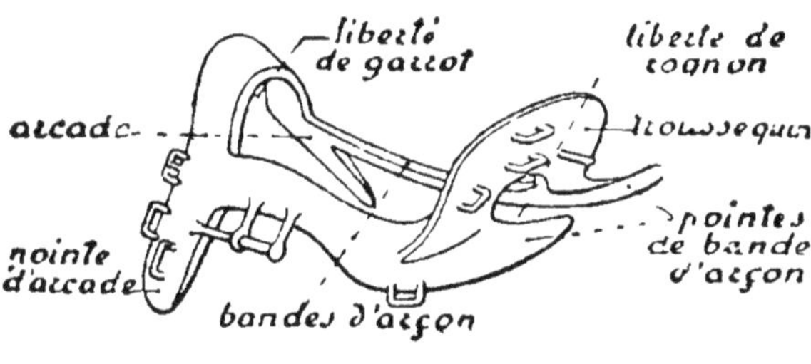

Arçon.

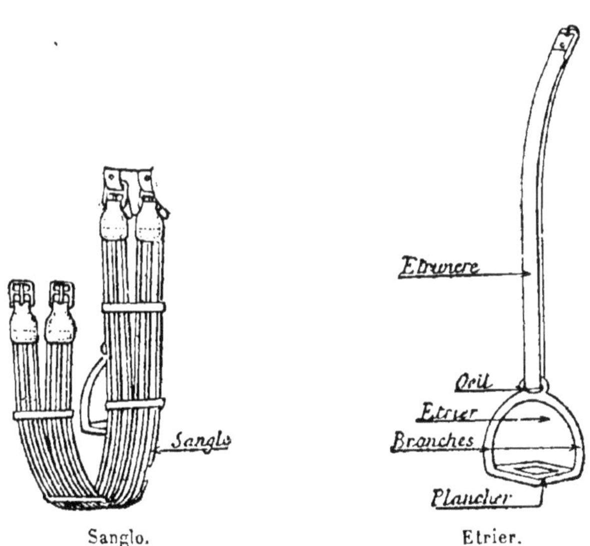

Sanglo. Etrier.

Observation. — La description de la selle sera faite très progressivement par l'instructeur qui devra ne donner tout d'abord que le nom des parties qu'aura à toucher le canonnier pour seller le cheval. La description continuera pendant les repos de la manœuvre à cheval.

II. — Seller, desseller.

Avant de seller un cheval, le canonnier doit d'abord procéder aux opérations suivantes :

1° Le bridonner et le sortir de l'écurie pour l'attacher à un anneau de pansage;

2° Brosser tout le corps du cheval avec la brosse en chiendent (ou, à défaut, avec la brosse en crins ou un bouchon en paille), afin d'enlever la poussière et le fumier dont l'animal serait souillé;

3° Vérifier qu'il ne manque pas de clous aux fers;

4° Aller chercher la selle, la sangle et la couverture;

5° Placer la selle debout sur le devant, en arrière du cheval, le siège du côté du cheval, la sangle relevée sur le siège;

6° Plier la couverture, après l'avoir secouée, d'abord en deux, liteaux contre liteaux, puis en deux dans l'autre sens, et la placer sur le dos du cheval, les liteaux du côté gauche, le gros pli sur le garrot; la glisser une ou deux fois d'avant en arrière pour unir le poil, en la soulevant pour la reporter en avant sans rebrousser le poil.

7° S'assurer que la sangle est fixée, ou la fixer au côté droit de la selle, au contre-sanglon de dessous du contre-sanglon double et au contre sanglon arrière; la relever sur le siège.

Ces opérations faites, prendre la selle de la main gauche à l'arcade et de la main droite sous le troussequin; s'approcher du côté gauche du cheval; poser doucement la selle sur le dos du cheval en la passant par-dessus la croupe et la placer, la partie antérieure un peu en arrière des épaules. S'assurer que la couverture ne forme aucun pli et qu'elle dépasse les bords de la selle de la même quantité à l'avant qu'à l'arrière; la soulever avec la main sur le garrot et sur le rognon et dégager les crins; abattre la sangle, serrer la sangle avec modération et sans brusquerie. Passer à droite du cheval, achever de serrer la sangle. S'assurer que les faux-quartiers sont bien à plat et que les boucles des sangles reposent sur chaque faux-quartier et à peu près à la même hauteur (1).

Pour desseller :

Déboucler la sangle du côté gauche;

Passer à droite du cheval, relever la sangle sur la selle;

Revenir à la gauche du cheval, enlever la selle avec les deux mains et la placer debout sur le devant, en arrière du cheval; le siège tourné vers le cheval;

---

(1) Pour être bien placée, la selle doit avoir la pointe antérieure de la bande d'arçon à trois doigts en arrière de la partie postérieure de l'épaule.

Retirer la couverture, la placer sur la selle, le côté qui était placé sur le cheval en dessus.

Etriers. — Si les étriers doivent être fixés à la selle, les mettre à la selle avant de placer celle-ci sur le cheval; pour cela, opérer comme suit :

Le bout libre de l'étrivière ayant été engagé, la chair en dessus, dans l'œil de l'étrier, le passer dans le porte-étrivière de dessous en dessus, à travers la mortaise du quartier, la chair en dehors; entourer le rouleau; boucler l'étrivière et engager le bout libre au-dessous de la traverse de la boucle, de manière à le placer entre les deux cuirs de l'étrivière; remonter la boucle jusqu'au porte-étrivière et relever l'étrier en le faisant glisser le long de l'étrivière et en passant ensuite l'étrivière dans l'étrier entre celui-ci et la selle.

Lorsque le cheval a été sanglé à droite, rabattre les étriers.

Avant de défaire la sangle pour desseller, relever l'étrier gauche en le faisant glisser le long de l'étrivière et en passant ensuite l'étrivière dans l'étrier, entre celui-ci et la selle; faire de même pour l'étrier droit avant de relever la sangle sur le siège.

III. — Entretien de la selle.

Les parties en cuir de la selle sont épongées avec l'éponge légèrement humide, puis le siège et les quartiers sont frottés avec un chiffon sec.

Quand les panneaux ont été mouillés, les exposer à l'air, au soleil, pour les sécher; une fois secs, les battre pour leur rendre leur souplesse.

Les selles sont placées à la sellerie, sur les chevilles en bois.

Les étriers sont entretenus brillants en les frottant avec de la brique étalée sur un chiffon dur.

Les sangles doivent être lavées aussi souvent qu'il est nécessaire pour les entretenir propres. Une fois séchées, les rouler entre les mains pour les assouplir.

Les couvertures, une fois séchées, sont battues et brossées.

QUESTIONNAIRE

Observation. — Même observation que celle donnée au questionnaire du nº 5.

Quelles sont les opérations à faire avant de seller un cheval?
Comment place-t on la couverture sur le dos du cheval?
Comment sangle-t-on le cheval?
Comment les boucles des sangles doivent-elles être placées?
Comment doit être la couverture une fois le cheval sellé?
Comment la selle doit-elle être placée par rapport à l'épaule du cheval?
Où place-t-on la couverture et la selle après avoir dessellé?

Quels soins d'entretien doit-on prendre pour la selle ?
Quels soins d'entretien doit-on prendre pour les sangles ?
Comment nettoie-t-on les étriers ?
Comment entretient-on les couvertures ?

8. DEVOIRS DE L'HOMME DE CHAMBRE

Chaque jour, dans chaque chambrée, un canonnier est désigné comme homme de chambre. Il est chargé de la propreté de la chambrée.

Son service commence à la sonnerie du café du matin et finit à l'heure de l'extinction des feux.

Il va chercher le café du matin et en fait la distribution à ses camarades.

Il balaie la chambre après que chaque canonnier a balayé sous son lit. Le balayage ne doit jamais avoir lieu à sec, afin d'éviter les poussières.

Il essuie les bancs, tables, râteliers d'armes, fenêtres.

Il va jeter les ordures à l'endroit désigné pour cela.

Il veille à ce que la cruche ait toujours une provision d'eau, qu'elle soit munie de son couvercle. Il va chercher l'eau au filtre ou aux fontaines désignées.

Dès que les canonniers sont entièrement habillés, il ouvre les fenêtres et les fixe au moyen de leurs crochets.

Il est chargé d'allumer le poêle et de l'entretenir ; celui-ci doit être éteint à 22 heures au plus tard.

A la sonnerie de l'extinction des feux, il doit éteindre les lumières.

La chambre doit toujours être propre, mais plus particulièrement à l'appel du matin, après la soupe du matin et à 15 heures.

Les canonniers chargés de faire les chambres des sous-officiers sont exemptés du service d'homme de chambre.

Les maîtres pointeurs et le maître-ouvrier en fer sont également exemptés de ce service.

QUESTIONNAIRE

Qu'est-ce que l'homme de chambre ?
Quelle est la durée de son service ?
Que fait-il à la sonnerie du café ?
Quelle précaution doit-il prendre pour balayer la chambre ?
Qui doit essuyer les bancs, tables, râteliers d'armes, fenêtres ?
Que fait-on des ordures ?
A quel moment l'homme de chambre ouvre-t-il les fenêtres ?
Qui est chargé d'allumer et d'entretenir le poêle ?
A quelle heure l'homme de chambre doit-il éteindre les lumières ?
A quels moments la chambre doit-elle particulièrement être propre ?
Quels sont les canonniers qui sont exemptés du service d'homme de chambre ?

9. APPELS. — RASSEMBLEMENTS.

Appels.

Chaque jour il y a un appel du matin et un appel du soir.

Tous les canonniers présents à la batterie assistent à à ces deux appels, sauf dans les cas qui seront indiqués ci-après.

Celui du matin a lieu à l'heure fixée par l'emploi du temps, celui du soir a lieu à 21 heures.

Les hommes malades peuvent ne pas assister à l'appel du matin (lequel a lieu dans la cour) et garder le lit jusqu'à l'heure de la visite médicale.

L'appel du soir a lieu dans les chambres. Les canonniers qui, ayant terminé leur travail, veulent se reposer, peuvent se coucher avant l'heure de l'appel, leur présence dans leur lit est constatée par le gradé chargé de faire l'appel.

Pour ne pas assister à l'appel du soir, il faut une permission du capitaine.

Rassemblements.

Avant chaque exercice, instruction, ou corvée, un rassemblement est fait.

Tout canonnier qui doit assister à un rassemblement doit se trouver, dans la tenue prescrite pour l'exercice, l'instruction ou la corvée qui doit suivre le rassemblement, à l'endroit fixé deux ou trois minutes avant l'heure indiquée. Tout retard est une faute.

QUESTIONNAIRE

A quelle heure a lieu l'appel du matin ? celui du soir ?
Peut-on ne pas assister à l'appel du matin ?
Le canonnier est-il tenu de ne pas se coucher avant l'appel du soir ?
Le canonnier peut-il ne pas assister à l'appel du soir ?
Que doit faire le canonnier qui doit assister à un rassemblement ?

10. REPAS. — OBLIGATION D'Y ASSISTER. TENUE.

I. — Repas.

Le canonnier fait trois repas par jour :

Le matin, aussitôt après le réveil, il prend le café;

A 10 h. 30, il reçoit un repas composé de viande, soupe, légumes;

A 17 heures, il reçoit un repas composé de viande et légumes.

Le repas est un service et, comme tout service, il a lieu à l'heure fixée, c'est pourquoi il est prescrit au canonnier de se trouver à table exactement cinq minutes après la sonnerie indiquant l'heure des repas. Ces cinq minutes de différence avec les heures indiquées plus haut sont destinées à lui permettre de se laver les mains, de se mettre dans la tenue voulue pour les repas et aussi pour permettre aux hommes de corvée d'apporter de la cuisine au réfectoire les aliments.

II. — Obligation d'assister aux repas.

Tout canonnier est tenu d'assister aux repas.

Lorsque, exceptionnellement, il désire ne pas y assister, il en demande l'autorisation à son brigadier de pièce. Aucune autorisation permanente ne peut être accordée.

Il est interdit au canonnier d'apporter à table du vin, des liqueurs, des victuailles. C'est là une question de bonne camaraderie.

Des distributions de vin sont faites pour toute la batterie aussi souvent que la richesse du boni de l'ordinaire le permet.

III. — Tenue pour les repas.

Il est interdit au canonnier de venir au réfectoire ou à table en manches de chemise ou en veste; il doit toujours avoir le bourgeron.

En venant à table, le canonnier apporte son quart, sa cuiller et sa fourchette.

La propreté et la bonne tenue à table sont de rigueur. Les chefs de table sont chargés d'y veiller.

Le chef de réfectoire est chargé de la police du réfectoire.

La consigne affichée au réfectoire doit être connue de tous et scrupuleusement observée.

Des canonniers sont commandés à tour de rôle pour aller chercher, aux cuisines, les aliments et y reporter la vaisselle sale après le repas. La vaisselle est lavée par l'aide-cuisinier qui doit laver chaque jour, à l'eau chaude, les tables à manger.

L'homme de chambre est chargé d'apporter les cruches pleines d'eau sur les tables du réfectoire.

QUESTIONNAIRE.

Combien le canonnier fait-il de repas par jour?
Quelles sont les heures des repas?
Le canonnier peut-il manquer aux repas?
A qui doit-il demander la permission de ne pas assister à un repas?
Peut-il être accordé des permissions permanentes?
Dans quelle tenue le canonnier se met-il pour venir à table?
Quels objets doit-il apporter à table?
Peut-il apporter à table du vin, des liqueurs, des victuailles? Pourquoi?
Qui est responsable de la bonne tenue des canonniers à table?
Qui est responsable de la police du réfectoire?
Qui est chargé d'apporter les aliments des cuisines au réfectoire?
Qui est chargé de laver la vaisselle et les tables?
Qui apporte les cruches d'eau au réfectoire?

11. CE QUE DOIT FAIRE LE CANONNIER MALADE

Le canonnier qui est malade doit le déclarer le matin, avant l'appel, à son chef de chambrée et se présenter au médecin à l'heure de la visite médicale.

S'il se sent malade dans la journée, il le déclare à son instructeur qui lui indique ce qu'il doit faire.

Le canonnier malade doit le déclarer immédiatement afin d'être soigné aussitôt. Il évitera ainsi souvent une maladie grave. Il ne doit pas chercher à se soigner lui-même ou en suivant les conseils de camarades. Aucune maladie n'est honteuse, pas plus les maladies vénériennes que les autres. Ce qui est honteux, c'est de ne pas prendre énergiquement les soins nécessaires et de contaminer d'autres personnes.

Mais si c'est un devoir pour le canonnier de se déclarer malade quand il l'est, c'est une faute des plus graves de similer une maladie et de chercher à tromper le médecin.

Le simulateur est un mauvais camarade parce qu'il fait retomber sur les autres la part de travail qui lui incombe, et c'est un malhonnête homme d'abord parce qu'il ment et qu'il vole au médecin son temps que celui-ci pourrait employer à soigner de véritables malades.

Aussi le simulateur, lorsqu'il est découvert, et cela arrive tôt ou tard, est toujours puni de façon exemplaire.

La visite du médecin a lieu à... heures. Avant de s'y

rendre, le canonnier doit, autant que son état le lui permet, prendre tous les soins de propreté corporelle et, si son linge de corps est sale, en changer.

Suivant la maladie ou le degré de celle-ci, le médecin prescrit, en outre des soins à prendre et des remèdes à employer, que le canonnier sera :

Exempté de chaussures,
— de corvée,
— de pansage,
— d'exercice,
— de cheval,
— de garde,
— de service quelconque.

ou le fait admettre à l'infirmerie ou à l'hôpital.

Le canonnier participe aux travaux ou exercices dont il n'est pas exempté.

Le canonnier admis à l'infirmerie quitte la batterie pour séjourner à l'infirmerie. Avant d'y entrer, il reçoit des effets spéciaux et dépose au magasin de la batterie tous les effets dont il est détenteur, ainsi que ses armes. Un inventaire en est dressé par son chef de pièce en sa présence s'il peut y assister, en présence de deux témoins dans le cas contraire. Cet inventaire, remis au maréchal des logis chef, servira à constater que tout ce qui était en sa possession lui est rendu à sa rentrée à la batterie.

Le canonnier admis à l'hôpital quitte la batterie. Il part vêtu de ses effets d'instruction. Ses autres effets sont déposés au magasin de la batterie après inventaire, comme il a été dit en cas d'entrée à l'infirmerie.

Le canonnier malade qui ne peut se rendre à la visite du médecin est vu dans sa chambre par celui-ci.

Quand, dans la nuit, un canonnier se trouve gravement malade, son chef de chambrée en informe sans retard le sous-officier de service qui fait le nécessaire pour prévenir le médecin.

QUESTIONNAIRE

Que fait le canonnier qui, le matin, se sent malade?
Que fait le canonnier qui, dans le cours de la journée, se sent malade?
Pourquoi le canonnier vraiment malade doit-il le déclarer?
Doit-il chercher à se soigner lui-même?
Pourquoi le simulateur est-il toujours puni très sévèrement?
A quelle heure a lieu la visite du médecin?
Que doit faire le canonnier avant de se présenter au médecin?
A quels services l'homme exempt de..... doit-il assister?
Avec quels effets l'homme entre-t-il à l'infirmerie?
Que fait-on de ses effets et de ses armes?
Avec quels effets l'homme entre-t-il à l'hôpital?
Que fait-on de ses autres effets et armes?
A quoi sert l'inventaire des effets?
Qui prévient-on quand un canonnier est gravement malade pendant la nuit?

12. DIFFÉRENTES COLLECTIONS D'EFFETS D'HABILLEMENT.

A son arrivée à la batterie, le canonnier reçoit :

Deux collections d'effets de drap;
Deux collections d'effets de treillis;
Trois collections de linge de corps;
Deux paires de brodequins;
Une paire de galoches,
et différents autres effets ou objets.

Chacune des collections d'effets de drap comprend : un manteau ou capote, une veste, une culotte ou pantalon, un képi.

La collection d'effets de treillis comporte : un bourgeron, un pantalon.

La collection de linge de corps comprend : une chemise, un caleçon, une ceinture de flanelle.

Les conducteurs reçoivent deux paires de jambières en cuir et les servants des petites jambières.

En outre, pour chaque homme, il est déposé en magasin, après qu'ils lui ont été essayés : une culotte ou pantalon, une veste, un képi, une paire de brodequins. Ces effets sont neufs.

Cette dernière collection d'effets se nomme collection de guerre ou n° 1. Elle est distribuée au moment de partir en campagne.

La meilleure collection d'effets que l'homme a entre les mains se nomme collection n° 2 ou de sortie.

L'autre collection est dite n° 3 ou d'instruction.

Tous les effets distribués au canonnier sont marqués à son numéro matricule et portent en outre le numéro du régiment, celui de la batterie et celui de la collection.

Le canonnier ne doit pas recevoir un effet non marqué à son matricule.

Tout effet trouvé en sa possession et ne portant pas ce matricule est considéré comme ne lui appartenant pas, lui est retiré sans préjudice de la punition qui peut lui être infligée s'il ne peut justifier de sa provenance.

Il est absolument interdit au canonnier de prêter ses effets à un camarade.

Le canonnier qui, par sa négligence, perd ses effets s'expose à être sévèrement puni. Le canonnier soigneux s'assure journellement que rien ne lui manque. Dans le cas où il s'aperçoit de la disparition d'un effet, il fait immédiatement des recherches et prévient aussitôt son chef de pièce.

Les effets de la collection n° 3 ou d'instruction sont ceux que le canonnier doit toujours revêtir, sauf ordre contraire, pour les exercices ou instructions. Ils doivent être marqués extérieurement de marques apparentes permettant de les reconnaître d'un coup d'œil. Ces marques sont : (*Variables avec les régiments.*)

Les deux paires de brodequins doivent être portées à tour de rôle, surtout par temps pluvieux, de façon à avoir aux pieds des chaussures sèches.

QUESTIONNAIRE.

De combien de collections d'effets de drap l'homme est-il détenteur?
Comment se nomme la collection d'effets déposés au magasin?
Quand la distribue-t-on?
Comment se nomment les deux collections d'effets de drap que l'homme a entre les mains?
Comment le canonnier peut-il reconnaître qu'un effet est à lui?
Qu'arrive-t-il si un canonnier est trouvé possesseur d'un effet ne portant pas son matricule?
Le canonnier peut-il prêter ses effets?
Qu'arrive-t-il au canonnier qui, par négligence, perd ses effets?
Que doit faire le canonnier qui constate qu'un effet lui appartenant a disparu?
Quels sont les effets que le canonnier doit, en principe, revêtir pour les exercices et l'instruction?
A quoi ces effets se reconnaissent-ils extérieurement?
Comment le canonnier doit-il utiliser les deux paires de brodequins?

13. MANIÈRE DE PLACER LES EFFETS DANS LES CHAMBRES.

L'espace dont chaque canonnier dispose pour y placer les effets et objets qui sont en sa posession est très restreint. Il est donc indispensable que toute chose ait sa place assignée, toujours la même, pour être retrouvée facilement.

Des pancartes avec dessin sont affichées dans les chambres; le canonnier doit se conformer aux prescriptions qu'elles énoncent pour disposer ses effets. (*Voir ci-après.*)

Le lit doit être placé en face du paquetage, à au moins 50 centimètres du mur, de manière que la tête ne soit pas sous la planche à bagages.

Manière de placer les effets.

Homme monté.

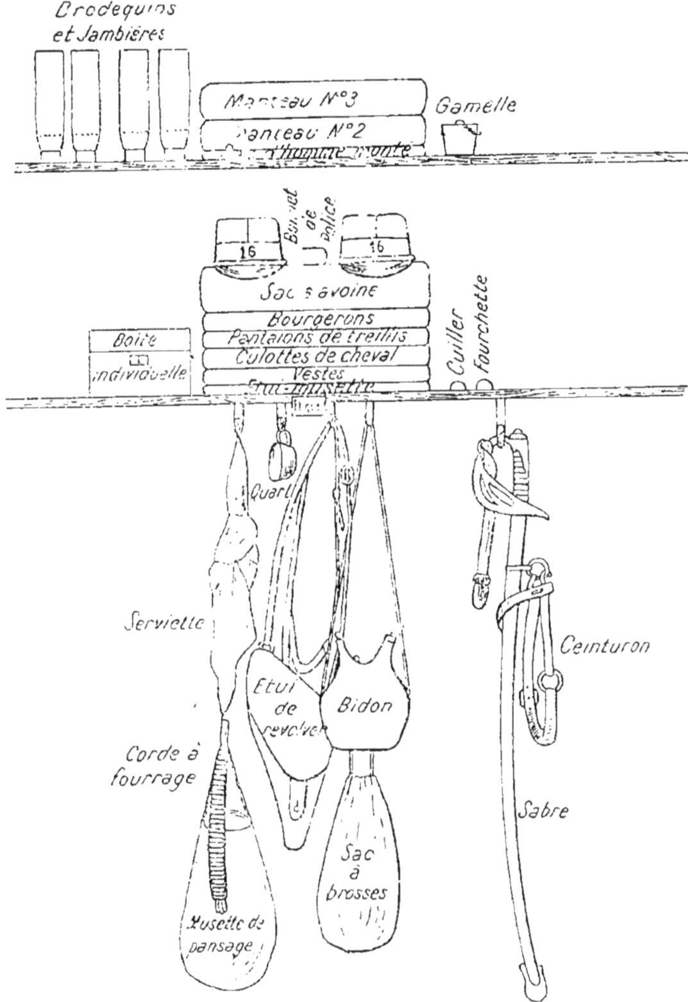

Le *sac à avoine* contient les chemises, caleçons, mouchoirs, cravates, linge personnel, propres. Il renferme aussi les gants, la trousse garnie, le couvre-nuque, les courroies de manteau, le livret individuel.

Lorsque le *linge sale* ne peut être envoyé au blanchissage immédiatement, il est séché, plié et placé derrière le paquetage.

La *boite individuelle* contient les cahiers, livres et objets divers appartenant au canonnier. Elle doit toujours être très propre intérieurement et ne jamais contenir de linge sale.

Les *galoches propres* sont placées à la tête du lit, appuyées au mur.

Les *chaussures sales* qui n'ont pu être nettoyées aussitôt quittées sont placées sous le pied du lit.

Lorsque le canonnier ne peut pas replacer aussitôt qu'il les a quittés ses effets dans le paquetage, il les place étendus sur le pied du lit. Aucun *effet sale* ne doit être placé dans le paquetage. Aucun *effet d'habillement* ne doit être accroché aux crochets de suspension.

Le canonnier est responsable de la propreté des fournitures de sa literie.

Le *revolver* est placé au râtelier d'armes, en face de l'étiquette qui porte le nom de l'homme et le numéro de l'arme. Il est déchargé et le chien mis au cran du repos.

Manière de placer les effets.

Homme non monté.

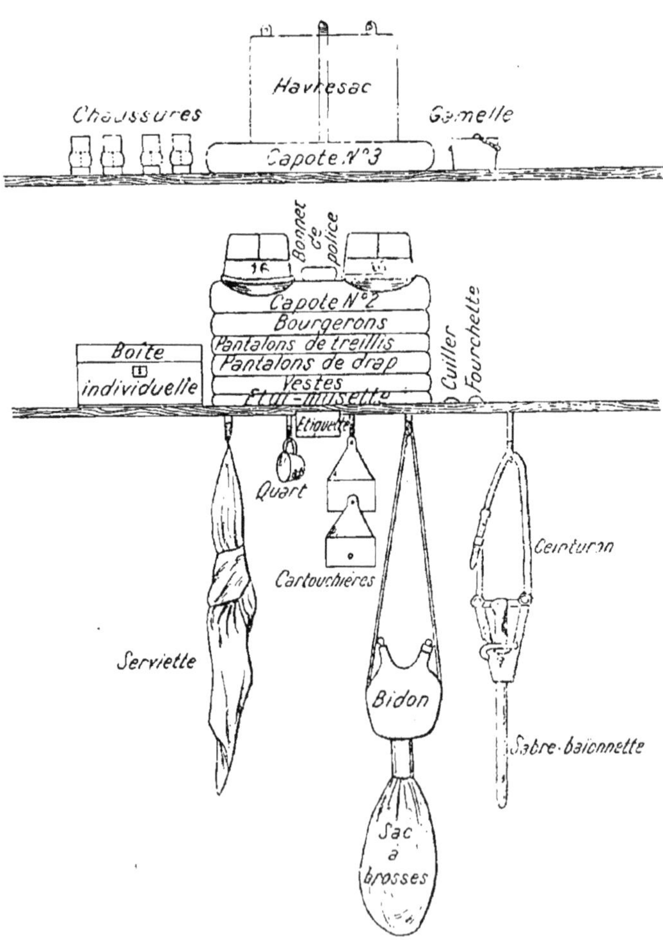

Le *havresac* contient les chemises, caleçons, mouchoirs, cravates, linge personnel, propres. Il renferme aussi les gants, la trousse garnie, le couvre-nuque, les courroies de capote, le livret individuel.

Lorsque le *linge sale* ne peut être envoyé au blanchissage immédiatement, il est séché, plié et placé derrière le paquetage.

La *boîte individuelle* contient les cahiers, livres et objets divers appartenant au canonnier. Elle doit toujours être très propre intérieurement et ne jamais contenir de linge sale.

Les *galoches propres* sont placées à la tête du lit, appuyées au mur.

Les *chaussures sales* qui n'ont pu être nettoyées aussitôt quittées sont placées sous le pied du lit.

Lorsque le canonnier ne peut pas replacer aussitôt qu'il les a quittés ses effets dans le paquetage, il les place étendus sur le pied du lit. Aucun *effet sale* ne doit être placé dans le paquetage. Aucun *effet d'habillement* ne doit être accroché aux crochets de suspension.

Le canonnier est responsable de la propreté des fournitures de sa literie.

Le *mousqueton* est placé au râtelier d'armes, en face de l'étiquette qui porte le nom de l'homme et le numéro de l'arme. Il est déchargé et le chien mis au cran du repos.

QUESTIONNAIRE

Quels sont les effets que le canonnier place sur la planche inférieure ?
Quels sont les effets que le canonnier place sur la planche supérieure ?
Quels sont les effets que le canonnier place aux crochets de la planche inférieure ?
Que contient le havresac ?
Que contient le sac d'homme monté ?
Quels objets le canonnier peut-il placer dans la boîte individuelle ?
Où doit-on placer le linge sale quand il n'est pas immédiatement donné à blanchir ?
Comment doit-il être ?
Où place-t-on les galoches ?
Que fait le canonnier des effets sales qu'il ne peut nettoyer immédiatement ?
Où se placent les chaussures sales ?
Où se place le revolver ?
Où se place le mousqueton ?

14. ENTRETIEN DES EFFETS

Le canonnier doit constamment maintenir tous ses effets en parfait état d'entretien et de propreté.

Toutes les petites réparations telles que : coutures à

refaire, boutons à remettre, vieux fils à enlever, etc., sont faites par lui.

Des leçons de couture lui sont données par les ouvriers tailleurs pour lui apprendre à exécuter convenablement ces petites réparations.

I. — Entretien des effets de drap.

Battre au grand air ces effets avec le martinet ou une baguette, dans tous les sens, pour en faire sortir la poussières; brosser ensuite avec la brosse à habits pour enlever la poussière déposée à la surface. Les taches, s'il en existe, sont alors rendues très visibles.

Pour enlever ces taches, procéder comme suit :

1° Mouiller la brosse à habits et la passer en frottant sur la tache, essuyer avec une serviette ou linge blanc.

2° Si ce procédé ne réussit pas, c'est sans doute parce que la tache a été faite avec une matière grasse; employer alors l'essence, la benzine ou le tétrachlorure de carbone. Pour cela, étendre l'effet à détacher sur une table, placer sous la partie tachée une serviette pliée plusieurs fois sur elle-même pour former buvard; avec un morceau de drap trempé dans le liquide, imbiber la tache et frotter doucement; la matière grasse, entraînée par le liquide, est bue par la serviette; recommencer l'opération si c'est nécessaire en ayant soin de déplacer la serviette.

Dans presque tous les cas, ce deuxième procédé suffira pour enlever les taches; si, exceptionnellement, il n'en était pas ainsi, l'effet serait porté au magasin de la batterie où il serait détaché par le garde-magasin.

Les doublures en toile, les poches doivent toujours être propres; le canonnier les lave avec la brosse à laver en évitant de laisser pénétrer le savon dans le drap de l'effet.

L'intérieur du col des vestes, le bord de ce col doivent être souvent dégraissés.

L'effet nettoyé, détaché, le canonnier s'assure que toutes les coutures sont solides, les boutons bien fixés.

Si l'effet a besoin d'une réparation qu'il ne peut faire lui-même, il le signale aussitôt à son chef de pièce.

II. — Entretien des effets de treillis.

Ces effets doivent être lavés une fois au moins par semaine. Avoir soin de retourner les poches avant le lavage afin de les débarrasser des saletés et des grains de tabac, lesquels, étant mouillés, tachent l'effet. Lorsque l'effet de treillis est sec, le repasser avec le dos de la brosse à laver passée sur l'effet tenu tendu par un camarade.

III. — Linge de corps.

En garnison, le linge de corps n'est pas lavé par le canonnier, il est lessivé par un entrepreneur de blanchissage, mais le canonnier doit y faire les menues réparations.

IV. — Brodequins.

Le cuir de l'empeigne et de la tige des brodequins doit toujours être très souple. Ceci s'obtient facilement par le graissage fait convenablement et en temps voulu.

Pour graisser les brodequins, il faut d'abord les débarrasser, par un lavage abondant, fait à la brosse double, de la couche de cirage qui peut recouvrir le cuir; le cuir lavé, laisser sécher à demi, puis étendre à la main une première couche de graisse peu épaisse, que l'on fait pénétrer dans le cuir en frottant avec vigueur avec la paume de la main; étendre une deuxième couche de graisse et la faire pénétrer de la même manière. Le cuir est ainsi assoupli pour trois ou quatre semaines.

En période humide et pendant les routes, les manœuvres, en campagne, les brodequins sont entretenus graissés. Chaque jour, les débarrasser d'abord de la boue ou de la poussière et passer sur le cuir la pièce grasse de la boîte à graisse, très légèrement imprégnée de graisse à chaussures.

En garnison, par temps sec, les brodequins sont cirés; le cirage doit être étendu en petite quantité et bien uniformément sur le cuir, brossé aussitôt, afin de donner un beau brillant noir.

Les jambières des conducteurs et des servants sont toujours cirées. Quand la couche de cirage ancien forme des plaques, il faut laver les jambières.

Les coutures des brodequins et jambières doivent être surveillées journellement par le canonnier.

Les semelles sont chaque jour débarrassées entièrement de la boue, les clous doivent être au complet.

Dès que le canonnier constate que ses chaussures se décousent, manquent de clous, ont les talons déviés, il en prévient son chef de pièce.

Un canonnier soigneux ne doit jamais avoir ses deux paires de brodequins en état d'être réparées.

V. — Képis.

Il est défendu au canonnier, sous peine de punition de prison, de déformer les képis neufs qu'on lui donne, comme d'ailleurs de faire subir quelque transformation que ce soit à n'importe quel effet.

La coiffe intérieure du képi doit être souvent dégraissée avec de l'essence ou de la benzine.

Le drap doit être brossé chaque jour.

La visière et la jugulaire sont entretenues brillantes en les frottant avec un chiffon de laine ou de drap sur lequel on aura étendu de la cire noire.

VI. — Objets en cuir noir.

Les objets en cuir noir tels que : dragonne, bélière, ceinturons, cartouchières, courroies de bidon, de capote, de havresac, etc., sont entretenus brillants au moyen de la cire noire. A cet effet, étendre une couche de cire sur l'objet au moyen d'un morceau de bois arrondi et uni, frotter ensuite légèrement avec un morceau de drap pour donner le brillant.

Lorsque la couche de cire devient trop épaisse et forme des plaques, l'enlever en raclant avec précaution avec la lame du couteau et en étendre une nouvelle aussi mince que possible.

VII. — Objets en cuir jaune.

Même procédé que celui indiqué pour les cuirs noirs, mais en employant de la cire jaune.

VIII. — Havresac.

Les courroies du havresac sont entretenues comme les objets en cuir noir. La patelette est frottée avec la cire noire et lustrée avec un chiffon de drap.

IX. — Objets en cuivre.

Les objets en cuivre ou laiton sont rendus brillants en les frottant avec du tripoli (boutons, boucles, boutons-doubles).

X. — Ingrédients.

Les ingrédients nécessaires pour l'entretien des effets : savon, benzine, essence, tétrachlorure, cirage, cire, graisse, chiffons, sont fournis gratuitement au canonnier par le magasin de la batterie.

XI. — Revues.

Une fois par semaine, le canonnier présente à l'inspection des chefs de pièce et des chefs de section une partie des effets et objets dont il est détenteur.

Ces inspections ou revues ont pour but de s'assurer qu'il entretient ainsi qu'il est prescrit lesdits effets ou objets.

Ceux-ci doivent être en parfait état.

Le canonnier ne doit donc pas attendre ces inspections pour demander, s'il y a lieu, qu'il soit procédé aux réparations qu'il ne peut faire lui-même; comme il a été dit plus haut, cette demande doit être faite au chef de pièce dès que l'effet est trouvé en mauvais état.

A ces inspections, les effets qui sont trouvés trop usagés par les chefs de section sont proposés pour être remplacés; le capitaine prescrit, s'il y a lieu, le changement.

QUESTIONNAIRE

Observation. — L'instruction sur l'entretien des effets doit être surtout pratique. A cet effet, l'instructeur pourra opérer de la manière suivante :

Prescrire aux canonniers de venir à la première séance d'instruction intérieure du lendemain avec tels effets ou objets mis en parfait état d'entretien; passer l'inspection, faire les observations jugées utiles; prescrire, pour ceux qui n'ont pas donné satisfaction, une nouvelle présentation de l'effet le lendemain.

Qui est chargé de faire les menues réparations aux effets?
Comment nettoie-t-on les effets en drap?
Comment fait-on disparaître les taches?
Que faut-il faire, quand, par les procédés indiqués, on n'a pu faire disparaître une tache?
Que doit-on faire aux doublures?
Que fait le canonnier qui constate qu'un effet a besoin d'une réparation qu'il ne peut faire?
Quand doit-on laver les effets de treillis?
Quelle précaution doit-on prendre avant de les laver?
Comment les repasse-t-on?
Le canonnier doit-il laver son linge de corps?
Comment fait-on pour entretenir souple le cuir des chaussures?
Comment doit-on employer le cirage?
Comment entretient-on les jambières?
Comment doivent être les semelles des chaussures?
Que fait le canonnier qui constate que ses chaussures ont besoin de réparations?
Le canonnier peut-il modifier la forme de ses effets, et, en particulier, du képi?
Comment nettoie-t-on la coiffe du képi?
Comment entretient-on la visière et la jugulaire?
Comment doivent être entretenus les objets en cuir noir?
Comment doivent être entretenus les objets en cuir jaune?
Comment entretient-on le harresac?
Comment entretient-on les objets en cuivre?
Où le canonnier se procure-t-il les ingrédients nécessaires à l'entretien?
Dans quel état doivent être les effets que le canonnier présente aux revues hebdomadaires?
Doit-il attendre ces revues pour signaler les réparations?

15. TENUE EN VILLE, EN VOYAGE, EN PERMISSION

I. — Tenue en ville.

Avant de sortir en ville, le canonnier doit procéder à sa toilette.

La figure et les mains doivent être parfaitement propres, la barbe faite.

Il doit revêtir la tenue de sortie. (*Voir n°* 22.)

Les effets doivent être absolument réglementaires; tout effet dit « de fantaisie » est formellement prohibé. Tous les effets doivent être très propres, entièrement boutonnés.

La coiffure est placée droite, la cravate bien ajustée, les chaussures en bon état, cirées ou graissées, suivant les ordres.

Le ceinturon doit être serré à la taille pour soutenir l'arme.

Le sabre-baïonnette est placé le long et en arrière de la bande du pantalon.

Le sabre est mis au crochet pour conserver la liberté des mains; lorsqu'il n'est pas au crochet, il est porté de la façon suivante : la main gauche soutient l'arme qu'elle embrasse à hauteur de l'anneau, la garde en avant, le fourreau incliné d'avant en arrière, le dard tourné vers le sol.

Il est interdit de fumer la pipe dans les rues, de mettre les mains dans les poches, de lire en circulant en ville, de se donner en spectacle dans les fêtes foraines.

Il est interdit de se promener en bande, barrant les rues et les trottoirs.

Le canonnier doit toujours céder le haut du trottoir aux femmes et personnes âgées, ainsi qu'à ses supérieurs.

Des gradés sont de service en ville chaque jour pour veiller à ce que ces prescriptions soit observées.

II. — Tenue en voyage.

Le canonnier voyage ordinairement en chemin de fer, dans les wagons de 3e classe. Il peut voyager en 2e classe. Pour voyager en 1re classe, il faut une autorisation spéciale dont il est fait mention sur le titre de permission.

Le militaire en voyage doit toujours être porteur de son livret individuel et, en outre, d'une permission ou d'une feuille de route.

Dans les gares, dans les trains, il doit rester en tenue correcte; il doit surveiller ses propos et son attitude; il doit se montrer poli avec chacun.

Tout canonnier qui, en voyage, se conduit mal, s'expose à se faire signaler par les agents des chemins de fer, la gendarmerie, les sous-officiers ou officiers qui le rencontrent. Le canonnier ainsi signalé, s'il est en permission, est immédiatement rappelé et, en outre, est puni de prison.

III. — Tenue en permission.

Le militaire en permission doit, en dehors de la maison où il habite, être en tenue militaire. Il ne peut se mettre en tenue bourgeoise que si l'autorisation en est portée sur son titre de permission.

QUESTIONNAIRE

Que doit faire le canonnier avant de sortir en ville?
Dans quelle tenue doit-il être?
Comment doivent être les effets?
Comment est placée la coiffure?
Comment est porté le ceinturon?
Comment se place le sabre-baïonnette?
Comment se porte le sabre?
Peut-on fumer la pipe dans les rues?
Est-il permis de lire en circulant en ville?
A qui doit-on céder le haut du trottoir?
Le canonnier peut-il prendre part à des exhibitions dans les fêtes foraines?
En quelle classe le canonnier voyage-t-il?
De quelles pièces doit-il être porteur?
Quelle doit être sa tenue dans les gares, dans les trains?
A quoi s'expose-t-il s'il se fait signaler pour mauvaise tenue?
Le militaire en permission peut-il se mettre en tenue bourgeoise?

16. A QUI DOIT-ON LE SALUT? — SALUT DANS LES DIFFÉRENTES CIRCONSTANCES.

I. — A qui doit-on le salut?

Tout militaire doit le salut à ses supérieurs des armées de terre et de mer.

L'inférieur prévient le supérieur en le saluant le premier; le supérieur rend le salut.

Tout canonnier isolé passant devant un drapeau ou étendard de régiment le salue.

Le salut est dû aux préfets, sous-préfets, secrétaires généraux de préfecture, quand ils sont revêtus de leur uniforme.

Le canonnier doit le salut aux officiers et sous-officiers de la gendarmerie, des sapeurs-pompiers, des douaniers, des chasseurs-forestiers, des armées étrangères.

II. — Salut dans les différentes circonstances.

Tout canonnier croisant une personne à laquelle il doit le salut prend l'attitude du salut quand il est à six pas d'elle, continue à marcher en conservant l'attitude du salut jusqu'à ce qu'il l'ait dépassée.

S'il dépasse la personne, il la salue en arrivant à sa hauteur et conserve l'attitude du salut jusqu'à ce qu'il l'ait dépassée de deux pas.

S'il fume, il prend son cigare ou sa cigarette dans la main gauche et salue de la main droite.

S'il porte une lettre ou un paquet, il le passe dans la main gauche et salue.

S'il conduit un cheval en main ou a les mains embarrassées, il regarde la personne en rectifiant sa démarche et relevant la tête jusqu'à ce qu'il l'ait dépassée.

S'il croise la personne dans un escalier, il lui cède la rampe et se range pour saluer.

S'il la croise à l'embrasure d'une porte, il la laisse passer la première et salue.

Dans la rue, il doit céder le haut du trottoir à la personne qu'il salue.

S'il est à cheval et croise la personne, il passe au pas avant de saluer.

S'il est à cheval et a à dépasser la personne également à cheval, il fait prendre à son cheval l'allure de la monture de la personne, salue en arrivant à sa hauteur et demande l'autorisation de dépasser.

S'il est en voiture, il salue comme s'il était à pied; si la voiture est arrêtée, il se lève pour saluer.

S'il est à bicyclette, il ralentit et salue de la main droite sans cesser de surveiller sa machine.

S'il entre dans un café, un restaurant ou tout autre établissement public où se trouve une personne à laquelle il doit ce salut, il salue avant d'aller s'asseoir.

Il se lève et salue lorsque, étant assis à la terrasse d'un café ou d'un établissement public, la personne à laquelle il doit le salut passe devant lui.

En arrivant dans une promenade publique, le canonnier salue une première fois les personnes rencontrées et le salut ne se renouvelle pas.

Dans la cour du quartier, le canonnier est autorisé à ne saluer que les officiers et adjudants.

Cette autorisation est strictement limitée à la cour du quartier où il est logé.

QUESTIONNAIRE

Observation. — L'instructeur reviendra, avant d'entamer l'instruction de ce numéro, sur l'attitude du salut qu'il exigera absolument correcte et prise toujours avec décision. (Voir n° 4.)

D'une façon générale, à qui le canonnier doit-il le salut ?

Doit-il saluer le préfet, le sous-préfet, le secrétaire général de la préfecture ?
Doit-il saluer les gradés de la gendarmerie, les officiers et sous-officiers des douanes ?
Que fait le canonnier qui croise une personne à qui il doit le salut ?
Que fait le canonnier qui dépasse une personne à qui il doit le salut ?
Que fait-il s'il fume ?
Que fait-il s'il porte une lettre, un paquet de la main droite ?
Que fait-il s'il conduit un cheval en main ?
Que fait-il s'il croise la personne dans un escalier ?
Que fait-il s'il croise la personne à l'embrasure d'une porte ?
Que fait-il quand il est à cheval ?
Que fait-il quand il est à cheval et que la personne est à cheval ?
Comment salue-t-il quand il est en voiture ?
Comment salue-t-il quand il est à bicyclette ?
Que fait-il quand il entre dans un café où se trouve une personne qu'il doit saluer ?
Que fait-il quand il est assis à la terasse d'un café et que passe devant lui une personne qu'il doit saluer ?
Quand salue-t-il dans une promenade publique ?
Dans la cour du quartier, est-il tenu de saluer tous les supérieurs ?

17. MANIÈRE DE S'ADRESSER ET DE SE PRÉSENTER A UN SUPÉRIEUR.

L'inférieur doit s'adresser à son supérieur avec politesse et déférence, mais sans se montrer ni timide ni obséquieux.

Le canonnier qui se présente à un supérieur pour lui faire une communication verbale observe les prescriptions suivantes :

Saluer, prendre la position du *garde à vous* et faire à voix nette la communication ; saluer, faire demi-tour pour s'en aller.

Si le canonnier doit remettre un pli à son supérieur, il agit comme suit :

Saluer, prendre la position du *garde à vous*, remettre le pli de la main gauche, se retirer à quelques pas, attendre les ordres du supérieur, saluer, faire demi-tour pour s'en aller.

Si le canonnier a le mousqueton (ou le sabre à la main), il n'a pas à saluer, mais prend la position du repos de l'arme.

Le porteur d'un pli, d'une lettre, ne parle que si on l'interroge. S'il ne comprend pas très bien ce que lui dit le supérieur, il doit prier celui-ci de répéter.

Le canonnier qui reçoit un ordre ou un renseignement à communiquer répète à haute voix et exactement l'ordre ou le renseignement, afin de montrer qu'il a compris et pour se le rappeler plus sûrement.

Le canonnier interpellé par un supérieur doit se porter-

vivement à sa rencontre. En toutes circonstances il doit prêter à celui-ci le concours dont il peut avoir besoin.

S'il est appelé chez un supérieur, il a soin de frapper avant d'entrer. Etant entré, il salue; il n'a pas à se découvrir à moins que le supérieur ne l'y invite; avant de se retirer, il salue, fait demi-tour et s'en va.

Il agit de même pour entrer dans un bureau.

Le canonnier à cheval, qui a à remettre une lettre à un supérieur également à cheval, passe au pas avant d'arriver à côté de lui, salue et remet ensuite la lettre de la main droite.

Si le supérieur est à pied, le canonnier s'arrête à six pas, met pied à terre, s'approche ensuite, salue et remet la lettre de la main droite. Il se retire à quelques pas.

Le canonnier à cheval qui accompagne un officier marche à vingt ou vingt-cinq pas en arrière; il doit saluer les supérieurs qu'il rencontre.

Le canonnier qui voit un officier mettre pied à terre s'avance rapidement et s'offre pour tenir le cheval.

QUESTIONNAIRE.

Comment le canonnier s'adresse-t-il à un supérieur?
Que fait le canonnier qui a à parler à un supérieur?
Que fait le canonnier qui a à remettre une lettre à un supérieur?
Que fait-il s'il est armé?
Que fait le canonnier qui reçoit un ordre ou un renseignement à transmettre? Pourquoi?
Que fait le canonnier interpellé par un supérieur?
Que fait le canonnier appelé chez un supérieur?
Doit-il se découvrir chez un supérieur?
Que fait le canonnier à cheval qui a à remettre une lettre à un supérieur également à cheval?
Que fait le canonnier à cheval qui a à remettre une lettre à un supérieur à pied?
Où se place le canonnier qui accompagne un officier à cheval?
Est-il dispensé de saluer?
Que fait le canonnier qui voit un officier mettre pied à terre?

18. OFFICIER ENTRANT DANS UN LOCAL OCCUPÉ PAR LA TROUPE. SOUS-OFFICIER ENTRANT DANS UNE CHAMBRE DE LA BATTERIE.

Lorsqu'un officier général ou supérieur entre dans un local occupé par la troupe, le canonnier qui le premier l'aperçoit crie : « A vos rangs »; tous les hommes présents se portent immédiatement au pied de leur lit; dès qu'ils y sont, le canonnier qui a commandé : « A vos rangs » crie : « Fixe »; les hommes se découvrent et restent immobiles jusqu'au commandement « Repos », fait par l'officier.

Si l'officier est un capitaine, lieutenant ou sous-lieutenant, le premier qui l'aperçoit crie : « Fixe »; tous les hommes se découvrent et restent immobiles à la place où ils se trouvent jusqu'au commandement « Repos », fait par l'officier.

Lorsque l'adjudant de la batterie entre dans une chambre, le premier canonnier qui l'aperçoit crie « Garde à vous »; tous les hommes restent immobiles jusqu'au commandement « Repos », fait par l'adjudant; ils ne se découvrent pas.

Lorsqu'un sous-officier de la batterie entre dans une chambre, les canonniers font silence en continuant leurs occupations.

QUESTIONNAIRE.

Que se passe-t-il quand un officier supérieur ou général entre dans une chambre?
Que se passe-t-il quand un officier subalterne entre dans une chambre?
Que se passe-t-il quand l'adjudant de la batterie entre dans une chambre?
Que se passe-t-il quand un sous-officier de la batterie entre dans une chambre?

19. TENUE ET POLICE DES CHAMBRES

En y comprenant les heures de repos, le temps que le canonnier passe dans la chambrée occupe la moitié de l'existence journalière. Cette vie prolongée en commun dans un espace forcément réduit doit, pour ne pas nuire à la santé, être soumise à des mesures d'hygiène très sérieuses et que chacun a intérêt à observer strictement.

D'autre part, il faut que des règles fixes existent, et auxquelles tous les canonniers doivent se soumettre, afin d'assurer à chacun d'eux, malgré leur nombre, le maximum de repos.

La propreté et l'aération sont les bases de l'hygiène des chambres et la soumission aux ordres du chef de chambrée est celle de la police intérieure.

PROPRETÉ.

La propreté ne peut être obtenue que si chaque canonnier observe les prescriptions suivantes :

Nettoyer ses effets, ses chaussures, sa literie en dehors des chambres;

Ne placer dans son paquetage que des effets nettoyés et secs;

Balayer avec soin sous son lit;

Essuyer chaque jour les planches à bagages;

Surtout se tenir tout le corps absolument propre;

Remplir avec exactitude les fonctions qui incombent à l'homme de chambre.

La propreté sera rendue facile si toute chose est à sa place : objets personnels et objets communs. Donc, les lits et paquetages seront toujours parfaitement rangés, les tables, bancs, crachoirs, balais, cruches seront mis à la place qui leur est assignée.

Aération.

L'air et le soleil sont les meilleurs désinfectants. Il faut donc les laisser entrer le plus possible dans les chambres.

Le matin, dès que les canonniers sont habillés et avant de procéder au balayage, l'homme de chambre ouvre les fenêtres. Celles-ci ne seront fermées, et seulement celles situées d'un même côté, afin d'éviter les courants d'air, que lorsque les hommes devront venir séjourner un certain temps dans la chambre. Ce n'est que lorsqu'il fait très froid que toutes les fenêtres seront fermées lorsque des canonniers seront présents.

Afin d'éviter que les chambres ne soient souillées par les aliments, les repas se prennent au réfectoire.

Chauffage.

Pendant la saison froide, le poêle est allumé par l'homme de chambre à l'heure fixée par le capitaine. Il doit être éteint avant l'extinction des feux. Une fois par semaine, le dimanche matin, les tuyaux en sont démontés et nettoyés.

Balayage.

Le balayage de la chambre est fait aussi souvent qu'il est nécessaire par l'homme de chambre, il ne doit jamais être fait à sec, afin d'éviter la poussière. Les canonniers doivent toujours avoir soin d'enlever la boue ou les immondices de leurs chaussures en les grattant aux essuie-pieds avant d'entrer dans les chambres.

Crachoirs.

Les crachoirs sont garnis de poussière de charbon, laquelle est changée chaque jour. Il est formellement interdit de cracher ailleurs que dans ces objets.

Cruches.

Les cruches sont toujours munies de leurs couvercles. La boisson est versée dans les quarts et il est défendu de boire directement à la cruche.

POLICE.

Le brigadier est chef de chambrée. En son absence, ces fonctions sont remplies par le maître-pointeur et, à défaut, par le plus ancien canonnier de 1re classe, et enfin par le plus ancien soldat de 2e classe.

Le chef de chambrée assure la bonne tenue de la chambre et le bon ordre.

Il empêche les disputes, les cris. Il exige le silence le plus complet entre l'heure de l'extinction des feux et celle du réveil.

Il signale immédiatement au sous-officier de service tout canonnier qui serait une cause de trouble dans la chambrée.

A l'heure du réveil, il fait lever tous les hommes.

Il veille à ce que l'homme de chambre remplisse exactement ses fonctions.

Aux heures prescrites, c'est-à-dire à l'appel du matin, après la soupe du matin, à 15 heures, il fait mettre la chambre en parfait état.

Il défend que l'on mange sur les lits.

Il empêche que l'on étende du linge ou des effets mouillés dans la chambre ou aux fenêtres.

Il défend que les canonniers fument au lit.

QUESTIONNAIRE

Où le canonnier doit-il nettoyer ses effets et ses chaussures?
Que doit-il faire après le réveil, après qu'il a pris les soins de propreté corporelle?
Qui est chargé de l'entretien de la chambre?
A quel moment les fenêtres doivent-elles être ouvertes?
Quand les ferme-t-on?
Où se prennent les repas?
Qui est chargé d'allumer et d'entretenir le poêle?
Quand doit-il être éteint?
Quand nettoie-t-on les tuyaux?
Comment balaie-t-on la chambre?
Que doivent contenir les crachoirs?
Comment puise-t-on l'eau à la cruche?
Qui est chef de chambrée?
Que fait le chef de chambrée quand un canonnier cause du trouble dans la chambrée?
Que fait-il au réveil?
Qui surveille l'homme de chambre?
Est-il permis de manger sur son lit?
Peut-on fumer dans la chambrée?
Où le canonnier fait-il sécher son linge ou ses effets?

20. ENTRETIEN DE LA LITERIE

Chaque canonnier est responsable du bon état de sa literie.

Chaque effet d'une fourniture de literie est marqué d'une étiquette portant un numéro, le même pour tous les effets composant la fourniture, et permettant à l'homme de reconnaître la fourniture qui lui est affectée, laquelle lui reste désignée pendant tout le temps de son séjour à la batterie.

Il doit éviter de déposer sur ses fournitures de literie des matières pouvant les tacher : aliments, armes graissées, etc.

Il est défendu de s'étendre sur un lit avec des chaussures.

Tout canonnier qui cache du pain, des effets sales ou tout autre objet dans ses fournitures de literie est puni.

Les menues réparations qui peuvent être nécessaires sont faites par le canonnier.

Chaque matin, en défaisant son lit, le canonnier doit en secouer toutes les parties.

Une fois par semaine, le jour de la revue hebdomadaire, les couvertures sont battues et brossées. Cette opération a lieu à l'endroit désigné par le capitaine.

Le capitaine donne, quand il le juge utile, l'ordre d'exposer la literie au soleil. Le lit entier est alors sorti dans la cour, les fournitures en sont largement étendues pour être aérées. Les matelas, traversin et couvertures doivent être battus avant d'être rentrés.

Les lits doivent être faits chaque jour, après la soupe du matin.

Les draps sont lessivés tous les vingt jours par un blanchisseur.

Les matelas et traversins sont refaits tous les dix-huit mois.

Les couvertures sont lavées une fois par an.

Les draps des fournitures des hommes qui s'absentent sont déposés au magasin et remis à l'homme à sa rentrée.

QUESTIONNAIRE

Qui est responsable de l'entretien de la literie ?
Comment le canonnier reconnaît-il ses fournitures ?
Quelles précautions doit-il prendre pour ne pas les tacher ?
Peut-on dissimuler des objets dans son lit ?
Qui doit faire les menues réparations à la literie ?
Que doit faire le canonnier en défaisant son lit ?
Quand bat-on les couvertures ? Où se fait cette opération ?
Que doit-on faire quand l'ordre est donné d'exposer les fournitures au soleil ?
A quel moment le lit doit-il être fait ?
Quand lessive-t-on les draps ?
Quand refait-on les matelas ?
Quand lave-t-on les couvertures ?
Que fait-on des draps des hommes absents ?

21. LAVAGE DU LINGE DE CORPS

En garnison, le linge de corps est lessivé et lavé par un entrepreneur attitré. Le canonnier n'a pas à laver ce linge.

Une fois par semaine, le samedi matin ou, au plus tard, le dimanche matin, le canonnier change de linge : ceinture de flanelle, caleçon, chemise.

Le lundi matin, il place sur son lit son linge sale auquel il aura dû faire au préalable les menues réparations qui pourraient être nécessaires. Ce linge est ramassé par le brigadier d'ordinaire, lequel est chargé de le remettre à l'entrepreneur de blanchissage.

Le brigadier d'ordinaire inscrit sur un cahier spécial le nombre d'effets reçus de chaque canonnier.

Le samedi, le linge blanchi est remis au canonnier. Celui-ci vérifie que les effets qui lui sont rendus sont bien les siens; s'il n'en est pas ainsi, il le fait constater au brigadier d'ordinaire et les lui rend. Si tous les effets qu'il a versés ne lui sont pas remis, il en rend compte aussitôt à son chef de pièce. S'il néglige cette précaution, il devient responsable de la perte.

Tout canonnier qui ne change pas de linge une fois par semaine est puni de salle de police pour malpropreté.

Sur leur demande, le capitaine peut autoriser les canonniers à faire blanchir leur linge à leur frais par qui il leur plaît, mais sous la condition qu'ils en changeront régulièrement.

En campagne, en route, aux manœuvres, le canonnier lave lui-même son linge de corps à chaque jour de repos. Il doit alors le savonner beaucoup, afin de remplacer autant que possible l'action de la lessive.

QUESTIONNAIRE

En garnison, le canonnier est-il tenu de laver son linge de corps ?
Quel jour doit-il changer de linge ?
Que fait-il de son linge sale ?
Que doit-il y faire avant de le remettre au blanchissage ?
Quel jour le linge blanchi lui est-il rendu ?
Que fait le canonnier auquel le brigadier d'ordinaire remet des effets ne lui appartenant pas ?
Que fait le canonnier auquel le brigadier d'ordinaire ne remet pas tous ses effets ?
Le canonnier est-il tenu de changer de linge ?
Peut-il se faire blanchir ailleurs que par l'intermédiaire de la batterie ?
En campagne, comment est blanchi le linge de corps ?

22. DIFFÉRENTES TENUES

Il y a, pour le canonnier, trois sortes de tenues :
La tenue de sortie ;
La tenue de travail ;
La tenue de campagne.

I. — Tenue de sortie.

La tenue de sortie comprend, en effets de la collection II :
Le képi ;
La veste ;
Le pantalon (servants), la culotte (conducteurs) ;
Les brodequins ;
Les jambières avec les éperons (conducteurs).

Lorsque l'ordre en est donné, la capote (ou le manteau) est portée par-dessus la veste.

Le sabre-baïonnette ou le sabre est pris à partir de l'heure fixée par le commandant d'armes.

L'été, le pantalon de treillis peut remplacer la culotte ou le pantalon de drap jusqu'à 5 heures du soir. Il doit tomber naturellement sur les brodequins.

II. — Tenue de travail.

La tenue est variable avec le travail :

1° Pour le *service de garde des postes*, elle comprend les mêmes effets que pour la tenue de sortie et, en outre :
Le mousqueton ou le revolver ;
Le sabre-baïonnette ou le sabre ;
La cartouchière ;
L'étui-musette renfermant la gamelle, la cuiller, la fourchette, le quart et un demi-jeu de brosses (roulé dans un chiffon) ;
Le bidon ;
La capote (ou le manteau) en sautoir.

2° Pour les *corvées*, elle comprend :
Les effets de treillis portés seuls ou par-dessus les plus mauvais effets de drap ;
Le képi ou le bonnet de police ;
Les brodequins ou les galoches.

3° Pour le *pansage*, elle comprend :
Les effets de treillis portés seuls ou par-dessus les plus mauvais effets de drap ;
Le bonnet de police ;
Les galoches ;
La musette de pansage.

4° Pour la *garde d'écurie*, elle comprend :

Les effets de treillis portés seuls ou par-dessus les plus mauvais effets de drap;
Le bonnet de police;
Les galoches;
La musette de pansage ;
L'étui-musette avec la cuiller, le quart, la fourchette ;
Le bidon;
Le manteau (ou la capote) en sautoir.

5° Pour les *instructions et exercices journaliers*, elle comprend les effets fixés par le capitaine.

A cheval, les conducteurs ont toujours la culotte, les jambières, brodequins et éperons.

Lorsque les canonniers revêtent le bourgeron pour assister aux instructions ou exercices, le ceinturon est toujours porté par-dessus cet effet.

III. — Tenue de campagne.

La tenue de campagne comprend les effets de la collection I, II ou III, suivant les ordres donnés.

Elle est prise pour les grandes manœuvres, pour certains exercices ou pour des revues quand l'ordre en est donné.

Elle sera définie dans le numéro consacré à la tenue et au paquetage de campagne (n° 43).

QUESTIONNAIRE

Combien y a-t-il de sortes de tenues?
Que comprend la tenue de sortie habituelle?
A quelle heure le sabre-baïonnette ou le sabre doit-il être pris?
En été, comment est modifiée la tenue de sortie?
Quelle est la tenue de garde des postes?
Quelle est la tenue de corvée?
Quelle est la tenue de pansage?
Quelle est la tenue de garde d'écurie?
Quelle est la tenue pour les instructions et exercices?
Quels effets doit toujours avoir le conducteur à cheval?
Lorsque, pour les exercices, le canonnier a le bourgeron, comment place-t-il le ceinturon?

23. HYGIÈNE DES CHEVAUX AU QUARTIER

Sous le nom d'hygiène des chevaux, on comprend l'ensemble des soins nécessaires pour maintenir ces animaux en bonne santé.

Dans cet ensemble de soins, ceux auxquels le canonnier participe sont les suivants :

Soins avant le travail;
Soins à la rentrée du travail;

Pansage;
Distribution des repas;
Abreuvoir;
Premiers soins à prendre en cas d'indisposition ou maladie;
Premiers soins à prendre en cas de blessures causées par le harnachement.

SOINS AVANT LE TRAVAIL.

Avant de seller ou de garnir un cheval, le canonnier doit toujours brosser celui-ci sur tout le corps soit avec la brosse en chiendent, la brosse en crins ou, à défaut, avec un bouchon de paille, afin de le débarrasser de la poussière, de la terre, des graines de foin, du crottin qui pourrait le souiller. Dans cette opération, il ne doit négliger ni la crinière, ni le toupet, ni la queue.

Il vérifie ensuite s'il ne manque aucun clou aux fers et s'il ne se trouve aucun corps étranger dans les pieds.

SOINS A LA RENTRÉE DU TRAVAIL.

En rentrant du travail le canonnier attache son cheval hors de l'écurie, avec le bridon ou le collier d'attache (jamais avec les rênes de bride), enlève les harnais, desselle. Il masse ensuite en frappant rapidement avec les deux mains à plat, par petits coups, l'emplacement de la selle, de la sellette, du corps de bricole, pour ramener la circulation du sang dans ces parties.

Ce massage terminé, il prend une forte poignée de paille sèche dans chaque main et frotte énergiquement l'encolure, la poitrine, le ventre, les flancs, l'emplacement de la selle, pour sécher la sueur. Prenant ensuite la brosse, il rebrousse les poils pour qu'ils puissent finir de sécher plus facilement.

Si le cheval est trop mouillé (ce qui ne devrait jamais avoir lieu) pour que, par ces soins, il soit complètement sec, il lui met une couverture en ayant soin de placer entre elle et le corps du cheval une couche de paille sèche. La couverture est maintenue en place par un surfaix que l'on fait appuyer sur deux bottillons de paille placés de part et d'autre de la colonne vertébrale, afin que le surfaix n'appuie pas sur celle-ci et ne blesse pas le cheval.

Ceci fait, il brosse les membres de haut en bas pour enlever la poussière ou la boue, puis il prend l'éponge qu'il trempe dans de l'eau propre et lave les lèvres, les naseaux, les yeux, le fourreau ou la vulve, l'anus et les paturons. Il a soin de laver souvent son éponge pour que l'eau qu'elle contient soit toujours propre. Il faut veiller de façon toute spéciale à ce que les paturons soient complètement débarrassés de la terre.

Le lavage terminé, il masse les canons, boulets et paturons, après les avoir séchés avec le torchon-serviette, en les frottant avec les deux mains.

Il enlève la terre collée aux sabots.

Enfin, il termine en curant les pieds avec la curette en bois.

Tout cela demande dix minutes au plus par cheval au canonnier alerte.

Par ces soins, on évitera au cheval les rhumes, les coliques, les tares des membres, les blessures du dos et du poitrail, les accidents aux pieds.

Ce n'est qu'après avoir ainsi soigné son cheval que le canonnier le rentrera à l'écurie et s'occupera de ranger et nettoyer son harnachement.

PANSAGE.

Le pansage a été enseigné aux hommes, il est pratiqué journellement par eux ; l'instructeur reviendra sur cette importante question. (*Voir n° 6*.)

REPAS.

Le cheval fait trois repas par jour :

Un le matin, deux heures avant le travail, consistant en une partie de la ration de foin (on l'appelle botte) ;

Un vers 10 heures, qui consiste en foin et avoine ;

Un vers 17 heures, qui consiste en foin et avoine.

La ration journalière se compose, pour les chevaux des batteries montées, de 5 kgr. 250 d'avoine et de 3 kgr. 500 de foin ; en outre, pour chaque cheval, il est alloué une ration de paille de litière de 2 kgr. 250.

A certaines époques, on substitue à une partie de la ration du vert, des carottes, de l'orge, du son, de la farine.

La répartition de la ration entre les trois repas est réglée par le capitaine. Des mesures permettent cette répartition. Les canonniers chargés de la distribution se conforment aux instructions du capitaine, affichées dans les écuries, et aux ordres des gradés de service.

ABREUVOIR.

Les chevaux doivent boire au moins deux fois par jour.

Les heures d'abreuvoir sont fixées par le capitaine.

Il faut éviter de faire boire un cheval qui a chaud, car cela lui donnerait des coliques.

Il ne faut jamais donner à manger aux chevaux de l'avoine, du son, de la farine avant de les faire boire mais, quand cela est possible, il est bon de leur donner un peu de foin.

On ne doit jamais laisser boire un cheval à longs traits ;

il faut lui soulever la tête de temps en temps pour lui couper l'eau.

Le cheval doit rester suffisamment longtemps devant l'eau; certains chevaux boivent lentement; il faut que le cheval se retire lui-même de l'abreuvoir.

PREMIERS SOINS A PRENDRE EN CAS D'INDISPOSITION OU DE MALADIE.

On reconnaît qu'un cheval est malade :

Quand il ne mange pas ou qu'il mange bien moins qu'à l'ordinaire;

Quand il est triste, qu'il porte la tête basse, se tient éloigné de la mangeoire à bout de longe;

Quand il tousse, qu'il a la respiration accélérée;

Quand il s'agite, se tourmente, frappe du pied, cherche à se coucher.

Dès qu'un cheval présente un ou plusieurs de ces signes de maladie, il faut le surveiller; en particulier s'il a chaud, s'agite, cherche à se coucher, ce qui est un signe de coliques, il faut aussitôt le couvrir avec des couvertures, le sortir de sa stalle, le promener en l'empêchant de se coucher et prévenir aussitôt le sous-officier de service. Celui-ci fera le nécessaire pour que le service vétérinaire soit prévenu et puisse donner au cheval les soins voulus.

Les coliques sont fréquentes chez le cheval et sont souvent suivies de mort si les soins ne sont pas donnés immédiatement.

Quand un cheval boite, il faut immédiatement regarder les pieds et s'assurer qu'il ne s'y trouve aucun corps étranger : caillou, morceau de verre, clous, etc., voir si la sole et la fourchette ne sont pas blessées. Si l'on ne trouve rien, il faut tâter le membre pour voir s'il est chaud, s'il y a des traces de coups. Dans tous les cas, il faut montrer le cheval au sous-officier de service.

PREMIERS SOINS A PRENDRE EN CAS DE BLESSURES CAUSÉES PAR LE HARNACHEMENT.

Si, après avoir déharnaché et dessellé son cheval, le canonnier voit une grosseur à l'emplacement de la selle, de la sellette ou du corps de bricole, il la soigne immédiatement de la façon suivante :

Mouiller la grosseur; passer dessus un morceau de savon; puis, avec la paume de la main, que l'on fait glisser dans le sens du poil, appuyer sur la grosseur comme pour l'étendre; mouiller et savonner de temps en temps pour faciliter le glissement; ce massage terminé, placer sur la grosseur une éponge mouillée maintenue en place par un surfaix; arroser l'éponge de temps en temps pour la maintenir humide.

Très souvent, ce traitement suffira à faire disparaître la grosseur.

Le canonnier signalera le cheval au sous-officier de semaine.

Si, au lieu d'une grosseur, le canonnier constate une écorchure, il lavera celle-ci avec l'éponge très propre. Aussitôt que le cheval aura été soigné, il sera conduit à l'infirmerie vétérinaire pour qu'il soit mis sur la blessure le pansement approprié.

QUESTIONNAIRE

Que doit faire le canonnier avant de seller ou garnir un cheval ?
Par quoi termine-t-il toujours ces soins ?
En rentrant du travail, que doit faire le canonnier après avoir dessellé ?
Que doit-il faire une fois le massage terminé ?
Que fait-il s'il n'a pu sécher son cheval ?
Comment place-t-on le surfaix de couverture ?
Quels soins prend-on pour les membres ?
Quels soins prend-on pour les lèvres, les yeux, les naseaux, l'anus ?
Après avoir séché les membres que faut-il faire ?
Par quoi termine-t-on les soins ?
Combien le cheval fait-il de repas par jour ?
Connaissez-vous la composition de la ration journalière ?
Qui fait la répartition de la ration entre les repas ?
Combien de fois par jour doit-on abreuver les chevaux ?
Quelles précautions faut-il prendre avant l'abreuvoir ?
Que doit-on faire quand le cheval boit ?
A quel moment faut-il emmener le cheval de l'abreuvoir ?
A quels signes reconnaît-on qu'un cheval est malade ?
Que faut-il faire si on croit qu'un cheval a des coliques ?
Qui doit-on prévenir en cas de maladie d'un cheval ?
Que doit-on faire quand un cheval boite ?
Comment soigne-t-on une grosseur produite par le harnachement ?
Pourquoi mouille-t-on et savonne-t-on la grosseur ?
Comment soigne-t-on une écorchure ?
Qui faut-il prévenir quand on constate une grosseur ou une blessure ?

24. SERVICE DES GARDES D'ÉCURIE.

Tenue.

Il est commandé chaque chaque jour, dans la batterie, trois canonniers pour le service de garde à l'écurie.

Ces canonniers sont dans la tenue suivante :

Effets de treillis portés seuls ou par-dessus les plus mauvais effets de drap;

Bonnet de police;

Galoches;
Musette de pansage;
Etui-musette avec cuiller, fourchette, quart;
Bidon;
Manteau ou capote en sautoir.

A l'heure fixée pour la relève des gardes des postes, les gardes d'écurie sont rassemblés par le sous-officier de service qui les inspecte.

Durée de la garde. — Repas. — Faction.

La durée de la garde est de vingt-quatre heures.

Pendant toute la durée de leur service, il est formellement défendu aux gardes d'écurie de s'absenter de l'écurie, autrement que pour aller aux latrines, sans un ordre d'un officier, d'un adjudant ou du sous-officier et du brigadier de service.

Leurs repas leur sont apportés aux écuries par un homme de corvée commandé par le sous-officier de service.

Dans le jour, les gardes d'écurie sont de service en permanence. Pendant la nuit, il prennent à tour de rôle la faction. Le garde d'écurie de faction doit veiller, parcourir l'écurie d'un bout à l'autre plusieurs fois au cours de sa faction; si un accident survient à un cheval, il réveille ses camarades pour l'aider à porter secours.

Les factions sont réglées comme suit :

Du 1er octobre au 31 mars :

1re faction	17 heures	à	19 heures.
2e —	19 —	à	21 —
3e —	21 —	à	23 —
4e —	23 —	à	1 —
5e —	1 —	à	3 —
6e —	3 —	à	5 —

Du 1er avril au 30 septembre :

1re faction	19 heures	à	22 heures.
2e —	22 —	à	1 —
3e —	1 —	à	4 —

Botte.

Chaque matin, à la fin de la dernière faction, les gardes d'écurie, aidés s'il y a lieu d'hommes de corvée, distribuent la botte aux chevaux; elle est constituée par le quart environ de la ration de foin.

Repas des chevaux.

Sous la direction des gradés de service, ils distribuent les denrées constituant les repas des chevaux.

Clefs du coffre a avoine et du magasin a fourrages.

Dès que les aliments sont distribués aux chevaux, ils remettent les clefs du coffre à avoine et du magasin à fourrages à l'un des gradés de service. Ces clefs ne doivent jamais rester en leur possession.

Prise en charge des chevaux, des ustensiles d'écurie, des licols, bridons, etc.

Les gardes d'écurie prennent en charge tout ce qui est contenu dans l'écurie : animaux, ustensiles, objets de harnachement. Ils sont responsables de toute perte et détérioration ayant pour cause leur négligence.

Vigilance pour prévenir les accidents.

Ils doivent accourir dès qu'ils entendent du bruit fait par les chevaux, soit que ceux-ci se battent, soit qu'ils s'embarrassent dans leur longe, dans les bat-flanc, soit qu'ils se détachent.

Accidents. — Indisposition des chevaux.

Ils rendent compte aux officiers et adjudants de batterie, au sous-officier et au brigadier de service des accidents ou des indispositions survenus aux animaux, des licols et chaînes cassés.

Lorsqu'un animal est victime d'un accident grave ou paraît malade, atteint de coliques, l'un des gardes d'écurie va prévenir immédiatement, de jour comme de nuit, le sous-officier de service pendant que ses camarades s'efforcent de donner les premiers soins à l'animal.

Brutalités envers les animaux.

Toute brutalité constatée envers les chevaux est toujours sévèrement punie. Est considéré comme brutalité le fait d'attacher un cheval au râtelier de manière à l'empêcher d'avoir la liberté de ses mouvements dans sa stalle.

Propreté des écuries.

Les gardes d'écurie sont chargés d'entretenir la plus grande propreté dans l'écurie et aux abords de celle-ci.

Ils doivent enlever le crottin aussitôt qu'il est tombé.

La paille doit être relevée au fur et à mesure que les chevaux la font sortir de la litière.

Ils déposent en ordre, à l'endroit indiqué pour cela, les fourches, pelles, vannettes, brouettes, seaux, baquets, etc. etc.

Ils veillent à ce que les couvertures, si elles sont laissées aux écuries, soient placées à leur place derrière les chevaux.

Ils aèrent les écuries en ouvrant portes et fenêtres suivant les ordres des gradés de service.

Eclairage.

Une lanterne fixe est allumée chaque soir à l'écurie et doit brûler toute la nuit. Une lanterne portative est à la disposition du garde d'écurie de faction pour s'éclairer pendant les rondes fréquentes qu'il doit faire au cours de sa faction.

Police intérieure des écuries.

Les gardes d'écurie empêchent qui que ce soit d'entrer à l'écurie en fumant ou avec du feu.

Ils ne laissent sortir aucun cheval sans l'autorisation d'un officier ou adjudant de la batterie, du sous-officier ou du brigadier de service.

Ils n'admettent pas à l'écurie de cheval étranger à la batterie sans un ordre d'un officier ou d'un adjudant.

Ils accompagnent les sous-officiers qui sont désignés pour faire pendant la nuit des rondes dans les écuries et leur rendent compte des accidents ou maladies qui se sont produits.

Marques de respect.

Lorsqu'un officier entre dans l'écurie, le garde d'écurie qui l'aperçoit le premier crie : « Fixe », ou « A vos rangs, Fixe », suivant le grade de l'officier. Les gardes d'écurie restent immobiles à l'endroit où ils se trouvent jusqu'au commandement « Repos », fait par l'officier.

QUESTIONNAIRE.

Quelle est la tenue des gardes d'écurie?
Quelle est la durée de la garde d'écurie?
Les gardes d'écurie peuvent-ils s'absenter de l'écurie?
Où prennent-ils leurs repas?
Que doit faire le garde d'écurie de faction?
Qu'est-ce que la botte?
Quand et par qui est-elle distribuée?
Qui donne les repas aux chevaux?
Les gardes d'écurie ont-ils à leur disposition les clefs du coffre à avoine et du magasin à fourrage?
De quels objets sont-ils responsables?

Que font-ils quand ils entendent du bruit fait par les chevaux?
A qui rendent-ils compte des accidents ou indispositions survenus?
Que font-ils quand un cheval a un accident grave ou est malade?
Peut-on attacher un cheval au râtelier?
Qui doit nettoyer l'écurie et les abords de celle-ci?
Que doit-on faire dès que les crottins tombent?
Où place-t-on les ustensiles d'écurie?
Comment est éclairée l'écurie?
Peut-on fumer à l'écurie?
Un cheval peut-il être emmené de l'écurie par une personne quelconque?
Un cheval étranger à la batterie peut-il être admis à l'écurie?
Que fait le garde d'écurie de faction quand un sous-officier de ronde passe dans l'écurie?
Que fait-on quand un officier entre à l'écurie?

25. LETTRES. — MANDATS. — BONS DE POSTE.

I. — Lettres.

Le canonnier reçoit les lettres qui lui sont destinées par l'intermédiaire du maréchal des logis agent de liaison de la batterie. Celui ci les reçoit du vaguemestre, sous-officier qui joue le rôle de facteur pour l'ensemble du régiment.

Le canonnier en recevant les lettres qui lui sont remises, en donne décharge par sa signature apposée au cahier de lettres, en regard de son nom et du nombre de lettres à lui remises.

Le canonnier peut envoyer gratuitement deux lettres par mois; pour cela, il n'a qu'à remettre ses lettres au bureau de la batterie en signant pour contrôle au cahier d'affranchissement.

II. — Mandats.

Le canonnier qui a reçu un mandat postal s'adresse, pour en toucher le montant, au vaguemestre auquel il remet son titre. Le paiement est effectué aux jours fixés par le tableau de service.

III. — Bons de poste.

Pour toucher le montant d'un bon de poste, le canonnier opère comme pour un mandat.

Dans son intérêt, il est recommandé au canonnier d'éviter de se faire envoyer de l'argent au moyen de bons de poste en blanc, car, en cas de perte ou de vol, aucune recherche n'est possible et il est à peu près certain de perdre son argent.

QUESTIONNAIRE

Qui est-ce qui remet au canonnier les lettres qui lui sont destinées?
Comment est constatée cette remise?
Le canonnier peut-il envoyer gratuitement ses lettres?
Que fait-il pour cela?
Comment perçoit-il le montant d'un mandat postal?
Comment perçoit-il le montant d'un bon de poste?
Pourquoi recommande-t-on au canonnier de ne pas se faire adresser des bons de poste en blanc?

26. HIÉRARCHIE. — APPELLATIONS. — NOMS, ADRESSES DES OFFICIERS ET GRADÉS.

Dans les premières semaines, l'instructeur se bornera à enseigner aux recrues à reconnaître les gradés qu'il leur est donné de voir journellement.

Les hommes apprendront d'eux-mêmes, dans les conversations de la chambrée, en causant avec leurs camarades anciens, à reconnaître les différents grades.

L'instructeur reviendra plus tard avec détails sur cette instruction, qui sera alors très facile à donner.

Les adresses seront apprises pratiquement en envoyant à tour de rôle chaque canonnier porter aux officiers ou gradés les lettres, ordres ou décisions à communiquer à ceux-ci.

27. DESCRIPTION ET ENTRETIEN DES ARMES (1)

§ 1. — Description du mousqueton et renseignements sur l'arme.

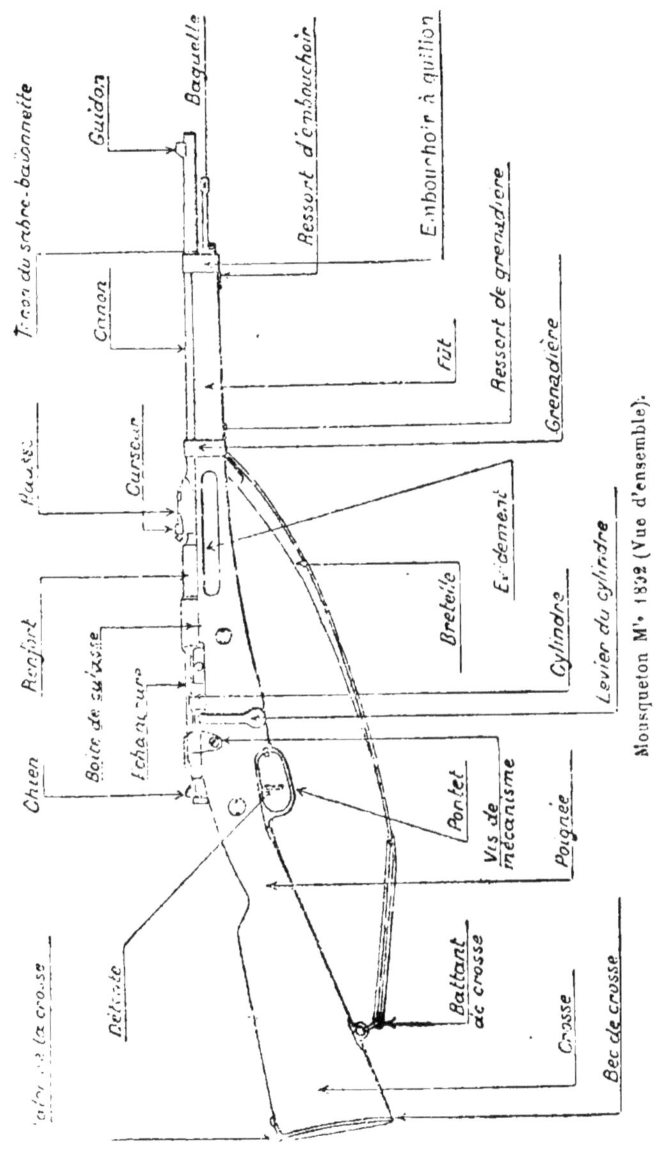

Mousqueton Mle 1892 (Vue d'ensemble).

(1) De ce numero, il sera enseigné : aux servants, les paragraphes 1, 4. 5, 6, 7, 11 ; aux conducteurs, les paragraphes 2, 3, 4, 8, 9, 10, 12 (revolver 1873 ou 1892 suivant le cas) ; aux élèves-brigadiers, l'ensemble.

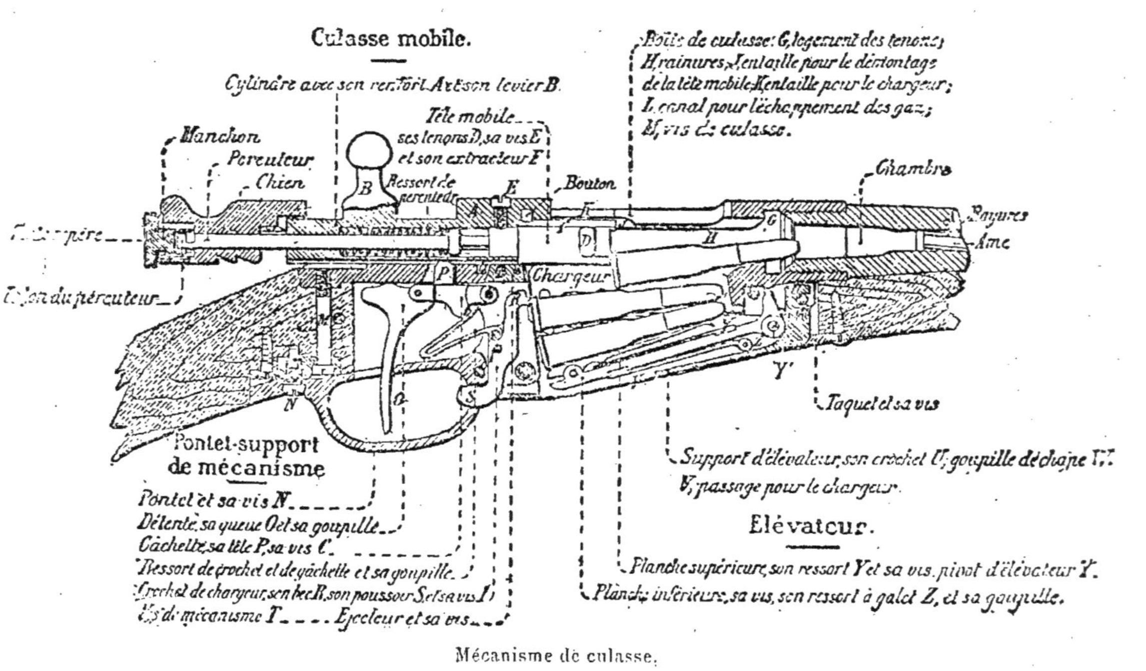

Mécanisme de culasse.

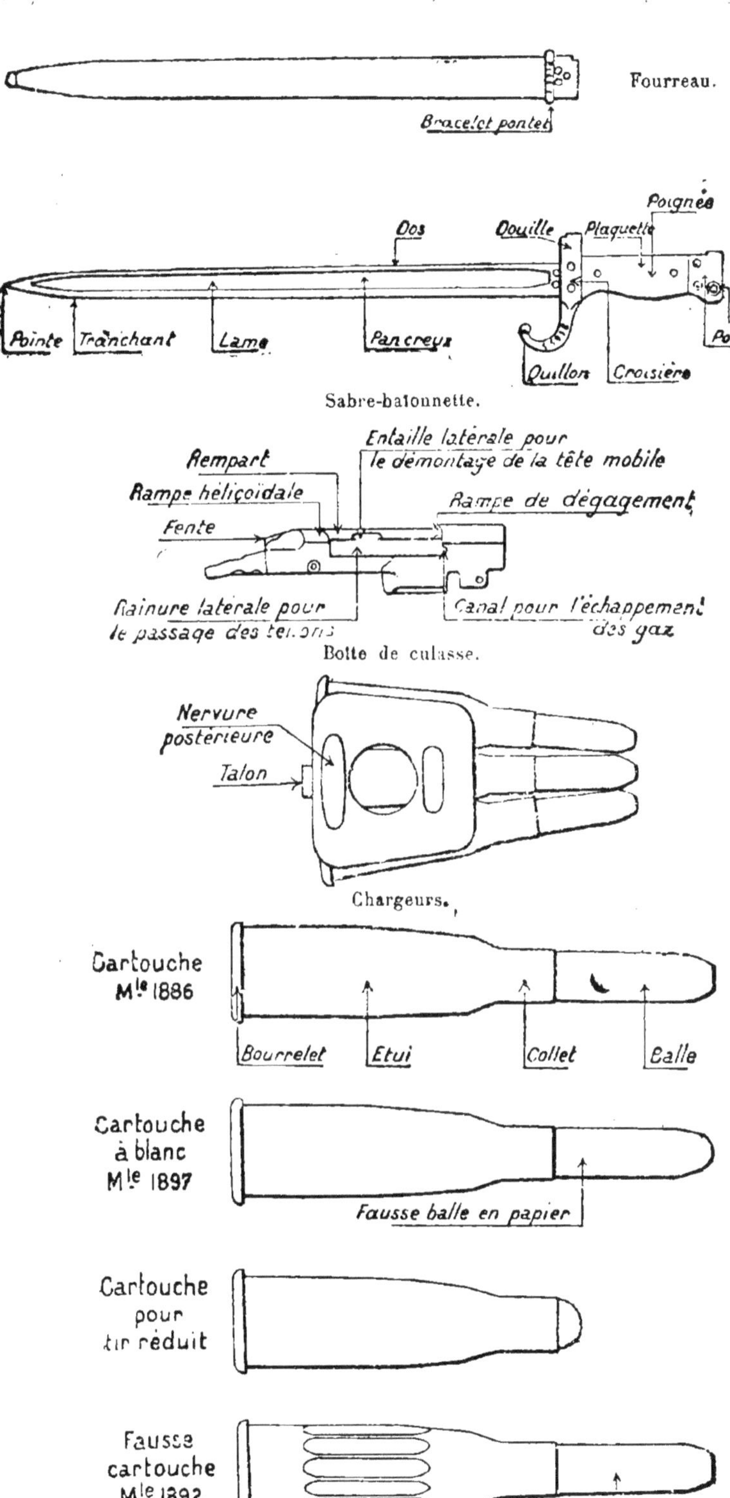

Fourreau.

Sabre-baïonnette.

Boîte de culasse.

Chargeurs.

Cartouches pour mousqueton.

Le calibre du mousqueton est de 8 millimètres.

Son poids, avec le sabre-baïonnette sans fourreau, est de 3 kgr. 500.

La cartouche à balle est la même que celle tirée par le fusil d'infanterie.

Remplissage d'un chargeur.

Pour remplir un chargeur, introduire une première cartouche par l'avant du chargeur, le long des arrondis d'un des bords; amener le culot au contact du fond du chargeur et faire descendre la cartouche contre les arrondis de l'autre bord. Introduire successivement, de la même manière, les deux cartouches suivantes, en ayant soin que les bourrelets soient bien en arrière des nervures postérieures.

Observations. — La description du mousqueton devra être bornée aux renseignements donnés par les figures ci-dessus. Elle devra être faite très progressivement, en plusieurs séances; elle marchera de pair avec les séances consacrées au démontage et à l'entretien de l'arme.

Les questions sont toujours faites sous la forme suivante :

Montrez-moi telle chose.

Comment appelez-vous ceci?

A quoi sert telle chose?

Recommandation essentielle. — L'instructeur s'assurera toujours, dans les séances d'instruction et à la manœuvre, que les canonniers n'ont entre les mains que des fausses cartouches d'instruction, reconnaissables par les évidements de l'étui.

§ 2. — Description des revolvers modèle 1873 et modèle 1892 et renseignements sur l'arme.

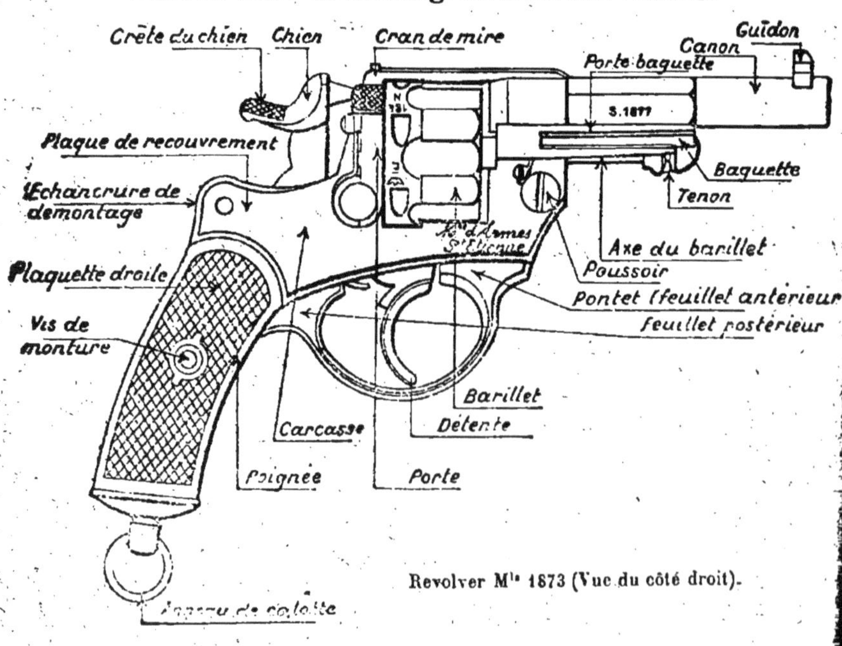

Revolver M[le] 1873 (Vue du côté droit).

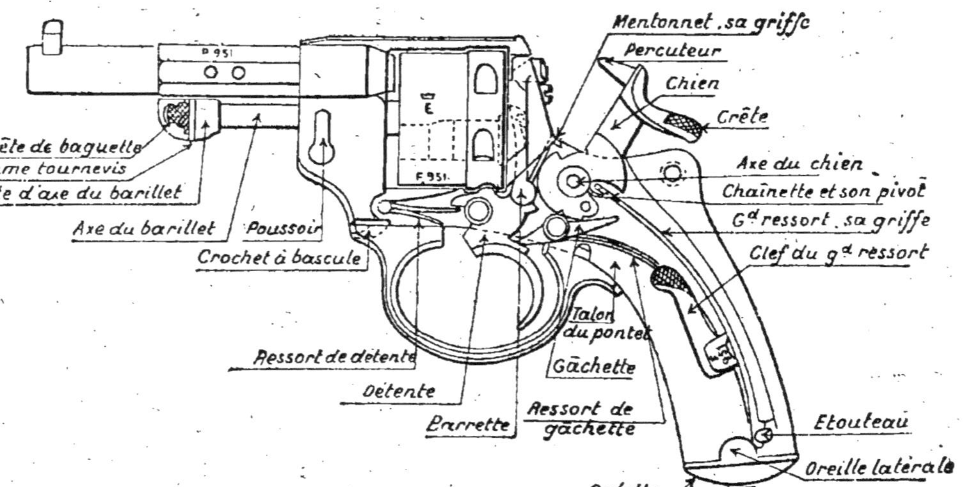

Vue d'ensemble du mécanisme.

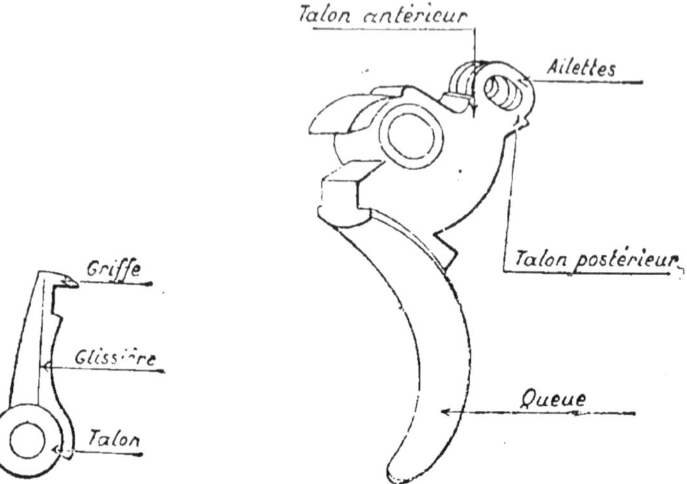

Mentonnet. Détente.

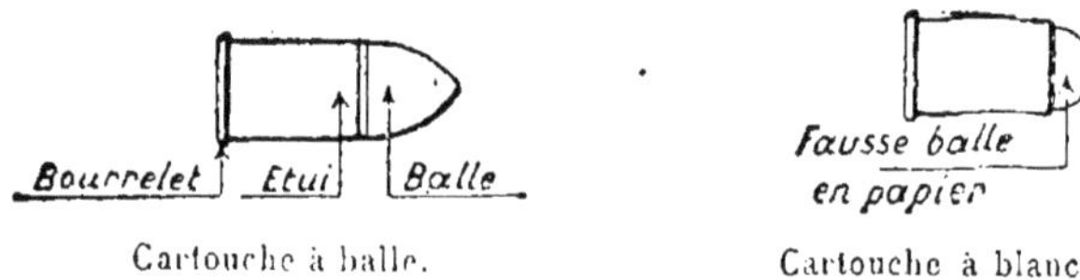

Cartouche à balle. Cartouche à blanc.

Le calibre du revolver modèle 1873 est de 11 millimètres.

Son poids est de 1 kgr. 200.

Le calibre du revolver modèle 1892 est de 8 millimètres.

Son poids est 0 kgr. 840.

Observation. — La description du revolver devra être bornée aux renseignements donnés par les figures ci-dessus. Elle devra être faite très progressivement, en plusieurs séances; elle marchera de pair avec les séances consacrées au démontage et à l'entretien de l'arme.

Les questions seront toujours faites sous la forme suivante :

Montrez-moi telle chose.
Comment appelez-vous ceci?
A quoi sert telle chose?

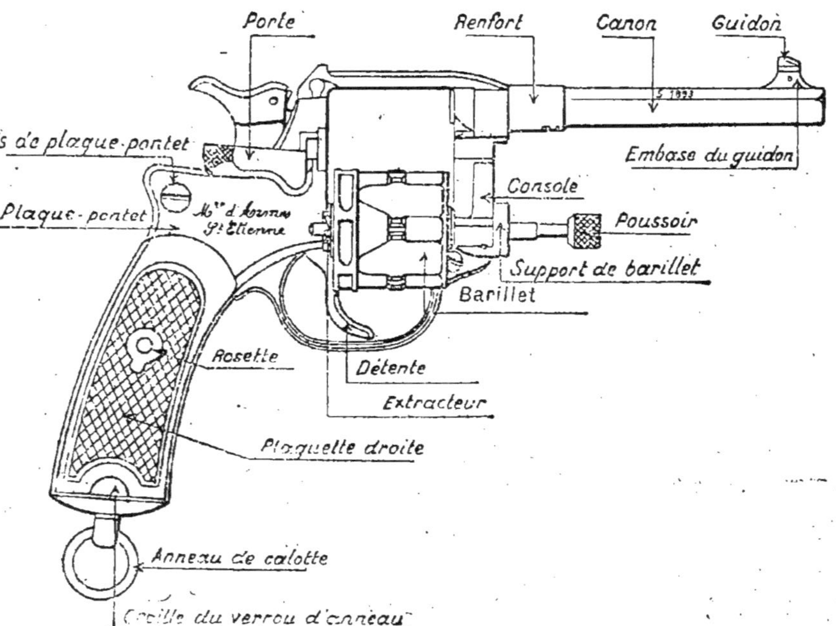

Revolver Mle 1892 (Vue du côté droit, le barillet rabattu).

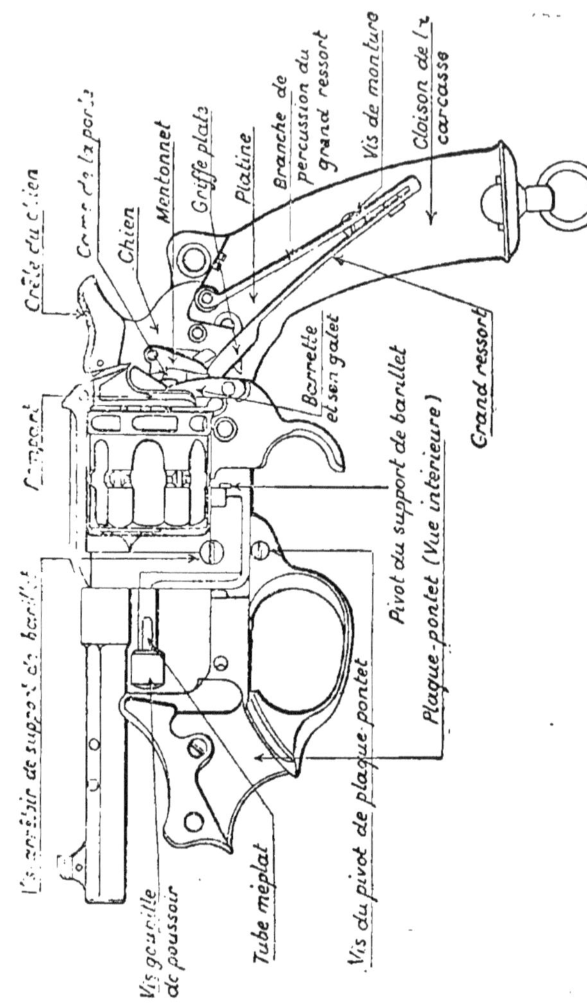

Vue du côté gauche, la platine à découvert.

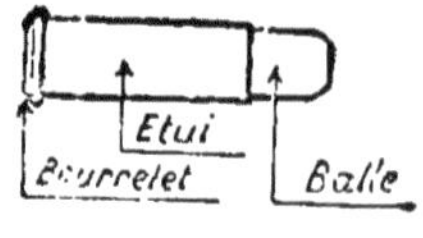

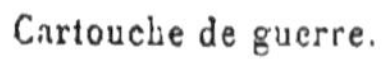

Cartouche de guerre.

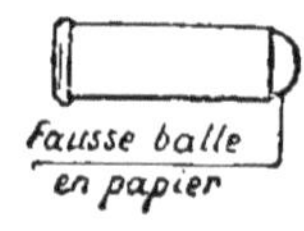

Cartouche à blanc.

§ 3. – Description du sabre.

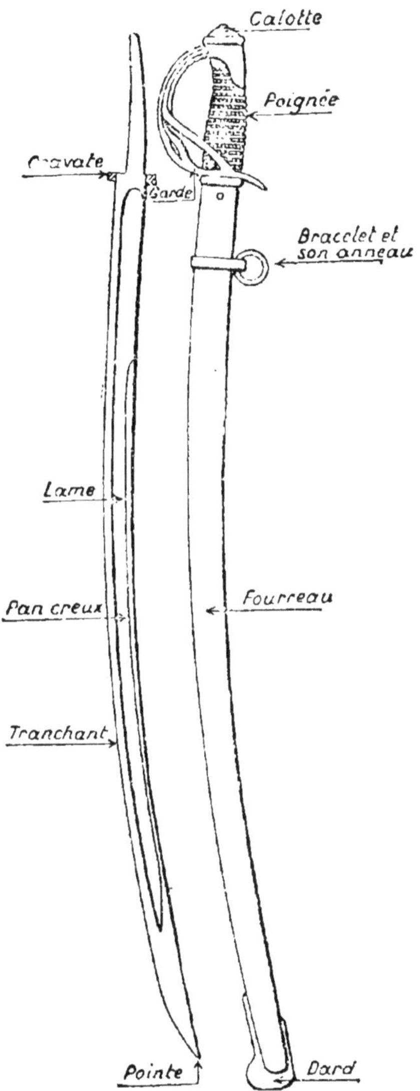

§ 4. — Accessoires pour l'entretien des armes.

Les accessoires que l'on emploie dans tous les cas et avec toutes les armes sont :

La boîte à graisse, contenant de la graisse et une pièce grasse ;

La brosse pour armes ;

Des chiffons de vieux linge et de drap.

Eventuellement, des curettes en bois tendre, de l'huile, de la brique pilée ou de la brique anglaise.

En campagne, aux manœuvres, on emploie en outre :

Pour le mousqueton : le nécessaire d'armes renfermant la lame-tournevis et la curette-spatule, réunies dans une trousse en drap; la ficelle de nettoyage, dont la longueur ne doit pas descendre au-dessous de 2 mètres;

Pour le revolver modèle 1873 : le même nécessaire d'armes que pour le mousqueton; une bande de toile pouvant aisément pénétrer dans le canon;

Pour le revolver modèle 1892 : le tournevis mixte; une bande de toile pouvant aisément pénétrer dans le canon.

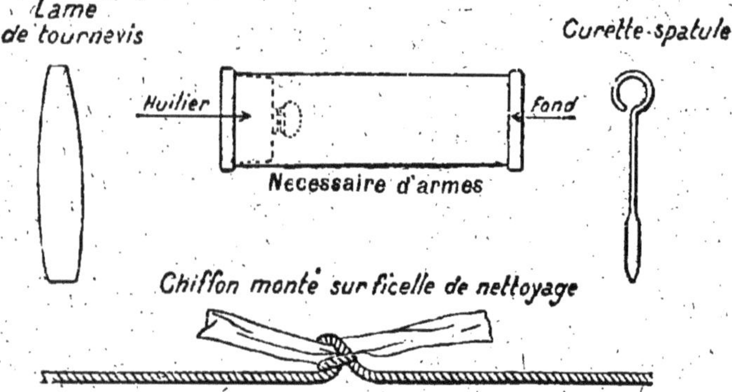

En garnison, on se sert :

Pour le mousqueton et le revolver modèle 1873 : du nécessaire de chambrée comprenant : une baguette de nettoyage, une baguette de graissage avec son écouvillon vissé, deux tournevis chassoirs identiques;

Pour le revolver modèle 1892 : du tournevis mixte et du nécessaire de chambrée;

Pour le sabre, on utilise en outre une planchette en bois présentant une face légèrement cintrée et recouverte de peau, sur laquelle on étale la brique.

§ 5. — Démontage et remontage du mousqueton.

Observations générales.

Il est sévèrement interdit aux canonniers de démonter aucune des pièces qui ne sont pas mentionnées par les instructions sur le démontage. Ces pièces doivent être nettoyées en place.

Les officiers eux-mêmes ne doivent pas donner l'ordre de séparer ces pièces.

Les ustensiles d'entretien et de démontage sont toujours entretenus en bon état; ils ne doivent présenter ni bavures, ni déformations graves, ni brèches. Il est interdit d'employer une lame de tournevis ébréchée ou tordue.

Pour défaire ou remettre une vis, placer l'arme ou la partie d'arme à plat sur une table ou sur une surface horizontale résistante. Avant de faire effort, surtout pour le démarrage ou le serrage à fond de la vis, saisir la pièce de la main gauche dans le voisinage de la vis, et maintenir le tournevis dans la fente, avec le pouce de cette main convenablement tournée.

Il faut, pour remettre une vis, engager à la main les premiers filets, en tournant au besoin en sens inverse du vissage, si la prise du filet ne se fait pas commodément.

Toutes les vis doivent être serrées à fond. Le plus grand soin et la plus grande surveillance doivent être apportées à l'observation de cette prescription, dont l'oubli peut donner lieu à des défectuosités de fonctionnement, à des dégradations et même à des accidents

Il est interdit de se servir de la boîte du nécessaire d'armes pour frapper sur aucune pièce en bois ou en métal.

On ne doit pas se servir non plus de la lame des tournevis pour faire levier sur des pièces métalliques.

DÉMONTAGE.

La bretelle ayant été retirée, le démontage s'opère dans l'ordre suivant :

1° *culasse mobile;* 2° *mécanisme;* 3° *canon.*

Culasse mobile. — Pour retirer la culasse mobile de la boîte, ouvrir la culasse, amener la culasse mobile en arrière, jusqu'à ce que le tenon gauche de fermeture soit au milieu de l'entaille pour le démontage de la tête mobile, desserrer la vis d'assemblage du cylindre et de la tête mobile de la quantité nécessaire pour séparer ces deux pièces (la dévisser de trois ou quatre filets jusqu'à ce que la tête de la vis soit complètement visible hors de son trou); rabattre la tête mobile à droite, en faisant tourner le manchon uniquement avec la main, jusqu'à ce que le bouton soit dégagé de son logement dans le cylindre; faire sortir la culasse mobile de la boîte de culasse; enlever la tête mobile restée dans la boîte.

Il est interdit de dévisser la vis d'assemblage tant que la tête mobile demeure engagée à la position de fermeture dans l'avant de la boîte de culasse.

La culasse mobile étant séparée de la boîte, pour la démonter complètement, mettre le chien à l'abattu, faire tourner avec la main, sans jamais se servir du tournevis, le manchon, de manière à mettre sa fente de repère dans le prolongement de celle du chien; appuyer la pointe du percuteur sur un morceau de bois dur ou dans le trou de la tête de baguette, en maintenant le cylindre aussi verticalement que possible; faire effort sur le levier du cylindre pour comprimer le ressort du percuteur et faire sortir le manchon de son logement; dégager le manchon du T du percuteur et laisser le ressort se détendre librement; séparer le cylindre, le chien, le percuteur et le ressort du percuteur.

Mécanisme. — Dévisser la vis du pontet, puis la vis du mécanisme, en maintenant d'une main le pontet dans son logement, pendant que l'on retire la vis de mécanisme avec l'autre main. Saisir le pontet de la main droite et le faire pivoter vers l'avant pour dégager le crochet de support d'élévateur; séparer le mécanisme de la monture.

Pour démonter entièrement le mécanisme (1) :

1° Dévisser la vis pivot d'élévateur et l'enlever en maintenant la tête d'élévateur en place avec le pouce de la main gauche; retirer l'élévateur;

2° Enlever la vis de gâchette et la gâchette réunie à la détente;

3° Enlever la vis de crochet de chargeur; saisir le ressort de crochet et le tirer en arrière et vers le haut, pour faire sortir le crochet de son logement.

Canon. — Dévisser et enlever la baguette; dévisser la vis de culasse; enlever l'embouchoir, puis la grenadière.

En garnison, quand l'embouchoir et la grenadière ne peuvent être chassés ou remis en place commodément, on agit sur eux dans le sens convenable avec le manche du tournevis-chassoir, en appliquant l'une des encoches le long du canon.

En campagne ou aux manœuvres, on doit se servir, comme chassoirs, de cales en bois, sur lesquelles on agit avec un marteau ou un objet lourd.

Séparer le canon du bois : à cet effet, renverser l'arme dans la main gauche, le canon en dessous; saisir la monture de la main droite à la poignée, et donner quelques saccades jusqu'à ce que le canon soit dégagé de son logement.

Remontage.

Le remontage s'opère dans l'ordre inverse de celui qui vient d'être indiqué pour le démontage, et en tenant compte des recommandations suivantes :

Canon. — En remontant le canon, placer l'anneau de grenadière et le canal de baguette de l'embouchoir du côté opposé à l'échancrure de boîte de culasse.

Mécanisme. — En remontant la gâchette avec la détente,

---

(1) Le mécanisme ne doit être démonté qu'exceptionnellement, en cas de mauvais fonctionnement ou d'oxydation des parties engagées dans le corps du mécanisme, et seulement sur l'ordre d'un officier.

avoir soin d'engager d'abord la queue de celle-ci dans la fente du pontet. Pour replacer la vis d'élévateur, appuyer fortement sur la tête de la planche inférieure. Pour replacer le mécanisme : introduire l'avant du support d'élévateur de manière que le crochet antérieur vienne emboîter sa goupille dans la boîte de culasse, faire pivoter le mécanisme autour de cette goupille pour le mettre à fond dans son logement et le maintenir pendant qu'on replace la vis de mécanisme.

Culasse mobile. — Assembler sur le cylindre : le percuteur, son ressort et le chien, celui-ci à la position de l'abattu; comprimer le ressort du percuteur comme pour le démontage; engager le manchon sur le T du percuteur; l'amener en face de l'entrée de son logement dans le chien, et laisser le percuteur et le ressort se détendre lentement.

Les pièces de la culasse mobile étant ainsi réunies, à l'exception de la tête mobile, et la vis d'assemblage étant placée sur le cylindre à la position de démontage (engagée de trois ou quatre filets seulement), mettre le chien au cran de l'armé et tourner le manchon de façon que sa fente de repère soit perpendiculaire à celle du chien. Placer la tête mobile dans la boîte de culasse, le bouton à droite appuyé contre le rempart; engager la culasse mobile dans sa boîte, en faisant pénétrer le percuteur dans la tête mobile; faire tourner cette dernière à gauche, en tournant le manchon dans le même sens, pour amener le bouton dans son logement; serrer à fond la vis d'assemblage du cylindre et de la tête mobile.

§ 6. — **Nettoyage et graissage du mousqueton.**

Procédés généraux de nettoyage.

Pièces en acier non bronzées. — Lorsque ces pièces ne sont pas rouillées, les frotter fortement avec un linge ou un morceau de drap sec et propre.

Si elles présentent des taches de rouille, répandre d'abord un peu d'huile sur les taches et laisser la rouille s'imbiber quelques instants. Enlever ensuite les taches au moyen d'un linge propre huilé. Les taches qui ne peuvent être enlevées par ce moyen, *sauf toutefois celles qui se trouvent à l'intérieur du canon des armes à feu* (1), doivent être frottées avec de la brique délayée dans la graisse, appliquée, suivant le cas, sur un linge, sur une brosse ou sur une curette en bois.

Les pièces étant nettoyées et essuyées, les graisser légèrement.

---

(1) Lorsqu'il existe dans un canon des taches de rouille que le linge huilé n'a pu enlever, l'arme doit être portée chez l'armurier.

On ne doit pas, dans cette opération, chercher à obtenir le poli brillant; on s'attachera à conserver le plus possible aux pièces leur poli, en évitant d'employer la brique pour leur nettoyage, tant que leur état d'oxydation ne rend pas cette opération indispensable.

Pour nettoyer les filets de vis, se servir d'un fil qu'on enroule de deux ou trois tours dans le filetage; pour les ressorts à boudin, employer une bande de linge très étroite, à laquelle on donne dans les spires un mouvement de va-et-vient. Avoir soin de ne laisser ni brique ni aucune autre subtances dans les trous de vis et dans les encastrements. Mettre une goutte d'huile sur les filets de vis.

Pièces en acier mises en couleur. — Tout frottement dur ou prolongé ayant pour effet d'enlever à ces pièces la couche préservatrice, l'emploi de la brosse dure et de la brique est interdit. On ne doit se servir que de chiffons de linge ou de morceaux de drap exempts de poussière.

Si la pièce n'est pas rouillée, la laver au besoin avec un linge ou un morceau de drap légèrement gras.

Les pièces étant nettoyées et essuyées, les passer à la pièce grasse.

Pièces en bronze ou en laiton. — Ces pièces se nettoient avec du tripoli ou de la brique anglaise et un peu de vinaigre ou d'alcool. Frotter avec un linge ou un morceau de drap, mais jamais avec une brosse ou une curette. Une fois nettoyées, ces pièces ne doivent être ni graissées ni huilées; il suffit de les essuyer avec un morceau de linge ou de drap sec.

Pièces en bois. — Lorsqu'elles sont simplement humides ou souillées de poussière, les essuyer avec un linge sec.

Si elles présentent des taches de rouille, enlever ces dernières avec un morceau de drap imbibé d'huile.

Si, sous l'action de la pluie, le bois a pris un aspect rugueux, le frotter avec un chiffon huilé.

OBSERVATIONS GÉNÉRALES SUR LE NETTOYAGE ET LE GRAISSAGE.

Le canonnier doit, toutes les fois que cela est possible, nettoyer son arme immédiatement après s'en être servi. Tout retard rend le nettoyage plus long et plus difficile à exécuter.

Le nettoyage ne doit jamais amener l'usure et, par suite, un changement de forme ou de dimensions des pièces.

Toutes les armes ou pièces d'armes qui n'ont pu être dérouillées par les moyens réglementaires doivent être portées chez l'armurier.

L'emploi de l'emeri ou du grès pour le nettoyage de n'importe quelle pièce d'arme est interdit.

Les parties des pièces difficiles à atteindre doivent être

nettoyées à l'aide de curettes en bois tendre et de chiffons peu épais, et jamais avec des lames de tournevis ou autres objets métalliques. Il faut nettoyer avec soin les vis et leurs logements, les axes et les trous d'axe, de façon à enlever la rouille, la crasse et les corps étrangers qui peuvent occasionner des duretés de manœuvre.

Pendant le nettoyage et le graissage, on doit éviter, pour ne pas les fausser, de placer en porte-à-faux les pièces en acier. telles que les ressorts, les percuteurs des mousquetons, les baguettes, les lames et les fourreaux de sabre, et, en général, toutes les pièces un peu longues par rapport à leur épaisseur.

Il est absolument interdit d'employer au nettoyage des canons la baguette de graissage, séparée ou non de l'écouvillon.

Quand on ne dispose pas, pour le graissage, d'une baguette à écouvillon, on remplace le chiffon de nettoyage par un chiffon gras, avec lequel on graisse l'intérieur du canon et de la chambre.

Avant de nettoyer le canon avec la ficelle, s'assurer que la surface de cette dernière est exempte de poussières adhérentes.

La substitution de fils métalliques à la ficelle et l'emploi de la baguette en acier fixée à l'arme sont interdits.

Avant le remontage de toutes les pièces présentant des parties frottantes ou pivotantes, on doit mettre une goutte d'huile sur ces parties. Il en est de même de toutes les vis et de leurs écrous.

Avant de graisser une pièce quelconque, avoir soin d'enlever la vieille graisse.

Toutes les pièces en acier des armes remontées doivent toujours être graissées de façon à être légèrement onctueuses, et le canonnier doit, avant de servir de ses armes, avoir soin de les essuyer avec un linge sec.

Le graissage des armes doit être renouvelé au moins une fois par quinzaine. On ne doit jamais graisser sans avoir préalablement procédé au nettoyage.

Les officiers de batterie passent une fois par mois la visite détaillée des armes. Pour ces revues mensuelles, les armes complètement nettoyées, exemptes de graisse et d'huile, sont disposées sur les lits, dans l'état de démontage indiqué, au paragraphe : Démontage.

§ 7. — Entretien du mousqueton.

NETTOYAGE MENSUEL.

Faire le démontage complet, tel qu'il est prescrit au paragraphe 5 : nettoyer et graisser séparément chaque pièce en se conformant aux prescriptions contenues dans le paragraphe 6 et complétées par les suivantes :

Canon.

La manière de procéder au nettoyage de l'intérieur du canon est différente, suivant que l'on dispose ou non du nécessaire de chambrée.

a) NETTOYAGE A L'AIDE DU NÉCESSAIRE DE CHAMBRÉE. — Pour nettoyer l'intérieur du canon, passer dans la fente de la baguette de nettoyage une bande de toile de 0m 10 à 0m 15 de longueur et de 5 à 7 centimètres de largeur suivant l'épaisseur de la bande. L'employer sèche ou imbibée de graisse, suivant le cas.

Enlever la culasse mobile et le mécanisme. Introduire la baguette dans l'âme par la bouche du canon. Saisir la poignée de la baguette à pleine main, la tige passant entre l'index et le doigt du milieu ; imprimer sans brusquerie à la baguette un mouvement de va-et-vient sur toute la longueur du canon et la laisser en même temps tourner en suivant le sens des rayures. Avoir soin, à chaque passe, de faire sortir le chiffon hors de l'âme. Cinq ou six passes suffisent ordinairement pour nettoyer l'intérieur du canon.

L'intérieur du canon étant nettoyé, le graisser légèrement à l'aide de la baguette de graissage. A cet effet, imprégner légèrement de graisse la brosse de l'écouvillon ; engager l'écouvillon dans l'âme et faire une seule passe aller et retour.

b) NETTOYAGE A LA FICELLE (1). — Enlever la culasse mobile et le mécanisme ; prendre un chiffon, choisi comme il a été dit pour le nettoyage à la baguette, l'engager dans un nœud gansé formé au milieu de la ficelle, et l'introduire à forcement dans le canon. Le manœuvrer en agissant alternativement sur les deux bouts de la ficelle, l'arme étant maintenue aussi immobile que possible, et en faisant sortir le chiffon entièrement du canon à chaque mouvement alternatif.

Cette opération doit, autant que possible, être exécutée par deux canonniers qui maintiennent l'arme horizontalement. Quand le nettoyage est fait par un homme seul, celui-ci doit soutenir l'arme de la main gauche sous l'arrière du fût pour tirer le chiffon de la bouche vers la culasse et la faire reposer sur la crosse pour le mouvement inverse. Il est formellement interdit d'attacher un des bouts de la ficelle à un support fixe et d'exécuter le nettoyage en donnant à l'arme un mouvement de va-et-vient le long de la ficelle.

Pour le graissage, remplacer par un chiffon gras le chiffon employé pour le nettoyage.

Le canon des mousquetons ne doit jamais être lavé à

---

(1) Ce mode de nettoyage est le seul à appliquer en campagne, aux manœuvres et, d'une manière générale, en dehors de la garnison

l'eau, même après le tir réduit, qui laisse un dépôt plus adhérent que le tir de la cartouche de guerre.

Quand la culasse mobile est remise en place, mettre une goutte d'huile sur la rampe de la tranche postérieure de l'échancrure de la boîte et sur la rampe de dégagement, puis faire marcher plusieurs fois le mécanisme de fermeture.

Faire jouer le curseur de la hausse pendant le graissage de la planchette et mettre une goutte d'huile à la charnière.

NETTOYAGE SOMMAIRE APRÈS LES EXERCICES

Une arme ne doit jamais être replacée au râtelier sans être en parfait état de nettoyage et de graissage. Si l'arme a été nettoyée à fond depuis peu, et si le temps a été beau et sans poussière pendant les exercices, on peut se contenter d'un nettoyage sommaire.

Dans ce cas, le canon n'est pas séparé du fût; la culasse mobile n'est pas retirée; on la graisse légèrement en la déplaçant, de façon à en atteindre toute la surface.

Si l'arme a été mouillée, procéder comme dans le cas du nettoyage mensuel.

En outre, si, pendant la manœuvre, on a retiré le sabre-baïonnette du fourreau, faire égoutter aussi complètement que possible l'eau qui peut avoir pénétré dans ce dernier.

NETTOYAGE APRÈS LE TIR

Après le tir, procéder comme pour le nettoyage mensuel.

Les mousquetons remontés et replacés dans les chambres doivent avoir la culasse mobile fermée, le chien à l'abattu, et ne doivent jamais contenir de cartouches. Il en est de même dans toutes les circonstances du service autres que le maniement des armes et le tir.

La bouche du canon ne doit jamais être obturée, ni au râtelier ni à l'extérieur.

La culasse ne doit jamais être entourée de chiffons, ni de gaines en cuir ou tissu.

§ 8. — Démontage et remontage des revolvers modèle 1873 et modèle 1892.

OBSERVATIONS GÉNÉRALES

Il est sévèrement interdit aux canonniers de démonter aucune des pièces qui ne sont pas mentionnées par les instructions sur le démontage. Ces pièces doivent être nettoyées en place.

Les officiers eux-mêmes ne doivent pas donner l'ordre de séparer ces pièces.

Les ustensiles d'entretien et de démontage sont toujours

entretenus en bon état; ils ne doivent présenter ni bavures, ni déformations graves, ni brèches. Il est interdit d'employer une lame de tournevis ébréchée ou tordue.

Pour défaire ou remettre une vis, placer l'arme ou la partie d'arme à plat sur une table ou sur une surface horizontale résistante. Avant de faire effort, surtout pour le démarrage ou le serrage à fond de la vis, saisir la pièce de la main gauche dans le voisinage de la vis, et maintenir le tournevis dans la fente, avec le pouce de cette main convenablement tournée.

Il faut, pour remettre une vis, engager à la main les premiers filets, en tournant au besoin en sens inverse du vissage, si la prise du filet ne se fait pas commodément.

Toutes les vis doivent être serrées à fond. Le plus grand soin et la plus grande surveillance doivent être apportés à l'observation de cette prescription, dont l'oubli peut donner lieu à des défectuosités de fonctionnement, à des dégradations et même à des accidents.

Pour mettre à découvert ou recouvrir la platine des revolvers, modèle 1873 et modèle 1892, les canonniers sont autorisés à employer comme tournevis une pièce de 5 centimes.

Il est interdit de se servir de la boîte du nécessaire d'armes pour frapper sur aucune pièce en bois ou en métal.

On ne doit pas se servir non plus de la lame des tournevis pour faire levier sur des pièces métalliques, sauf pour soulever la plaque de recouvrement du revolver modèle 1873.

DÉMONTAGE ET REMONTAGE

1° Revolver modèle 1873.

Le démontage s'opère dans l'ordre suivant :

1° *barillet*; 2° *plaque de recouvrement* et *plaquette gauche*; 3° *platine*; 4° *porte*; 5° *plaquette droite de la monture*;

De plus, mais seulement en cas de nécessité absolue et sur l'ordre d'un officier ou d'un sous-officier :

6° *baguette, poussoir, anneau de calotte, clef de grand ressort.*

Barillet.

Démontage. — Placer le revolver à plat dans la main gauche, la baguette en dessus, le pouce sur le poussoir; faire effort avec le pouce de la main droite sur la crête de la baguette, la pousser en avant jusqu'à ce que le pivot d'axe du barillet soit dégagé, et la rejeter à gauche; presser avec le pouce de la main gauche sur le poussoir, et appuyer en même temps avec le pouce et le premier doigt de la main droite sous la tête de l'axe du barillet pour le dégager de son canal.

Amener la face plane de la tête de baguette au-dessus et contre l'entaille de la lame-tournevis, de manière à faire rentrer complètement la vis de baguette dans son logement. Mettre le chien au cran de sûreté. Ouvrir la porte. Avec le pouce et l'index de la main gauche, soulever le barillet; l'enlever avec la main droite.

Remontage. — Engager l'axe du barillet jusqu'à ce que la griffe du poussoir tombe dans le cran postérieur. Amener la face plane de la tête de baguette au-dessus et contre l'entaille de la lame-tournevis, de manière à faire rentrer complètement la vis de baguette dans son logement. Mettre le chien au cran de sûreté. Ouvrir la porte. Laisser le barillet descendre librement dans sa cage (son canal se place de lui-même dans le prolongement de l'axe, si l'on évite de déranger le barillet avec la main gauche). Pousser l'axe à fond avec la main droite; coiffer le pivot avec la tête de baguette; fermer la porte; mettre le chien à l'abattu.

Nota. — Le simple démontage du barillet n'oblige pas à dégager l'axe entièrement; il suffit de le tirer jusqu'au cran postérieur.

Plaque de recouvrement et plaquette gauche.

Pour mettre la platine à découvert, dévisser la vis de plaque de recouvrement; introduire la lame du tournevis dans l'échancrure de démontage; soulever la plaque en maintenant la monture avec la main gauche; enlever la plaquette gauche.

Platine, porte et monture.

Démontage. — Pour retirer le grand ressort, mettre le chien à l'abattu; ouvrir doucement la clef de dedans en dehors, en appuyant sur sa crête; dégager le ressort de l'étouteau et la griffe des pivots de chaînette; enlever le ressort.

Conduire le chien au cran de l'armé; appuyer sur la détente, de manière à supprimer tout contact de la gâchette et du mentonnet avec le chien; enlever le chien et cesser d'appuyer sur la détente.

Engager le pouce de la main droite dans le pontet et presser sur le feuillet postérieur pour dégager le T de son logement.

Retirer la gâchette de son axe.

Faire tourner le ressort de gâchette autour de son pivot, pour faire sortir le tenon de son encastrement; enlever le ressort.

2° Revolver Mle 1892.

Le démontage (1) s'opère dans l'ordre suivant :

1° *Plaquette gauche* (mise à découvert de la platine); 2° *Platine; 3° Support de barillet; 4° Extracteur* (démontage complet du barillet); 5° *Plaquette droite* et *anneau de calotte; 6° Plaque-pontet. — Vis de plaque-pontet.*

Mise à découvert de la platine.

Démontage. — Dévisser la vis de plaque-pontet jusqu'à ce que la plaque soit complètement dégagée; rabattre la plaque-pontet vers le bout du canon; enlever la plaquette gauche.

Remontage. — Engager la plaquette sous l'oreille du verrou d'anneau; l'appliquer contre la cloison, rabattre la plaque-pontet vers la poignée, et la maintenir appuyée contre la vis de plaque pendant qu'on visse celle-ci.

Platine.

Démontage. — La platine étant à découvert, *ouvrir la porte;* disposer la plaque-pontet à peu près perpendiculairement à la face gauche de l'arme, pour dégager la console; faire reposer le revolver à plat dans la main gauche, la platine en dessus, le pouce par-dessus la console, les deux premiers doigts sous le barillet, les deux derniers doigts contre l'arrière de la détente. Enlever ensuite les pièces de la platine dans l'ordre des numéros qu'elles portent; saisir le grand ressort un peu en avant du tenon, entre le pouce et les deux premiers doigts de la main droite; le pousser à droite en le soulevant légèrement, pour dégager le tenon de son encastrement; laisser le ressort se détendre librement et l'enlever. Chasser en arrière la crête du chien, enlever le chien. Pousser la détente en avant, dégager la barrette de son logement, la séparer de la détente; enlever la détente. (On peut retirer à la fois ces deux pièces en agissant sur la queue de la détente.)

Remontage. — *La porte étant ouverte*, engager la détente sur son axe et replacer la barrette sur la détente, ou remettre les deux pièces en place à la fois, après avoir d'abord

---

(1) Les vis sont démontées et remontées uniquement avec le tournevis pour revolver modèle 1892 ou le tournevis mixte modèle 1898. Le biseau large sert pour la vis de plaque-pontet, le petit biseau pour les autres vis, à l'exception de la vis-poussoir qui ne doit être démontée que par l'armurier.

Pour se servir d'un de ces tournevis, ouvrir la curette en appuyant sur l'ergot, mettre la petite lame en croix sur la grande et ramener la curette dans son logement.

assemblé la barrette sur la détente. Engager le bec de barrette dans son passage en arrière du rempart, et ramener la queue de la détente le plus possible vers l'arrière; remettre le chien en place en pressant un peu, s'il y a lieu, sur le mentonnet, pour éviter la came de la porte. Placer ensuite le revolver dans la main gauche, comme il est dit pour le démontage du grand ressort, en ayant soin de ramener vers l'avant le plus possible, avec les doigts qui les maintiennent, la détente et le chien. Saisir le grand ressort par-dessus et en avant du tenon avec la main droite, engager la griffe plate dans son logement, en l'appuyant contre le galet de barrette; comprimer la branche de percussion entre les deux premiers doigts, de manière à amener son galet au contact du chien dans l'évidement d'appui; en même temps, pousser le ressort à droite jusqu'à ce que le tenon rentre dans son encastrement. Fermer la porte.

On observera que, lorsque la porte est ouverte, le barillet restant dans sa cage, la détente fait tourner le barillet sans actionner le chien.

Support de barillet.

Démontage. — *La porte étant ouverte*, dévisser la vis-arrêtoir de support de barillet; retirer cette vis; rabattre un peu le barillet, en plaçant le bras du support en demi à droite par rapport à la console. Pousser le barillet vers l'avant de deux millimètres environ jusqu'à ce qu'on sente un arrêt; à ce moment, mettre le bras du support en croix sur la console. Saisir à pleine main le barillet et son support pour les maintenir réunis, et achever de faire sortir le pivot de support de barillet. Enlever le ressort de support.

Remontage. — La vis-arrêtoir de support de barillet étant enlevée et la *porte ouverte*, prendre de la main droite le barillet réuni à son support, l'axe complètement enfoncé dans son canal. Engager le bout du pivot de support dans son logement, le méplat contre la partie externe de la grande branche du ressort; faire glisser le barillet en arrière le long de son axe jusqu'à l'arrêt du mouvement (1); à ce moment, faire tourner l'ensemble du barillet et de son support en engageant le barillet dans sa cage, jusqu'à ce que le bras du support se trouve en demi à droite par rapport à la console. Le ressort étant ainsi bandé, enfoncer complètement le pivot de support de barillet, en appuyant sur le bras du support et en maintenant le barillet de la main gauche.

Si l'on éprouve quelque résistance, faire varier un peu

(1) Dans les revolvers de première fabrication qui ont le méplat postérieur plus long, faire glisser le barillet en arrière, le long de son axe, jusqu'à la butée de barillet et éviter soigneusement de laisser cette butée s'engager dans une entaille du renfort.

l'angle du bras du support de la console, jusqu'à ce qu'on sente le pivot céder à la pression.

Rabattre complètement le barillet dans sa cage et remettre en place la vis-arrêtoir.

Barillet et extracteur.

Démontage. — Dévisser et retirer la vis-goupille de poussoir; dévisser le poussoir, retirer le support de barillet, puis le tube relié au ressort d'extracteur, faire sortir par l'arrière du barillet l'extracteur goupillé sur sa tige.

Remontage. — Exécuter en ordre inverse les opérations du démontage; avoir soin d'appliquer les méplats du tube contre ceux de la tige, et d'arrêter le poussoir, quand on le revisse, de façon que les trois trous de la vis-goupille se correspondent.

Plaque-pontet et sa vis.

Dévisser la vis-goupille du pivot et dégager la plaque-pontet. Dévisser la vis-arrêtoir de plaque-pontet et retirer cette dernière vis.

Plaquette droite et anneau de calotte.

Démontage. — Le grand ressort étant enlevé, dévisser la vis de monture, enlever la rosette et la plaquette. Pour retirer la rosette de son encastrement, utiliser au besoin la vis de monture, que l'on visse par l'extérieur.

Faire glisser le verrou d'anneau de gauche à droite, en frappant, s'il est nécessaire, à petits coups, sur l'oreille gauche, avec un manche en bois, jusqu'à ce que l'épaulement du pivot corresponde au trou rond. Enlever l'anneau et achever de retirer le verrou par la droite.

Remontage. — Quand on remonte la plaquette, la maintenir contre la cloison de carcasse pendant le vissage des premiers filets dans la rosette.

La mise à découvert de la platine, jointe au rabattement du barillet sur le côté, est ordinairement suffisante pour l'entretien courant de l'arme, et même pour le nettoyage après le tir.

Les autres pièces ne sont démontées que sur l'ordre des officiers.

En particulier, le démontage complet du barillet, le démontage de la plaque-pontet et de sa vis, de la plaquette droite et de l'anneau de calotte, doivent être aussi rares que possible.

La détente étant ramenée en avant contre le corps de platine, tenir l'arme à plat dans la main gauche, la poignée en avant; appuyer sur la barrette pour retirer sa tête de son logement et amener en même temps le talon postérieur du nœud de la détente en contact avec le talon du mentonnet; il ne reste plus qu'à soulever la détente pour la retirer. Séparer la barrette et le mentonnet.

La porte étant fermée, desserrer la vis du ressort de trois tours environ et dégager la porte de son pivot, sans presser sur le ressort.

Dévisser la vis de monture et enlever la plaquette droite, sans chercher à séparer la rosette de monture, qui peut être nettoyée en place.

Remontage. — Remettre en place la plaquette droite et, s'il y a lieu, la rosette de monture (l'oreille postérieure et son logement sont marqués chacun d'un coup de pointeau); replacer la vis de monture.

Replacer la porte sur son pivot, la fermer et resserrer la vis.

Introduire l'œil du mentonnet entre les deux ailettes de la détente, le talon du mentonnet touchant le talon postérieur du nœud de la détente; enfoncer le pivot de barrette dans les trous de la détente et du mentonnet; faire porter le ressort de la barrette contre la glissière du mentonnet, engager la detente sur son axe, la barrette en avant et le mentonnet en arrière de l'axe du chien; ramener la queue de détente d'abord vers l'avant, ensuite vers l'arrière de l'arme, pour conduire le bec de barrette dans son logement, et faire passer le mentonnet en avant de l'axe du chien.

Placer le ressort de détente les deux branches sous la griffe de la détente.

Le pivot du ressort de gâchette étant mis en place, faire tourner le ressort, pour amener le tenon au fond de son encastrement.

Engager la gâchette sur son axe, le cran en avant, la queue en arrière et contre l'axe du chien, et, lorsqu'elle rencontre l'épaulement de la carcasse, la faire tourner en comprimant son ressort, pour la descendre à fond.

Placer la queue de détente dans une direction perpendiculaire à celle du canon, la griffe du mentonnet s'appuyant sur l'axe du chien; introduire le crochet à bascule dans le logement du feuillet antérieur du pontet; presser avec la paume de la main droite sur le corps du pontet pour chasser le T dans son logement.

Saisir la poignée avec la main gauche, le premier doigt sur la détente, pousser en même temps la queue de gâchette en arrière; agir sur la détente de manière à soulever autant que possible la tête de gâchette appuyée sur le talon de départ. Engager le chien sur son axe et le conduire à l'abattu avant d'abandonner la détente.

Maintenir avec le pouce de la main gauche les pivots de chaînette en arrière, pour introduire aisément la griffe du grand ressort; pousser ensuite la chaînette en avant, en agissant sur le ressort, dont l'épaulement vient se placer contre l'étouteau.

Fermer la clef du grand ressort progressivement et sans

à-coup, le pouce de la main droite sur le méplat postérieur.

Remettre en place la plaquette gauche, la plaque de recouvrement et la vis de plaque.

Baguette, poussoir, anneau de calotte, clef du grand ressort.

Pour ôter ou remettre la baguette, enlever la vis de baguette ; à cet effet, conduire la tête de baguette jusqu'au fond de la fente du porte-baguette.

Pour enlever le poussoir, le maintenir avec l'index de la main gauche, les autres doigts embrassant la carcasse, pendant qu'on agit avec le tournevis sur le bouton du poussoir. Dans le remontage, il est essentiel de mettre le bouton bien à fond, pour ne pas diminuer l'action du ressort à boudin.

Pour enlever ou remettre l'anneau de calotte, tourner le pivot de manière que la tête de la vis-goupille soit du côté opposé à l'oreille latérale.

La clef du grand ressort se démonte en chassant sa goupille.

§ 9. — Nettoyage et graissage des revolvers modèle 1873 et modèle 1892.

Procédés généraux de nettoyage.

Pièces en acier non bronzées. — Lorsque ces pièces ne sont pas rouillées, les frotter fortement avec un linge ou un morceau de drap sec et propre.

Si elles présentent des taches de rouille, répandre d'abord un peu d'huile sur les taches et laisser la rouille s'imbiber quelques instants. Enlever ensuite les taches au moyen d'un linge propre huilé. Les taches qui ne peuvent être enlevées par ce moyen, SAUF TOUTEFOIS CELLES QUI SE TROUVENT A L'INTÉRIEUR DU CANON DES ARMES A FEU (1), doivent être frottées avec de la brique délayée dans la graisse, appliquée, suivant le cas, sur un linge, sur une brosse ou sur une curette en bois.

Les pièces étant nettoyées et essuyées, les graisser légèrement.

On ne doit pas, dans cette opération, chercher à obtenir le poli brillant ; on s'attachera à conserver le plus possible aux pièces leur poli, en évitant d'employer la brique pour leur nettoyage, tant que leur état d'oxydation ne rend pas cette opération indispensable.

Pour nettoyer les filets de vis, se servir d'un fil qu'on

(1) Lorsqu'il existe dans un canon des taches de rouille que le linge huilé n'a pu enlever, l'arme doit être portée chez l'armurier.

enroule de deux ou trois tours dans le filetage; pour les ressorts à boudin, employer une bande de linge très étroite, à laquelle on donne dans les spires un mouvement de va-et-vient. Avoir soin de ne laisser ni brique ni aucune autre substance dans les trous de vis et dans les encastrements. Mettre une goutte d'huile sur les filets de vis.

Pièces en acier mises en couleur. — Tout frottement dur ou prolongé ayant pour effet d'enlever à ces pièces la couche préservatrice, l'emploi de la brosse dure et de la brique est interdit. On ne doit se servir que de chiffons de linge ou de morceaux de drap exempts de poussière.

Si la pièce n'est pas rouillée, la laver au besoin avec un linge ou un morceau de drap légèrement gras.

Les pièces étant nettoyées et essuyées, les passer à la pièce grasse.

Pièces en bronze ou en laiton. — Ces pièces se nettoient avec du tripoli ou de la brique anglaise et un peu de vinaigre ou d'alcool. Frotter avec un linge ou un morceau de drap, mais jamais avec une brosse ou une curette. Une fois nettoyées, ces pièces ne doivent être ni graissées ni huilées; il suffit de les essuyer avec un morceau de linge ou de drap sec.

Pièces en bois. — Lorsqu'elles sont simplement humides ou souillées de poussière, les essuyer avec un linge sec.

Si elles présentent des taches de rouille, enlever ces dernières avec un morceau de drap imbibé d'huile.

Si, sous l'action de la pluie, le bois a pris un aspect rugueux, le frotter avec un chiffon huilé.

Observations générales sur le nettoyage et le graissage.

Le canonnier doit, toutes les fois que cela est possible, nettoyer son arme immédiatement après s'en être servi. Tout retard rend le nettoyage plus long et plus difficile à exécuter.

Le nettoyage ne doit jamais amener l'usure et, par suite, un changement de forme ou de dimensions des pièces.

Toutes les armes ou pièces d'armes qui n'ont pu être dérouillées par les moyens réglementaires doivent être portées chez l'armurier.

L'emploi de l'émeri ou du grès pour le nettoyage de n'importe quelle pièce d'arme est interdit.

Les parties des pièces difficiles à atteindre doivent être nettoyées à l'aide de curettes en bois tendre et de chiffons peu épais, et jamais avec des lames de tournevis ou autres objets métalliques. Il faut nettoyer avec soin les vis et leurs logements, les axes et les trous d'axe, de façon à enlever la rouille, la crasse et les corps étrangers qui peuvent occasionner des duretés de manœuvre.

Pendant le nettoyage et le graissage, on doit éviter, pour ne pas les fausser, de placer en porte-à-faux les pièces en acier, telles que les ressorts, les baguettes, les lames et les fourreaux de sabre, et, en général, toutes les pièces un peu longues par rapport à leur épaisseur.

Il est absolument interdit d'employer au nettoyage des canons la baguette de graissage, séparée ou non de l'écouvillon.

Quand on ne dispose pas, pour le graissage, d'une baguette à écouvillon, on remplace le chiffon de nettoyage par un chiffon gras, avec lequel on graisse l'intérieur du canon et la chambre.

Avant le remontage de toutes les pièces présentant des parties frottantes ou pivotantes, on doit mettre une goutte d'huile sur ces parties. Il en est de même de toutes les vis et de leurs écrous.

Avant de graisser une pièce quelconque, avoir soin d'enlever la vieille graisse.

Toutes les pièces en acier des armes remontées doivent toujours être graissées de façon à être légèrement onctueuses, et le canonnier doit, avant de se servir de ses armes, avoir soin de les essuyer avec un linge sec.

Le graissage des armes doit être renouvelé au moins une fois par quinzaine. On ne doit jamais graisser sans avoir préalablement procédé au nettoyage.

Les officiers de batterie passent une fois par mois la visite détaillée des armes. Pour ces revues mensuelles, les armes complètement nettoyées, exemptes de graisse et d'huile, sont disposées sur les lits, dans l'état de démontage indiqué au paragraphe : Démontage.

§ 10. — Entretien des revolvers modèle 1873 et modèle 1892.

1° Revolver modèle 1873.

NETTOYAGE MENSUEL.

Démonter le barillet, la plaque de recouvrement et, si l'ordre en est donné par un officier, les autres pièces dont le démontage a été indiqué au paragraphe précédent.

Faire le graissage de chaque pièce en se conformant aux prescriptions contenues dans le paragraphe 9 et complétées par les suivantes :

Prendre une bande de linge de 0 m. 10 à 0 m. 15 de longueur et d'une telle largeur qu'elle ne force que modérément dans le canon. Monter ce chiffon sur la baguette de nettoyage ou sur la baguette en bois. Maintenir le chiffon sec ou l'imbiber d'huile, suivant le cas. Introduire par la bouche l'extrémité entourée du chiffon, imprimer à la baguette un mouvement de va-et-vient sur toute la longueur du canon, et la faire en même temps tourner en suivant le sens des rayures.

A défaut de baguette, employer simplement un chiffon qu'on engage dans le canon à l'aide d'une ficelle attachée à l'un de ses coins.

Nettoyer les chambres du barillet comme il vient d'être dit pour le canon.

Employer une curette en bois pour le nettoyage du canal de l'axe et des dents de la crémaillère.

Graisser l'intérieur du canon et les chambres du barillet avec la baguette à écouvillon ou avec un chiffon gras enroulé sur la baguette en bois.

Lorsque la platine est démontée, nettoyer les trous du chien, de la gâchette et de la détente avec un linge humide et les essuyer ensuite avec un linge sec.

Pour huiler l'axe de la porte, ouvrir à moitié celle-ci et la faire jouer ensuite dans les deux sens.

NETTOYAGE SOMMAIRE APRÈS LES EXERCICES.

Après les exercices, le canonnier doit essuyer soigneusement avec un linge sec, puis graisser les parties extérieures, ainsi que la cage du barillet, qu'il enlève à cet effet.

Si l'arme a été mouillée, il doit essuyer également et graisser le canon et les chambres du barillet.

NETTOYAGE APRÈS LE TIR.

Après le tir, le canon et le barillet doivent toujours être lavés à l'eau. A cet effet, exécuter ce qui est prescrit pour le nettoyage mensuel de ces parties de l'arme, mais en se servant d'abord d'un chiffon mouillé, de façon à enlever par lavage les résidus de la poudre. Tant que le chiffon sort sale du canon et des chambres, le rincer dans l'eau et recommencer l'opération. Remplacer le chiffon de lavage par un chiffon propre, pour l'essuyage, et terminer comme il est dit au nettoyage complet.

Quand on exécute le lavage de l'âme du canon, mettre le chien au cran de sûreté, tenir la bouche de l'arme dirigée vers le sol, et éviter d'introduire de l'eau dans le porte-baguette.

Les revolvers remontés sont suspendus au râtelier dans les chambres par l'anneau de calotte, la bouche du canon en bas, le chien à l'abattu. Ils ne doivent jamais contenir de cartouches. Il en est de même dans toutes les circonstances du service, en dehors du maniement d'armes et du tir.

La bouche du canon ne doit jamais être obturée.

2° Revolver modèle 1892.

Le revolver modèle 1892 doit être nettoyé, entretenu et suspendu au râtelier, d'après les mêmes principes que le revolver modèle 1873; on remarquera toutefois que le mouvement de rabattement du barillet hors de sa cage donne de grandes facilités pour son entretien.

Ainsi, après le tir, on pourra laver et nettoyer l'âme du canon et les chambres du barillet, nettoyer et graisser l'extracteur, sans faire aucun démontage. Il n'y aura lieu de démonter le barillet que s'il a été fortement encrassé et si son mouvement de rabattement ne s'exécute pas avec facilité.

De même, il n'y aura pas lieu, en général, de démonter la platine, soit après le tir, soit après les exercices. Il suffira de nettoyer les pièces en place, et de mettre une goutte d'huile aux galets de barrette et de grand ressort, pour assurer le bon fonctionnement du mécanisme.

§ 11. — Inspection du mousqueton.

Toutes les fois que la troupe prend les armes, les sous-officiers doivent s'assurer qu'elles sont en bon état et vérifier, s'il y a lieu, que les cartouches dont les hommes sont détenteurs sont bien du type approprié à l'exercice ou au genre de tir que l'on va exécuter. Avant les tirs, ils doivent vérifier soigneusement l'état du canon et des pièces du mécanisme

L'attention des gradés qui passent l'inspection se portera particulièrement :

Sur l'*âme*, qui ne doit pas contenir de corps étrangers (1); sur la *chambre*, qui ne doit pas présenter de bavures et doit être très légèrement onctueuse, pour les exercices, et complètement essuyée, si l'on se rend au tir; sur la *vis de culasse* et la *vis du pontet*, qui doivent être serrées à fond; sur le *percuteur*, qui ne doit pas être émoussé ni présenter de bavures; enfin, sur la *planche supérieure d'élévateur* et sur les *ressorts d'élévateur* : en appuyant sur cette planche en plusieurs points, elle doit s'abaisser et se relever franchement.

Après le tir, on s'assure, en faisant ouvrir la culasse mobile et introduire la baguette, qu'aucune arme n'est chargée, et l'on examine spécialement celles qui n'ont pas fonctionné régulièrement; en règle générale, une arme signalée comme défectueuse doit être soumise à l'examen du commandant de la batterie et envoyée, le cas échéant, chez le chef armurier.

---

(1) Pour s'en assurer, il faut introduire doucement la baguette dans le canon, jusqu'à ce qu'elle vienne reposer sur la cuvette de la tête mobile, puis, après avoir retiré la baguette, il faut ouvrir la culasse et mettre le chien à l'abattu pour faire sortir le percuteur.

§ 12. — Inspection des revolvers modèles 1873 et modèle 1892.

1° Revolver modèle 1873.

Toutes les fois que la troupe prend les armes, les sous-officiers doivent s'assurer que les revolvers sont en bon état; avant chaque tir, ils doivent vérifier que les armes ne contiennent ni cartouches, ni corps étrangers, et que le mécanisme de la platine fonctionne régulièrement.

A cet effet, chaque homme démonte le barillet et présente à l'instructeur le revolver placé horizontalement dans la main gauche et le barillet dans la main droite. Le barillet est ensuite remonté et, dans un second passage, l'instructeur fait jouer le revolver plusieurs fois de suite, au tir intermittent et au tir continu.

Dans le cas seulement où le fonctionnement n'est pas régulier et facile, mettre la platine à découvert et la faire jouer pour reconnaître les causes qui entravent sa marche. Mais, en général, il faut éviter de manœuvrer la platine sans que la plaque de recouvrement soit en place.

Les opérations que le canonnier peut faire pour rendre à l'arme son jeu régulier sont exécutées immédiatement par lui : dans le cas contraire, l'arme est portée chez le chef armurier.

2° Revolver modèle 1892.

Procéder comme pour le revolver modèle 1873, sauf qu'au lieu de démonter le barillet on ouvre la porte et on rabat le barillet à droite hors de sa cage.

QUESTIONNAIRE

(Servants : §§ 4, 5, 6, 7, 11.)

Observation. — L'instruction sur le démontage et le remontage du mousqueton doit être surtout pratique. On en fera exécuter les diverses opérations simultanément par tous les canonniers.

§ 4. — *Quels sont les accessoires que l'on emploie pour le démontage et l'entretien du mousqueton en campagne ? en garnison ?*

§ 5. — *Le canonnier peut-il démonter toutes les pièces du mousqueton ?*
Comment faut-il s'y prendre pour défaire une vis ?
Comment faut-il s'y prendre pour remettre une vis en place ?
Quelle précaution doit-on prendre quand on remet une vis ?
Dans quel ordre doit se faire le démontage du mousqueton ?
Retirez la culasse mobile. Que faites-vous pour cela ?
Pourquoi est-il interdit de dévisser la vis d'assemblage avant que la tête mobile soit ramenée vers l'arrière ?
Démontez entièrement la culasse mobile.
Enlevez le mécanisme.
Enlevez la baguette, l'embouchoir, la grenadière.

Séparez le canon du bois.
Remettez le canon en place.
Replacez le mécanisme.
Remontez la culasse mobile.
Mettez la culasse mobile en place.
Que faites-vous pour cela ?

§ 6. — *Comment enlève-t-on une tâche de rouille sur une pièce en acier poli ?*
Comment enlève-t-on une tache de rouille à l'intérieur du canon ?
Comment nettoie-t-on les filets d'une vis ?
Comment nettoie-t-on une pièce en acier mise en couleur ?
Comment nettoie-t-on une pièce en bronze ou en laiton ?
Comment nettoie-t-on les parties en bois ?
A quel moment le canonnier doit-il nettoyer son arme ?
Quelles sont les matières qu'il est formellement interdit d'employer pour le nettoyage ? Pourquoi ?
Peut-on se servir de la baguette de graissage pour le nettoyage ?
La ficelle de nettoyage peut-elle être remplacée par du fil de fer ?
Dans quelles parties de l'arme doit-on mettre une goutte d'huile avant le remontage ?
Doit-on graisser abondamment les pièces de l'arme ?
Comment le canonnier présente-t-il son arme pour une revue d'armes ?

§ 7. — *Que doit-on faire avant de procéder au nettoyage mensuel ?*
Comment nettoie-t-on l'intérieur du canon avec le nécessaire de chambrée ?
Comment nettoie-t-on l'intérieur du canon avec la ficelle ?
Comment graisse-t-on l'intérieur du canon ?
Que doit-on faire après avoir remis la culasse mobile en place après nettoyage ?
Que faut-il faire à la hausse au moment du nettoyage ?
Comment le canonnier nettoie-t-il son mousqueton après un exercice ?
Que fait-il s'il a plu ?
Quelle précaution prend-il quand il a plu, pour le sabre-baïonnette ?
Comment le canonnier nettoie-t-il son mousqueton après qu'il s'en est servi au tir ?
Comment le mousqueton doit-il être placé au râtelier d'armes ?
Pourquoi est-il interdit d'obturer la bouche du canon ?
Pourquoi est-interdit d'entourer la culasse avec une gaine ou des chiffons ?

§ 11. — *Avant d'aller au tir, que doit faire le canonnier ?*

(Conducteurs ; §§ 4, 8, 9, 10, 12.)

Observation. — L'instruction sur le démontage et le remontage de l'arme doit être surtout pratique. On en fera exécuter les diverses opérations simultanément par tous les canonniers.

§ 4. — *Quels sont les accessoires que l'on emploie pour le démontage et l'entretien du revolver modèle 1873 (modèle 1892) en campagne ? en garnison ?*
Pour l'entretien du sabre ?

§ 8. — *Le canonnier peut-il démonter toutes les pièces du revolver ?*
Comment doit-on faire pour enlever une vis ?
Comment remet-on en place une vis ?

Dans quel ordre doit se faire le démontage du revolver modèle 1873 ?
Enlevez le barillet. Que faites-vous pour cela ?
Enlevez la plaque de recouvrement et la plaquette gauche.
Démontez la platine. Que faites-vous pour cela ?
Démontez la baguette.
Démontez le poussoir.
Remontez le poussoir et la baguette.
Remontez la platine. Dans quel ordre opérez-vous ?
Replacez la plaquette gauche et la plaque de recouvrement.
Remettez le barillet en place. Que faites-vous pour cela ?
Dans quel ordre doit se faire le démontage du revolver modèle 1892 ?
Mettez la platine à découvert.
Démontez la platine. Que faites-vous pour cela ?
Enlevez le support de barillet. Que faut-il faire pour cela ?
Démontez le barillet et l'extracteur.
Enlevez la plaque-pontet.
Remontez la plaque-pontet.
Replacez le barillet et l'extracteur.
Remontez le support du barillet.
Remontez la platine.
Fermez la platine.

§ 9. — *Comment enlève-t-on une tache de rouille sur une pièce en acier poli ?*
Comment enlève-t-on une tache de rouille à l'intérieur du canon ou du barillet ?
Comment nettoie-t-on une pièce d'acier mise en couleur ?
Peut-on employer pour cela la brique ou la brosse dure ? pourquoi ?
Comment nettoie-t-on les filets d'une vis ?
Comment nettoie-t-on les pièces en bronze ou en laiton ?
Comment nettoie-t-on les parties en bois ?
A quel moment le canonnier doit-il nettoyer ses armes ?
Peut-on employer le grès ou l'émeri pour le nettoyage ? pourquoi ?
A quoi servent les curettes en bois ?
Peut-on employer pour le nettoyage des canons la baguette de graissage ?
Dans quelle partie de l'arme doit-on mettre une goutte d'huile avant le remontage ?
Doit on graisser abondamment les pièces de l'arme ?
Comment le canonnier présente-t-il son revolver pour une revue d'armes ?

§ 10. — *Quelles pièces démonte-t-on pour procéder au nettoyage mensuel.*
Comment nettoie-t-on et graisse-t-on l'intérieur du canon et des chambres du barillet ?
Comment nettoie-t-on le revolver après la manœuvre ?
Que fait-on si l'arme a été mouillée ?
Comment nettoie-t-on le canon et le barillet après le tir ?
Comment les revolvers doivent-il être placés au râtelier d'armes ?
Pourquoi est-il interdit d'obturer le canon ?
Comment le canonnier présente-t-il son revolver (modèle 1873 *ou modèle* 1892) *à l'inspection d'armes ?*

28. MANIÈRE DE PRÉSENTER UN CHEVAL. PRÉSENTER UN CHEVAL AU MONTOIR. TENIR LES PIEDS. METTRE LES CRAMPONS A GLACE.

I. — Manière de présenter un cheval.

Amener le cheval en tenant les rênes du bridon avec la main droite, à 15 centimètres de la bouche du cheval, les ongles en dessous, la main haute et ferme pour empêcher le cheval de sauter, la main gauche tenant l'extrémité des rênes du bridon.

Se diriger de manière à passer à 4 mètres devant la personne à qui le cheval est présenté.

Quand on est à sa hauteur, s'arrêter, exécuter un demi-tour à droite sur la pointe du pied droit, de manière à se placer devant le cheval, lui faisant face; prendre ensuite dans la main gauche la partie de la rêne droite qui était dans la main droite, et, tenant les poignets élevés, placer le cheval bien droit, la tête haute.

A l'indication : *Marchez*, reprendre la rêne droite dans la main droite, se replacer face en tête par un demi-tour à gauche sur la pointe du pied droit et se mettre en mouvement au pas, marchant droit devant soi, sans regarder le cheval, auquel on laisse la liberté nécessaire, en faisant au besoin glisser plus ou moins les rênes dans la main droite.

A l'indication : *Au trot*, marcher au pas gymnastique, déterminer progressivement le cheval à prendre le trot et s'efforcer de courir assez vite pour lui permettre d'allonger librement ses foulées.

A l'indication : *Demi-tour*, exécuter avec le cheval un demi-tour à droite au pas, revenir à l'allure prescrite et passer à cette allure devant la personne à qui l'on présente le cheval.

A l'indication : *Arrêtez*, s'arrêter et se placer face au cheval dans la position détaillée plus haut.

Lorsque le cheval hésite à se porter en avant, il ne faut pas se tourner vers lui, ni même le regarder, mais l'attirer avec fermeté et sans saccade, en l'encourageant de la voix.

Si, au contraire, le cheval se montre trop ardent, prendre une rêne de chaque main, à 30 centimètres de la bouche du cheval, éloigner les mains l'une de l'autre, et scier du bridon, en se maintenant le plus près possible de l'épaule.

Si le cheval jette ses hanches en dehors, faire prédominer l'action de la rêne du dehors.

Si le cheval résiste au demi-tour à droite, lever vivement la main gauche à hauteur de l'œil du cheval, pour lui faire porter la tête et l'encolure à droite.

Quand le cheval doit être activé, le sous-officier qui tient la chambrière se place toujours du côté où se tient le canonnier qui présente le cheval.

II. — **Présenter un cheval au montoir.**

Le canonnier à pied chargé de tenir un cheval le tient avec la main droite par les rênes de filet comme il le fait avec un bridon; il laisse les rênes de bride sur l'encolure et flottantes.

Au moment où le cheval doit être monté, le canonnier exécute un demi-tour à droite sur la pointe du pied droit, lâche les rênes de filet, qu'il saisit de nouveau de la main droite du côté droit de la ganache, et, prenant l'étrivière de droite de la main gauche, il pèse sur elle jusqu'à ce que le cavalier soit en selle.

Il tient le cheval de la même manière lorsque le cavalier doit mettre pied à terre.

III. — **Tenir les pieds.**

1° Pied de devant. — Pour *lever le pied* gauche (droit) de devant, se placer en face de l'épaule du même côté en regardant le cheval, poser la main droite (gauche) au garrot et glisser la main gauche (droite) le long du membre; arrivé au paturon, le tirer à soi en exerçant une poussée contre l'épaule, de manière à rejeter le poids du corps sur le membre opposé. Le pied levé, prendre par un demi-tour à droite (gauche) la place qu'on doit occuper pour tenir le pied.

Pour *tenir le pied*, appuyer le genou du cheval sur la cuisse gauche (droite), porter la jambe droite (gauche) en arrière, puis réunir les deux mains sous le paturon.

Si le cheval s'effraye, quitter la position et lui donner confiance par des caresses de la voix et de la main.

En tenant le pied, ne pas s'appuyer sur le cheval et ne pas le faire souffrir en serrant trop le paturon, en élevant le pied outre mesure ou en le portant trop en dehors.

Pour *poser le pied à terre*, le reconduire doucement jusqu'à terre.

2° Pied de derrière. — Pour *lever le pied* gauche (droit) de derrière, se placer en face de l'épaule du même côté; poser les deux mains sur le dos, les glisser lentement vers la croupe, en flattant le cheval et en lui parlant; s'il reste tranquille, appuyer la main gauche (droite) sur la hanche, tandis que la main droite (gauche) glisse peu à peu le long du membre, en dehors et en arrière, jusqu'au paturon. Pousser doucement le cheval de la main gauche (droite) pour rejeter l'appui sur le côté opposé; en même temps, avec la main placée au paturon, avertir l'animal par une légère pression qu'on veut lui lever le pied.

Pour *tenir le pied* ainsi soulevé, se tourner peu à peu à droite (gauche), toucher légèrement avec la cuisse gauche (droite) la jambe du cheval et l'y appuyer tout à fait si le cheval ne se défend pas. Retirer alors la main appuyée à la hanche pour la porter au paturon, en entourant le jarret avec le bras.

Si le cheval s'effraye, quitter la position, faire face à la hanche en y appuyant une main, et donner de la confiance à l'animal en le caressant de la voix et de la main restée libre.

Comme pour le pied de devant, il faut toujours éviter de s'appuyer contre le cheval, de serrer trop le paturon, d'élever outre mesure le pied ou de le porter trop en dehors.

Pour *poser le pied à terre,* tourner à gauche (droite) sur le pied droit (gauche), poser la main gauche (droite) sur la hanche du cheval, retirer la jambe gauche (droite) qu'on rapproche de la droite (gauche) et poser doucement le pied à terre.

IV. — Mettre les crampons à glace.

Lever successivement les pieds du cheval et visser un crampon dans chacune des quatre mortaises d'attente de chaque fer.

Pour visser un crampon : débarrasser la mortaise de la terre ou des corps étrangers qui ont pu s'y introduire, à l'aide de la pointe de la clef à pointe; faire disparaître, s'il y a lieu, avec le taraud de la clef à taraud, les bavures qui ont pu se former dans la mortaise pendant la marche, visser un crampon jusqu'à refus, à l'aide d'une des clefs.

QUESTIONNAIRE

Observations. Les matières contenues dans ce numéro ne comportent qu'un enseignement purement pratique.

L'instructeur veillera à ce que chaque canonnier exécute plusieurs fois chacun des exercices.

29. SERVICE DE PLACE

§ 1. — Généralités.

Place. — Une place est une localité où des troupes sont stationnées en permanence.

Garnison. — L'ensemble des troupes stationnées dans une place s'appelle la garnison.

Commandant d'armes. — Le service de garnison est dirigé par un officier portant le titre de commandant d'armes. Le commandant d'armes est l'officier de la garnison le plus ancien dans le grade le plus élevé.

Major de garnison. — Le service de garnison est surveillé dans son exécution par un officier supérieur qui prend le nom de major de la garnison. Le major de la garnison est secondé par des officiers et des sous-officiers.

Garde. — Une garde est une troupe en armes chargée d'occuper un point déterminé, d'en assurer la surveillance et la sécurité.

Les gardes sont relevées toutes les 24 heures.

La garde qui prend le service s'appelle garde montante.

La garde qui quitte le service s'appelle garde descendante.

La tenue des hommes de garde est celle indiquée au n° 22.

Poste. — Le point où se trouvent rassemblés le chef de la garde et les canonniers qui ne sont pas employés au service de sentinelles se nomme le poste.

Les hommes de garde non employés au service de sentinelle restent au poste; il leur est défendu de le quitter.

Ils y prennent leurs repas qui leur sont apportés par des hommes de corvée.

Il leur est défendu de se déséquiper de leur sabre-baïonnette, de leurs cartouchières, du sabre, du revolver. Les mousquetons sont déposés au râtelier d'armes.

Il est défendu de jouer à quelque jeu que ce soit.

Consigne. — On appelle consignes l'ensemble des prescriptions que doit faire observer et observer lui-même le canonnier dans le service de garde.

Les consignes générales sont celles qui s'appliquent à tous et en tout temps. (Exemples : il est défendu aux hommes de garde de s'absenter du poste; la sentinelle ne doit pas fumer.)

Les consignes particulières sont celles qui ne s'appliquent que pour un endroit ou un cas déterminé.

Les consignes peuvent être écrites ou données verbalement.

Le canonnier doit écouter attentivement les consignes qui lui sont données et il doit lire avec la même attention celles qui peuvent être affichées dans les postes.

§ 2. — **Mot.**

Le mot est destiné à permettre de reconnaître une troupe ou une personne amie. Il se compose de deux noms :

Le mot d'ordre;

Le mot de ralliement.

Le mot d'ordre est le nom d'un grand homme, d'un général célèbre ou d'un brave mort au champ d'honneur.

Le mot de ralliement est le nom d'une bataille, d'une ville, d'une vertu civile ou guerrière.

Le mot est donné aux gardes chaque jour par le commandant d'armes.

Les chefs de poste seuls connaissent les deux mots.

Les sentinelles ne connaissent que le mot de ralliement.

§ 3. — Ronde, patrouille.

Chaque nuit, des officiers et sous-officiers sont chargés de vérifier si le service de garde est bien fait. Ils font des rondes. L'officier ou le sous-officier de ronde est accompagné d'un homme.

Une patrouille est une troupe de plusieurs hommes en armes sous la conduite d'un officier, sous-officier ou brigadier.

Elle est chargée de parcourir un itinéraire fixé, d'y assurer le bon ordre, de veiller à la sécurité, de s'assurer de la vigilance des sentinelles.

§ 4. — Sentinelles.

Une sentinelle est un soldat armé placé en un point pour y assurer l'exécution d'une consigne.

Si la sentinelle est placée à proximité du poste, elle est dite : *sentinelle devant les armes;* si, au contraire, elle est loin de ce poste, elle est dite : *sentinelle isolée.*

Devoirs généraux des sentinelles.

La sentinelle doit toujours avoir la baïonnette au canon (ou le sabre à la main); elle ne porte pas le sac; elle peut avoir l'arme au pied ou sur l'épaule, mais ne la quitte jamais même dans la guérite; lorsqu'elle doit se défendre, elle croise la baïonnette (ou se met en garde avec le sabre).

La sentinelle doit toujours avoir une attitude militaire, ne parler à qui que ce soit sans nécessité, ne s'écarter de sa guérite (ou du point qui lui a été fixé) à plus de trente pas.

Il lui est défendu de chanter, de siffler, de lire, de fumer, de s'asseoir. En marche, elle doit avoir une allure vive; les mouvements du maniement d'armes doivent être faits comme à l'exercice.

La sentinelle est responsable de la propreté de sa guérite, sur laquelle aucune inscription ne doit exister.

La sentinelle est placée par un gradé du poste et ne peut être relevée que par un gradé de ce poste.

Elle ne peut répéter sa consigne à qui que ce soit ou en recevoir une nouvelle qu'en présence d'un gradé du poste.

Elle doit protection, sans toutefois s'éloigner de sa guérite ou de l'endroit fixé, à tout individu dont la sécurité est menacée et qui se réfugie auprès d'elle.

La sentinelle qui est insultée doit chercher à faire arrêter l'insulteur; si elle est frappée, elle peut faire usage de ses armes.

Lorsqu'une sentinelle aperçoit un incendie, elle crie : « Au feu ». Si elle entend du bruit, voit commettre un délit, est témoin d'un désordre, lorsqu'un individu est poursuivi par la clameur publique, elle crie : « A la garde ». Ces cris sont répétés de sentinelle en sentinelle jusqu'au poste. Le chef de poste envoie aussitôt du secours.

S'il arrive qu'une sentinelle ait besoin de se faire relever, elle crie : « Chef de poste, venez relever! ». Ce cri est transmis de sentinelle en sentinelle jusqu'au poste.

La durée de la faction est de deux heures, elle peut être réduite si la rigueur de la saison ou des circonstances particulières le nécessitent.

Sentinelles pendant la nuit.

1° *Sentinelle ordinaire.* — Pendant la nuit, à partir de l'heure fixée par le commandant d'armes, la *sentinelle isolée* qui aperçoit une troupe, une ronde ou une patrouille, crie : « Halte-là! ». Si la troupe, la ronde ou la patrouille s'arrêtent, la sentinelle crie : « Qui vive! ». S'il lui est répondu : « France! », ou : « Ronde! », ou : « Patrouille! », la sentinelle crie : « Avance au ralliement! ». Le chef seul s'avance et donne le mot de ralliement à la sentinelle à voix basse.

Si la troupe, la ronde ou la patrouille ne s'arrêtent pas, la sentinelle répète : « Halte-là! ». Si on continue à avancer sans répondre, la sentinelle croise la baïonnette, empêche de passer et appelle la garde.

Si, au lieu d'être isolée, la sentinelle est *sentinelle devant les armes*, elle agit comme il vient d'être dit, mais, dès qu'elle a reçu le mot de ralliement, elle appelle le chef de poste, qui vient reconnaître à son tour le chef de la troupe, de la ronde ou de la patrouille, lequel peut ensuite entrer, mais seul, dans le poste.

2° *Sentinelle ayant la consigne de ne pas se laisser approcher.* — La sentinelle, *isolée* ou *devant les armes*, qui a reçu comme consigne de ne pas se laisser approcher crie : « Halte-là! » à toutes personnes qui passent à proximité. Si ces personnes ne s'arrêtent pas, elle répète une seconde fois : « Halte-là! » et, s'il y a lieu, elle crie : « Au large! » pour faire passer du côté opposé.

Si, après qu'elle a crié deux fois : « Halte-là! » on continue à avancer sans lui répondre, elle croise la baïonnette, empêche de passer et appelle la garde.

3° *Sentinelle qui, par sa consigne, a reçu des cartouches et doit avoir son arme chargée.* — La sentinelle *isolée* ou *devant les armes*, qui a reçu comme consigne d'avoir son arme chargée et de ne pas se laisser approcher, crie : « Halte-là ! » à toutes personnes qui passent à proximité. Si, après qu'elle a crié deux fois : « Halte-là ! » on continue à avancer sans lui répondre, elle crie : « Halte-là ou je fais feu ! » Si, malgré cet avertissement, on continue à avancer, elle fait feu et appelle la garde.

§ 5. — **Honneurs.**

On entend par honneurs les marques extérieures de respect que doivent rendre les sentinelles, les gardes, les troupes, les militaires isolés :

Aux drapeaux et étendards militaires;
Aux officiers des armées de terre et de mer;
Aux troupes en armes;
A certaines autorités civiles;
A certaines cérémonies.

Les honneurs se rendent pendant le jour seulement.

HONNEURS A RENDRE PAR LES SENTINELLES

Pour rendre les honneurs, la sentinelle s'arrête, fait face du même côté que sa guérite et présente l'arme ou rectifie la position suivant le cas, lorsque le cortège ou la personne à qui les honneurs doivent être rendus est arrivé à six pas d'elle. Elle reste en position jusqu'à ce qu'elle ait été dépassée de six pas.

La sentinelle *isolée* rend les honneurs en *présentant les armes :*

Au président de la République;
Aux drapeaux et étendards;
Aux ministres;
Aux officiers des armées de terre et de mer;
Aux officiers de la gendarmerie, des douanes, des forêts, des sapeurs-pompiers;
Aux officiers des armées étrangères;
Aux préfets revêtus de leur uniforme;
Aux troupes en armes;
Aux membres de la Légion d'honneur porteurs de leur croix;
Aux convois funèbres.

Elle rend les honneurs en mettant *l'arme au pied* (ou *repos du sabre) :*

Aux sous-préfets et aux secrétaires-généraux en uniforme;
Aux adjudants;
Aux décorés de la médaille militaire porteurs de leur médaille.

La sentinelle *devant les armes* rend les mêmes honneurs que la sentinelle isolée et, de plus, elle crie : « Aux armes ! » lorsqu'elle aperçoit une personne ou un corps constitué à qui la garde doit rendre les honneurs.

HONNEURS A RENDRE PAR LES GARDES

Pour rendre les honneurs, la garde se forme devant le poste rapidement et en armes, la baïonnette au canon ou le sabre à la main.

La garde rend les honneurs :

Au président de la République ;
Aux drapeaux et étendards ;
Aux ministres ;
Aux officiers généraux et aux amiraux ;
Aux préfets revêtus de leur uniforme ;
Au commandant d'armes.

La garde de police du quartier sort en outre quand le chef de corps entre au quartier, ou en sort. Elle se forme rapidement l'arme au pied, le sabre-baïonnette ou le sabre au fourreau.

HONNEURS A RENDRE PAR LES TROUPES

Un canonnier peut être appelé à commander, momentanément du moins, un groupe de camarades ; il doit, par conséquent, savoir les choses suivantes :

Les troupes en marche rendent les honneurs en présentant l'arme en marchant, sans mettre la baïonnette au canon, si elle n'y est déjà ; le chef de la troupe présente l'arme :

Aux drapeaux et étendards ;
Aux officiers généraux ;
Aux autres troupes en armes ;
Aux convois funèbres.

Si la troupe est arrêtée, son chef lui fait mettre la baïonnette au canon avant de rendre les honneurs.

A un officier outre qu'un officier général, la troupe ne rend pas d'honneurs. mais son chef présente l'arme.

HONNEURS A RENDRE PAR LES CANONNIERS ISOLÉS

Le canonnier isolé. arrêté ou' en marche, ayant le mousqueton, présente l'arme quand il rencontre :

Un drapeau ou étendard ;
Un officier de grade quelconque ;
Une troupe en armes ;
Un convoi funèbre.

Le canonnier isolé, arrêté ou en marche, ayant le sabre au fourreau ou qui n'est pas armé, rend les honneurs en saluant de la main droite.

§ 6. — **Alarme.**

L'alarme est annoncée par la générale, sonnée par les clairons ou trompettes, ou battue par les tambours.

Tous les militaires doivent se réunir aussitôt au corps dont ils font partie.

Quand une sentinelle devant les armes entend la générale, elle en prévient aussitôt le poste par le cri : « Aux armes ! »

§ 7. — **Piquet.**

On appelle piquet une troupe chargée de fournir des détachements appelés à marcher en cas de troubles, d'alarme, d'incendie.

Le service du piquet dure vingt-quatre heures.

Les canonniers faisant partie du piquet ne peuvent pas s'absenter du quartier. Des contre-appels du piquet peuvent être prescrits.

§ 8. — **Main-forte.**

Tout militaire en uniforme doit prêter spontanément main-forte, même au péril de sa vie, à la gendarmerie, ainsi qu'aux agents de l'autorité, lorsque ceux-ci sont en uniforme ou munis de leurs insignes.

S'il ne le fait pas, il s'expose à une punition exemplaire pour lâcheté.

§ 9. — **Douanes.**

Tout détachement militaire, tout militaire isolé est tenu de s'arrêter de jour et de nuit à la sommation : « Halte-là, la douane ! » faite dans une zone de vingt kilomètres de profondeur à partir de la frontière.

§ 10. — **En campagne.**

En campagne, le service de garde s'exécute dans les mêmes conditions qu'en garnison ; le cantonnement ou le bivouac est considéré comme une place.

QUESTIONNAIRE.

§ 1. — *Qu'est-ce qu'une place ?*
Qu'est-ce que la garnison d'une place ?
Par qui est dirigé le service de garnison ?
Qu'est-ce que le commandant d'armes ?

Qui est commandant d'armes ici?
Par qui est surveillée l'exécution du service de garnison?
Qu'est-ce qu'une garde?
Quelle est la durée du service de garde?
Comment se nomme la garde qui prend le service? celle qui le quitte?
Quelle est la tenue des hommes de garde?
Qu'est-ce que le poste?
Le canonnier qui fait partie d'une garde peut-il s'absenter du poste?
Où prend-il ses repas?
Peut-il se déséquiper, se déshabiller?
Peut-on jouer dans les postes?
Qu'appelle-t-on consignes?
Qu'est-ce qu'une consigne générale?
Qu'est-ce qu'une consigne particulière?

§ 2. — *Qu'est-ce que le mot?*
De quoi se compose-t-il?
Quel nom forme le mot d'ordre?
Quel nom forme le mot de ralliement?
Par qui est donné le mot?
Les sentinelles connaissent-elles le mot complet?

§ 3. — *Qu'est-ce qu'une ronde?*
Qu'est-ce qu'une patrouille?

§ 4. — *Qu'est-ce qu'une sentinelle?*
Qu'est-ce qu'une sentinelle devant les armes?
Qu'est-ce qu'une sentinelle isolée?
Citez les principaux devoirs de la sentinelle.
Quelle doit-être son attitude?
Peut-elle chanter, siffler, fumer, s'asseoir?
Peut-elle s'éloigner de sa guérite?
Peut-elle quitter son arme?
Par qui la sentinelle est-elle placée et relevée?
Qui lui donne sa consigne?
Peut-elle répéter cette consigne à un officier?
Que fait la sentinelle qui est insultée?
Que fait la sentinelle qui est frappée?
Que fait la sentinelle qui voit une personne attaquée, en danger?
Que fait la sentinelle qui voit un incendie?
Que fait la sentinelle qui voit une personne poursuivie par la clameur publique?
Que fait une sentinelle qui a besoin de se faire relever?
Quelle est la durée de la faction?
Que fait, pendant la nuit, la sentinelle isolée ordinaire qui aperçoit une troupe, une ronde ou une patrouille?
Que se passe-t-il si la troupe, la ronde ou la patrouille s'arrête?
Que se passe-t-il si la troupe, la ronde ou la patrouille ne s'arrête pas?
Si, au lieu d'être sentinelle isolée, la sentinelle est devant les armes, que se passe-t-il?
Que fait la sentinelle qui a reçu comme consigne de ne pas se laisser approcher, quand elle voit venir vers elle une ou plusieurs personnes?
Que se passe-t-il si la personne s'arrête? ne s'arrête pas?
Que fait la sentinelle qui, par sa consigne, a reçu des cartouches et doit avoir son arme chargée?
Que se passe-t-il si la personne s'arrête? ne s'arrête pas?

§ 5. — *Qu'appelle-t-on honneurs?*
Comment la sentinelle rend-elle les honneurs?

A qui la sentinelle isolée rend-elle les honneurs en présentant les armes ?
A qui la sentinelle isolée rend-elle les honneurs en rectifiant la position ?
Que fait, dans les mêmes circonstances, la sentinelle devant les armes ?
Comment une garde rend-elle les honneurs ?
A qui la garde rend-elle les honneurs ?
Quels honneurs rend la garde de police au chef de corps ?
Comment une troupe en marche rend-elle les honneurs ?
A qui rend-elle les honneurs ?
Quels honneurs sont rendus à un officier non général ?
Comment le canonnier isolé armé du mousqueton rend-il les honneurs ?
A qui le canonnier isolé rend-il les honneurs ?
Comment le canonnier non armé rend-il les honneurs ?

§ 6 — *Par quoi est annoncée l'alarme ?*
Que doit faire tout canonnier à la sonnerie de la générale ?
Que fait la sentinelle devant les armes quand elle entend sonner ou battre la générale ?

§ 7. — *Qu'appelle-t-on piquet ?*
A quoi sont astreints les militaires du piquet ?
Quelle est la durée du piquet ?

§ 8. — *Que doit faire le canonnier qui voit un gendarme, un agent en uniforme aux prises avec un malfaiteur ?*
A quoi s'expose-t-il s'il ne prête pas main-forte ?

§ 9. — *Que doit faire tout canonnier, à proximité de la frontière, qui entend la sommation : « Halte-là, la douane ! »*
Comment s'exécute le service de garde en campagne ?

30. ROULER LA CAPOTE, LE MANTEAU. — PORTER LA CAPOTE OU LE MANTEAU EN SAUTOIR. — PLACER LE MANTEAU SUR LA SELLE.

I. — Rouler la capote.

La capote étant déployée dans son entier et étendue, la doublure en dessous, la martingale déboutonnée, étendre les manches en les disposant à plat de manière que les parements viennent se toucher sur la ligne du milieu du dos.

Relever l'extrémité inférieure de la capote de manière à former un pli perpendiculaire à la ligne du milieu du dos, à environ quinze centimètres (une faible longueur de main) du bas du vêtement.

Replier chacune des extrémités inférieures des devants en formant deux plis parallèles à la ligne du milieu du dos et distants de 1m,35 environ (deux longueurs de sabre-baïonnette, plus deux travers de main).

Renverser ensuite l'extrémité inférieure de la capote pour former un portefeuille de 15 centimètres de largeur en son milieu et un peu plus étroit aux extrémités. Renverser également le haut du vêtement de la quantité nécessaire pour lui donner une forme rectangulaire.

Rouler ensuite, en serrant fortement, à partir du côté opposé au portefeuille et, le moment venu, empocher le rouleau.

Lorsque le vêtement est correctement roulé, on ne doit pas voir la doublure.

Cinq hommes sont nécessaires pour bien rouler la capote.

II. — Rouler le manteau.

Le manteau étant déployé dans son entier et étendu, la doublure en dessous, la martingale déboutonnée, étendre les manches en les diposant à plat de manière que les parements viennent se toucher sur la ligne du milieu du dos.

Boutonner entièrement la fente postérieure et rabattre le grand collet par dessus les manches de manière que ses bords couvrent exactement ceux du manteau et que la couture du milieu corresponde à la ligne du milieu du dos du manteau.

Faire, de part et d'autre de la couture du milieu du grand collet, et en les multipliant surtout vers les bords, un nombre de plis suffisant pour répartir convenablement l'épaisseur du drap en vue d'obtenir ultérieurement un rouleau aussi cylindrique que possible.

Relever l'extrémité inférieure du manteau de manière à former un pli perpendiculaire à la ligne du milieu du dos, à environ quinze centimètres (une faible longueur de main) du bas du vêtement.

Replier chacune des extrémités inférieures des devants en formant deux plis parallèles à la ligne du milieu du dos, et distants de 1m, 35 environ (une longueur de sabre, plus deux travers de main).

Renverser ensuite l'extrémité inférieure du manteau pour former un portefeuille de 15 centimètres de largeur en son milieu et un peu plus étroit aux extrémités. Renverser également le haut du vêtement de la quantité nécessaire pour lui donner u e forme rectangulaire.

Rouler ensuite, en serrant fortement, à partir du côté opposé au portefeuille et, le moment venu, empocher le rouleau.

Lorsque le vêtement est correctement roulé, on ne doit pas voir de doublure.

Cinq hommes sont nécessaires pour bien rouler le manteau.

III. — Porter la capote, le manteau en sautoir.

Le vêtement étant roulé, le doubler sur lui-même, le bord libre du portefeuille à l'extérieur, en rapprochant les deux bouts que l'on réunit à l'aide des deux courroies de manteau disposées de la manière suivante :

Passer le bout libre d'une des courroies montées dans le passant fixe, puis dans la boucle de cette courroie, en en engageant l'ardillon de la boucle dans le trou du contre-sanglon qui se trouve le plus éloigné de l'extrémité libre, de façon à former une ganse de 15 centimètres de long. Avec la partie libre de la courroie, entourer l'un des bouts du vêtement à environ un travers de main de de son extrémité et serrer fortement en revenant boucler le contre-sanglon dans la boucle de la courroie.

Fixer de même la seconde courroie à l'autre bout du manteau, mais avoir soin d'engager tout d'abord cette courroie dans la ganse formée par la première.

La capote ainsi disposée en fer à cheval est portée en sautoir, de l'épaule gauche à la hanche droite.

Le manteau est porté de l'épaule droite à la hanche gauche.

Afin de pouvoir reconnaître facilement son vêtement, le canonnier doit placer en fourreau, autour d'une des courroies, une étiquette en toile portant son nom et son numéro matricule.

IV. — Placer le manteau sur la selle.

Le manteau roulé peut être fixé sur la selle ; pour cela, opérer comme il suit :

Placer le manteau sur les pointes de la selle, le milieu dans l'axe du troussequin, la fente du rouleau en arrière, tournée vers le bas et placée au-dessous du bord libre du portefeuille.

Introduire les deux courroies du manteau de haut en bas, le côté noirci en avant, dans les crampons latéraux du troussequin et les boucler autour du manteau en cintrant celui-ci de manière à lui faire suivre le contour du troussequin. Serrer fortement les deux courroies en ramenant les boucles à la partie supérieure du manteau et rouler, s'il y a lieu, l'extrémité du contre-sanglon.

Fixer ensuite à chaque extrémité du manteau une courroie de paquetage en opérant de la manière suivante : passer le bout libre du contre-sanglon dans le passant fixe, puis dans la boucle de la courroie, en engageant l'ardillon de la boucle dans le trou du contre-sanglon qui se trouve le plus éloigné de l'extrémité libre ; entourer ensuite le le bout du manteau, à environ un travers de main de son extrémité, avec le contre-sanglon, en amenant vers l'avant la ganse précédemment formée et vers l'extérieur la boucle de la courroie, dans laquelle on revient fixer le contre-sanglon en serrant fortement le bout du manteau.

En sellant le cheval, engager chaque contre-sanglon simple d'arrière de la selle dans la ganse de la courroie de manteau correspondante, avant de le boucler à la sangle.

Le manteau ainsi fixé aura ses extrémités légèrement inclinées vers l'avant.

QUESTIONNAIRE

Cette instruction est surtout pratique.
L'instructeur, ayant montré deux ou trois fois à rouler l'effet et à le placer, n'insistera pas davantage, mais il prescrira deux ou trois fois par semaine que la tenue pour la manœuvre du lendemain matin comportera la capote ou le manteau porté en sautoir, ou le manteau placé sur la selle.
L'instructeur veillera à faire dérouler l'effet devant lui, afin que le vêtement ne reste pas ainsi roulé pendant plusieurs jours.

31. RÉCOMPENSES. — PERMISSIONS. — CONGÉS

§ 1. — Récompenses.

NATURE DES RÉCOMPENSES.

Le canonnier qui a une bonne conduite, qui fait son service avec zèle et entrain, qui est discipliné, peut être récompensé par :

Les félicitations verbales ou écrites ;
Les félicitations à l'ordre du régiment ;
L'admission à la 1re classe et aux différents grades ;
L'obtention du certificat de bonne conduite :
Les dispenses de certains travaux ;
Les permissions.

PAR QUI ELLES SONT ACCORDÉES.

Les félicitations verbales ou écrites sont accordées par le colonel, le chef d'escadron ou le capitaine.
Les félicitations à l'ordre du régiment sont accordées par le chef de corps ; l'ordre est lu à un appel et un exemplaire en est remis à l'intéressé.
L'admission à la 1re classe et aux différents grades est prononcée par le chef de corps.
Le certificat de bonne conduite est délivré, au moment de sa libération, au canonnier qui a accompli la durée légale du service actif et s'est bien conduit sous les drapeaux.
Les dispenses de certains travaux sont accordées par le capitaine.

§ 2. — Permissions.

NATURE DES PERMISSIONS.

Les permissions qui peuvent être accordées au canonnier sont :

La permisssion de ne pas assister à un exercice, une instruction ;
La permission d'une partie de la journée ;
La permission de rentrer après l'appel du soir :
La permission de minuit, de théâtre ;
La permission de la journée ;
La permission de vingt-quatre heures ;
La permission de plusieurs jours ;

PAR QUI ELLES SONT ACCORDÉES.

La permission de ne pas assister à un exercice ou instruction est accordée par le gradé chargé de faire cette instruction.

La permission d'une partie de la journée, de rentrer après l'appel du soir, de minuit, de théâtre, de la journée est accordée par le capitaine.

La permission de vingt-quatre heures, de plusieurs jours, est accordée par le chef de corps.

Le canonnier qui désire obtenir une permission s'adresse à son chef de pièce; celui-ci transmet la demande, en donnant son avis, au chef de section, qui, à son tour, donne son avis et la transmet au capitaine.

DROIT DONNÉ PAR LA PERMISSION.

La permission d'une partie de la journée donne le droit de quitter le quartier à l'heure fixée par le capitaine jusqu'à l'heure fixée pour la rentrée.

La permission de rentrer après l'appel du soir, de minuit, de théâtre, donne le droit de quitter le quartier après la soupe du soir jusqu'à l'heure portée sur la permission.

La permission de la journée donne le droit de quitter le quartier après l'appel du matin jusqu'à minuit. Elle ne permet pas de quitter la garnison.

La permission de vingt-quatre heures donne le droit de quitter le quartier après la soupe du soir pour y rentrer le lendemain soir à l'heure fixée sur le titre de permission.

La permission de plusieurs jours donne droit de quitter le quartier la veille du premier jour de la permission, après la soupe du soir, pour y rentrer le jour et à l'heure fixés sur le titre de permission.

PRESCRIPTIONS A OBSERVER PAR LES PERMISSIONNAIRES.

Le canonnier qui obtient une permission lui donnant le droit de quitter la garnison doit se munir du titre de permission et de son livret individuel.

Si sa permission a une durée supérieure à huit jours, il doit, après son arrivée dans la localité où il se rend, faire viser sa permission au bureau de la place si la localité a une garnison, à la gendarmerie s'il n'y a pas de garnison.

Le canonnier en permission doit rejoindre immédiatement son corps si la mobilisation est déclarée.

Le canonnier qui s'absente pour plusieurs jours dépose ses effets et ses armes au magasin de la batterie, après inventaire.

Le canonnier qui, étant en permission, se trouve dans la nécessité de demander que cette permission soit prolongée, s'adresse à son chef de corps par l'intermédiaire de son capitaine (*Voir n° 34.*) Il doit le faire par lettre et assez à temps pour recevoir la réponse avant l'expiration de la permission première; en cas d'urgence, il peut le faire par télégramme envoyé au capitaine avec réponse payée. S'il ne reçoit pas de réponse avant l'expiration de la permission, il doit rentrer sans retard.

Si, étant en permission, le canonnier tombe malade et ne peut rejoindre son corps, il en rend immédiatement compte à son chef de corps par l'intermédiaire de son capitaine. Il peut, dans ce cas, attendre la réponse.

Tout permissionnaire qui sollicite une prolongation sans motif très sérieux s'expose à une punition de prison et à ne plus jamais obtenir de permission. Sur le motif invoqué par le canonnier, la gendarmerie fait une enquête à la demande du chef de corps

La permission doit être, pour le canonnier, une période de repos ou être employée par lui à aider sa famille dans ses travaux; elle ne doit pas être une occasion de fatigue produite par des veilles employées à boire, à faire la noce.

A sa rentrée au quartier tout permissionnaire doit faire constater l'heure de sa rentrée au poste de police.

§ 3. — Congés.

Les congés sont accordés à la suite de maladie grave ou longue qui nécessite, après guérison, un repos prolongé.

Le canonnier en congé doit faire viser son titre comme il a été dit pour les permissions supérieures à huit jours.

Le canonnier qui, arrivé à la fin de son congé, se sent dans l'impossibilité de rejoindre son corps, en fait la déclaration à la gendarmerie qui lui indique alors ce qu'il doit faire.

En cas de mobilisation, le canonnier en congé ne rejoint son corps qu'à l'expiration du congé.

Recommandation essentielle. — Le canonnier ne doit jamais faire demander une permission par l'intermédiaire de personnes quelconques. S'il mérite une permission, il l'obtiendra en la demandant lui-même; s'il ne la mérite pas, aucune recommandation ne la lui fera obtenir.

QUESTIONNAIRE

A quels canonniers sont réservées les récompenses?
Quelles récompenses peuvent être accordées?
Par qui sont accordées les félicitations verbales ou écrites?
Par qui est accordée l'admission à la première classe?
Qu'est-ce que le certificat de bonne conduite?
Quelles sont les permissions qui peuvent être accordées au canonnier?
Par qui est accordée la permission de ne pas assister à une instruction?
Par qui est accordée la permission de théâtre, de minuit, de la journée?
Par qui est accordée la permission de vingt-quatre heures, de plusieurs jours?
Quel droit donne la permission d'une partie de la journée?
Quel droit donne la permission de rentrer après l'appel du soir, de minuit, de théâtre?
Quel droit donne la permission de la journée?
La permission de la journée donne-t-elle le droit de quitter la garnison?
Quel droit donne la permission de vingt-quatre heures?
Quel droit donne la permission de plusieurs jours?
Quel est le total des jours de permission qui peuvent être accordés à un canonnier?
Que doit emporter le canonnier qui a une permission de quitter la garnison?
Que doit-il faire si sa permission est supérieure à huit jours?
Que doit faire le permissionnaire en cas de mobilisation?
Que doit faire, avant de partir, le canonnier qui s'absente pour plusieurs jours?
Que doit faire le permissionnaire non malade qui se trouve dans la nécessité de demander une prolongation de permission?
Que fait-il s'il ne reçoit pas de réponse avant l'expiration de sa permission?
Que fait le canonnier qui tombe malade en permission?
Comment le chef de corps peut-il savoir si le motif donné par le canonnier est sérieux?
Qu'arrive-t-il au canonnier qui a demandé une prolongation sans motif très sérieux?
Comment la permission doit-elle être employée?
Que doit faire tout permissionnaire à sa rentrée au quartier?
A qui accorde-t-on un congé?
Que doit faire le canonnier envoyé en congé à son arrivée chez lui?
Que doit faire le canonnier envoyé en congé qui ne peut rejoindre à l'expiration du congé?
En cas de mobilisation, le canonnier en congé est-il tenu de rejoindre?
Le canonnier a-t-il intérêt à user de recommandation pour obtenir une permission?

32. PUNITIONS

Les punitions sont les moyens mis à la disposition des officiers et gradés pour réprimer les manquements au devoir militaire ou les fautes contre la discipline.

1° Manquements au devoir militaire et fautes contre la discipline.

Sont considérés comme tels :

Les actes contraires au respect que tout militaire doit en toutes circonstances aux règlements de police, aux lois, au gouvernement de la République et aux autorités qui le représentent;

Les infractions aux règlements militaires;

La violation des règles relatives à l'exécution des punitions;

Les indiscrétions dans le service;

La paresse, la mauvaise volonté, la négligence dans le service;

Les dettes résultant de l'inconduite;

La tentative de dissimuler son identité en cas de faute ou de se soustraire à la responsabilité de ses actes;

Les querelles entre militaires ou avec les citoyens;

Les brimades;

L'ivresse dans tous les cas, même lorsqu'elle ne trouble pas l'ordre;

La manifestation publique, sous quelque forme que ce soit, d'opinions qui peuvent nuire à la discipline ou créer des difficultés aux autorités ou nuire au pays;

Les murmures, les écarts de langage;

Les défauts d'obéissance;

Les manquements aux appels, à l'instruction, aux différents services;

Les absences sans permission, n'excédant pas une certaine durée;

Les retards à la rentrée des permissions, n'excédant pas une certaine durée.

2° Nature des punitions.

Suivant la gravité de la faute commise, le canonnier non rengagé ou non commissionné est puni :

De consigne au quartier;
De salle de police;
De prison;
De cellule;
De renvoi de la 1re à la 2e classe;
De renvoi d'un emploi spécial.

3° Moment où commence et finit une punition.

Le canonnier auquel une punition est annoncée doit se considérer comme puni à partir de ce moment et doit rester consigné au quartier. Les punitions sont décomptées par jour, de midi à midi. Elles commencent pour ce décompte à l'heure de midi qui a précédé le prononcé de la punition.

4° Sursis à l'exécution d'une punition.

Lorsque la faute pour laquelle le canonnier est puni a été commise par négligence légère, inconscience ou défaut d'instruction et que le canonnier se recommande par sa bonne conduite habituelle, il peut lui être accordé le bénéfice du sursis.

Le sursis fait que la punition est suspendue pendant un délai d'une certaine durée indiquée à l'intéressé. Lorsque, pendant ce délai, le canonnier ne commet aucune faute entraînant une punition de même nature ou plus grave, la punition est annulée. Dans le cas contraire, la punition devient définitive, s'ajoute à la dernière et toutes deux sont inscrites et subies effectivement.

5° Inscription des punitions.

Toute punition supérieure à trois jours de consigne au quartier est inscrite sur le livret matricule de l'homme.

6° Exécution des punitions.

Le canonnier puni de consigne au quartier continue à faire son service. En dehors du service, il reste libre à l'intérieur du quartier, mais n'en peut sortir sous aucun prétexte. Il doit répondre aux appels des hommes punis.

Le canonnier puni de salle de police fait son service et ne peut sortir du quartier sous aucun prétexte en dehors du service. Il doit répondre aux appels des hommes punis. Le soir, à l'heure fixée par le chef de corps, il est enfermé dans un local spécial.

Le canonnier puni de prison est enfermé isolément. En principe, il participe aux exercices et manœuvres de sa batterie. Le colonel peut décider qu'il ne paraîtra pas devant la troupe pendant sa punition. Il est employé, en outre, à des corvées de propreté ou d'utilité générale.

Le canonnier puni de cellule reste enfermé isolément pendant toute la durée de sa punition, sauf une sortie journalière d'une heure.

Le canonnier qui, pendant la durée de son service, a subi des punitions de cellule ou de prison d'une durée supérieure à huit jours, est maintenu au corps, après la libération de sa classe ou l'expiration de son engagement, pendant un nombre de jours égal au nombre de journées de prison ou de cellule qu'il a subies, déduction faite des punitions n'excédant pas huit jours.

Le canonnier qui, soit au moment de sa libération, soit au moment de l'expiration du temps de service supplémentaire qu'il a eu à accomplir, a à subir tout ou partie d'une punition de prison ou de cellule, est retenu au corps jusqu'à ce qu'il ait achevé sa punition.

7° Couchage et solde des canonniers punis de prison et de cellule.

Le couchage du canonnier puni de prison ou de cellule se compose d'une couverture.

Sa solde est versée à l'ordinaire de la batterie.

8° Punition de prison des hommes en permission, en congé de convalescence.

Le canonnier qui, étant en permission, encourt une punition de prison, est immédiatement renvoyé à son corps par le général commandant la subdivision de région.

Le militaire qui, étant en congé, est signalé pour son inconduite ou se rend capable de faits délictueux, peut, après avis du médecin, être renvoyé à son corps ou dirigé sur l'hôpital.

9° Renvoi à la 2e classe des soldats de 1re classe ou pourvus d'emplois spéciaux.

Ce renvoi est prononcé par le chef de corps, sur le rapport du capitaine commandant.

10° Fautes qui entraînent des sanctions autres que les punitions disciplinaires.

Les crimes ou délits commis par des militaires entraînent leur comparution devant les tribunaux militaires. (*Voir n°* 55.)

Le canonnier ayant plus de trois mois de service, qui s'absente sans permission, est considéré comme déserteur à l'intérieur après six jours pleins suivant celui de l'absence constatée; le canonnier n'ayant pas trois mois de service n'est considéré comme déserteur à l'intérieur qu'après un mois d'absence.

Le canonnier ayant plus de trois mois de service, qui ne rejoint pas son poste à l'expiration d'une permission ou d'un congé est considéré comme déserteur à l'intérieur après quinze jours pleins suivant celui fixé pour le retour. Le délai de quinze jours est porté à un mois pour le canonnier n'ayant pas trois mois de service à la date à laquelle sa rentrée doit avoir lieu.

Le déserteur est traduit devant les tribunaux militaires.

Pour certaines fautes, le canonnier peut être envoyé aux sections spéciales. (*Voir n° 56*).

Observation. — Les punitions sont faciles à éviter. Le canonnier qui montre de l'entrain, de la bonne volonté, de l'énergie, qui a de l'ordre, qui est propre, ne sera jamais puni.

QUESTIONNAIRE

Citez quelques fautes contre la discipline.
Quelles sont les punitions qui peuvent être infligées au canonnier?
A quel moment commence une punition?
Comment décompte-t-on les punitions?
Qu'est-ce que le sursis?
Quel est le résultat du sursis?
Où sont inscrites les punitions?
A quoi est astreint le canonnier puni de consigne au quartier?
A quoi est astreint le canonnier puni de salle de police?
A quoi est astreint le canonnier puni de prison?
A quoi est astreint le canonnier puni de cellule?
De quoi se compose le couchage de l'homme puni de prison?
Que devient la solde du canonnier puni de prison?
Qu'arrive-t-il au canonnier puni de prison étant en permission?
Comment est considéré le canonnier qui s'absente sans permission pendant plus de six jours?
Comment est considéré le canonnier qui rentre avec un retard de plus de quinze jours à la suite d'une permission ou d'un congé?
Que fait-on du déserteur?
Peut-on éviter les punitions?

33. RÉCLAMATIONS

Le canonnier qui croit qu'une mesure prise à son égard ou une punition prononcée contre lui est imméritée ou injustifiée a le droit de réclamer.

La réclamation individuelle est seule admise.

Une réclamation collective, c'est-à-dire présentée simultanément pour un même motif par un groupe de canonniers est considérée comme un acte d'indiscipline et peut entraîner par conséquent l'envoi aux sections spéciales.

Un homme qui réclame en état d'ivresse ne peut être entendu.

Tout militaire recevant l'ordre d'une punition doit d'abord s'y soumettre, il ne peut réclamer qu'après avoir obéi.

Le canonnier qui croit avoir des motifs fondés de réclamation doit d'abord demander à être entendu du supérieur qui a pris la mesure ou prononcé la punition.

Le supérieur doit écoûter et écoutera toujours la réclamation.

Le canonnier dont la réclamation n'a pas été admise par le supérieur qui a pris la mesure ou prononcé la punition peut s'adresser à l'autorité supérieure, mais il est prévenu qu'il s'expose ainsi à une punition si sa réclamation n'est pas reconnue fondée. La punition est prononcée par la dernière autorité auquel il a demandé que sa réclamation soit transmise.

La réclamation peut être présentée verbalement jusqu'au colonel : l'intéressé doit demander, par la voie hiérarchique (en s'adressant à son capitaine), à être entendu.

La réclamation adressée à une autorité supérieure à celle du colonel est présentée par écrit et transmise par la voie hiérarchique.

Aucune réclamation ne peut être arrêtée par les autorités intermédiaires.

QUESTIONNAIRE

Le canonnier peut-il réclamer contre une mesure ou une punition qu'il croit injustifiée ?
Peut-il réclamer en se concertant avec des camarades ?
Peut-il réclamer étant en état d'ivresse ?
A quel moment peut-il réclamer ?
A qui doit-il d'abord présenter sa réclamation ?
Si sa réclamation n'est pas admise par l'autorité à qui il s'est adressé, peut-il continuer à réclamer ?
Qu'arrive-t-il si, alors, sa réclamation n'est pas reconnue justifiée ?
Que fait-il pour réclamer au colonel ?

31. COMMENT ON ÉCRIT, POUR LE SERVICE, A UN SUPÉRIEUR

Le canonnier qui a besoin de s'adresser, pour le service, par écrit, à un supérieur, doit observer les prescriptions suivantes :

1° Dater sa lettre et indiquer l'endroit où elle est écrite ;
2° Indiquer son nom, son grade, sa batterie, son régiment ;
3° Indiquer le grade et les fonctions du supérieur auquel il s'adresse ;
4° Commencer le corps de la lettre par les mots : « J'ai l'honneur de » ;
5° Expliquer clairement ce qu'il désire ;
6° Signer lisiblement sans mettre aucune formule de politesse ;

7° S'il y a lieu, indiquer sous la signature l'adresse à laquelle la réponse devra lui être adressée.

Si la lettre est destinée à une autorité supérieure à celle du capitaine commandant la batterie, elle doit, malgré cela, être envoyée à celui-ci, qui la fait parvenir au destinataire après y avoir mis son avis, s'il y a lieu.

L'enveloppe doit, dans ce cas, porter comme suscription :

Monsieur le capitaine commandant la ᵉ batterie du ᵉ régiment d'artillerie à .

Il ne faut pas mettre le nom du capitaine sur l'adresse de manière que, si celui-ci est absent, la lettre puisse être remise à son remplaçant.

Ne pas oublier d'affranchir l'enveloppe avec un timbre.

MODÈLE DE LETTRE.

Saint-Etienne, le 15 mars 1912.

Le 2ᵉ canonnier servant Durand, de la 6ᵉ batterie du 16ᵉ régiment d'artillerie, au colonel commandant le 16ᵉ régiment d'artillerie, à Clermont-Ferrand.

J'ai l'honneur de vous demander de vouloir bien m'accorder une prolongation de permission de cinq jours pour faire suite à la permission de quatre jours que vous m'avez accordée pour venir voir ma mère malade. Ma mère est décédée aujourd'hui.

DURAND,
32, rue de la République, à Saint-Etienne.

TÉLÉGRAMME.

Si le canonnier est pris au dépourvu et craint de ne pouvoir recevoir à temps une réponse à sa lettre, il peut adresser un télégramme. Il le fait alors sous la forme suivante :

Capitaine 6ᵉ batterie, 16ᵉ artillerie,
Clermont-Ferrand.

Sollicite prolongation 5 jours. Mère décédée.

DURAND.

Le télégramme doit être envoyé avec réponse payée.

Le télégramme ne doit être employé que tout à fait exceptionnellement.

QUESTIONNAIRE

Observation. — L'instructeur donnera, au tableau noir, le modèle d'une lettre et d'un télégramme. Chaque canonnier devra le copier et placer cette copie dans son livret individuel pour pouvoir s'en servir à l'occasion.

Quelles prescriptions doit-on observer pour écrire à un supérieur ?
Si vous voulez écrire à votre colonel, à qui adresserez-vous la lettre ?
Quelle adresse mettrez-vous sur l'enveloppe ?
Pourquoi ne met-on pas le nom du capitaine sur l'enveloppe ?
Peut-on télégraphier à un supérieur ?
A qui est adressé le télégramme ?
Quelle précaution doit-on prendre pour la réponse ?

35. NOTIONS SUR LA SOLDE, L'ORDINAIRE, L'ALIMENTATION AU QUARTIER

I. — Solde.

La solde du canonnier lui est payée tous les dix jours, les 1er, 11 et 21 de chaque mois. On lui donne le nom de « prêt ».

Le prêt est remis au canonnier par son brigadier de pièce. La remise en est constatée par la signature du canonnier au cahier de prêt.

Le prêt sert au canonnier à acheter son tabac et les menus objets dont il peut avoir besoin.

Il est de 5 centimes par jour pour le canonnier; 7 centimes par jour pour le maître-pointeur; 22 centimes par jour pour le brigadier.

Le canonnier a droit à un paquet de tabac de 100 grammes tous les dix jours, moyennant le versement de 0 fr. 15.

Ce tabac ne doit pas être revendu.

II. — Ordinaire.

Les denrées et les fonds alloués par l'Etat pour la nourriture des canonniers d'une batterie sont mis en commun, les aliments sont préparés pour l'ensemble de la batterie. Les repas sont pris en commun ainsi qu'il a été dit (n° 10). Le régime ainsi adopté pour la nourriture du canonnier est ce que l'on nomme l' « ordinaire ».

L'ordinaire est dirigé par le capitaine de la batterie qui a pour le seconder le lieutenant en premier, le maréchal des logis chef et le brigadier d'ordinaire.

Pour chaque homme présent, l'Etat alloue, par jour :

Une prime fixe de 0 fr. 225;
Une prime de viande, correspondant au prix de 320 grammes de viande de bœuf suivant le cours de la boucherie;
Une ration de 675 grammes de pain;

A ces allocations s'ajoutent :

Le produit de la vente des os, des eaux grasses, des débris de pain;
Le prêt des canonniers et brigadiers punis de prison;
Des allocations accordées dans certaines circonstances : 14 juillet, marches;
Le produit des économies qui peuvent être réalisées sur la ration journalière de pain.

Les fonds ainsi procurés servent à acheter :

Le sucre et le café qui constituent le repas du matin;
La viande, les légumes, les épices nécessaires pour les deux autres repas;
Le vin ou autre boisson;
Et à donner une indemnité au cuisinier.

Boni. — Le boni de l'ordinaire est la différence entre les recettes et les dépenses. Il constitue un fonds de réserve qui sert à augmenter la quantité d'aliments au moment des travaux pénibles et à améliorer le menu aux jours de fête.

C'est le capitaine qui est détenteur du boni.

Toutes les recettes ou dépenses sont inscrites au jour le jour sur un registre spécial appelé livret d'ordinaire.

Toutes les dépenses sont certifiées par la signature des fournisseurs, par celle du brigadier d'ordinaire et par celles des hommes de corvée présents aux achats, lorsque ces achats ont lieu directement.

Distributions. — Les denrées nécessaires à l'ordinaire sont achetées chez des fournisseurs, avec lesquels des marchés sont passés pour l'ensemble du corps afin d'obtenir des prix plus avantageux.

Ces fournisseurs apportent chaque jour les denrées nécessaires. Elles sont examinées avant la distribution par un capitaine. La viande est, de plus, examinée avant et après l'abatage par un vétérinaire militaire; elle est marquée d'un timbre par le vétérinaire et transportée de l'abattoir au quartier sous la conduite d'un sous-officier. Toutes ces mesures ont pour but d'empêcher les fraudes et d'assurer une fourniture de denrées absolument saines.

Le brigadier d'ordinaire touche chaque jour les denrées nécessaires à la batterie; il a avec lui un ou deux canonniers. Lui et les canonniers doivent veiller à ce que les pesées soient bien faites et que toutes les denrées soient de bonne qualité. Ils ne doivent pas hésiter à présenter leurs observations au capitaine de distribution s'ils constatent que le pesage est mal fait ou que les denrées ne sont pas bonnes. Ils sont là pour cela.

Cuisinier. — Le cuisinier est chargé de préparer les aliments. Il est aidé par l'aide-cuisinier. A titre de récompense, il peut lui être accordé une allocation journalière prélevée sur les fonds de l'ordinaire et pouvant être de 0 fr. 50 au maximum.

Menu. — Chaque semaine, il est établi un menu pour toute la semaine. Le brigadier d'ordinaire et la commission du réfectoire, composée d'un homme par pièce, sont chargés de préparer ce menu, qui est soumis au capitaine.

La commission du réfectoire est réunie en principe une fois par semaine par le capitaine, auquel elle présente les demandes des canonniers relatives à la nourriture et à l'entretien du réfectoire.

Gaspillage. — Les canonniers ont tout intérêt à éviter le gaspillage des aliments, ce sont eux seuls qui profitent des économies réalisées ou qui pâtissent des pertes. Ils doivent veiller à ce qu'il ne soit jamais jeté de morceaux de pain, que l'épluchage des légumes n'enlève à ceux-ci que les parties absolument inutilisables.

Viande de conserve. — Afin de renouveler les approvisionnements constitués dans les magasins en prévision de la guerre, tous les régiments doivent percevoir chaque année, près de ces magasins, une certaine quantité de denrées en remplacement de celles qu'ils achètent ordinairement dans le commerce. En particulier, ils doivent y percevoir de la viande de conserve.

Cette viande est de toute première qualité, préparée avec des soins minutieux, deux conditions essentielles pour que cette denrée puisse se conserver.

C'est là un aliment excellent à tous points de vue et pour lequel toute aversion est absolument injustifiée.

QUESTIONNAIRE

Qu'est-ce que le prêt ?
A quelle date est-il touché ?
Qui le remet au canonnier ?
Quelle est la solde du canonnier ?
A quoi doit-elle lui servir ?
Combien le canonnier peut-il recevoir de paquets de tabac ?
Que verse-t-il pour cela ?
Peut-il revendre ce tabac ?
Qu'est-ce que l'ordinaire ?
Par qui est-il dirigé ?
Qu'est-ce que l'Etat alloue pour la nourriture du canonnier ?
L'ordinaire ne profite-t-il pas d'autres recettes ? Lesquelles ?
A quoi sert l'ensemble des fonds ainsi procurés ?
Qu'est-ce que le boni ?
A quoi sert-il ?
Qui le détient ?
Où sont inscrites les recettes et dépenses de l'ordinaire ?
Comment sont certifiées les dépenses ?
Qu'est-ce qui préside aux distributions des denrées ?
Qui est-ce qui les perçoit pour la batterie ?

Quel est le rôle du brigadier d'ordinaire et des hommes de corvée pendant la perception ?
Par qui est examinée la viande, quelles mesures sont prises pour s'assurer qu'elle parvient intacte au quartier ?
Par qui sont préparés les aliments ?
Quelle allocation peut être donnée au cuisinier ?
Qui établit le menu de chaque semaine ?
Pourquoi le canonnier doit-il veiller à ce qu'il ne soit commis aucun gaspillage ?
Pourquoi perçoit-on de la viande de conserve ?
Qu'est-ce que cette viande ?

36. DESCRIPTION DE LA BRIDE DE PORTEUR.
BRIDER, DÉBRIDER. — AJUSTER LA BRIDE. ENTRETIEN DE LA BRIDE.

I. — Description de la bride.

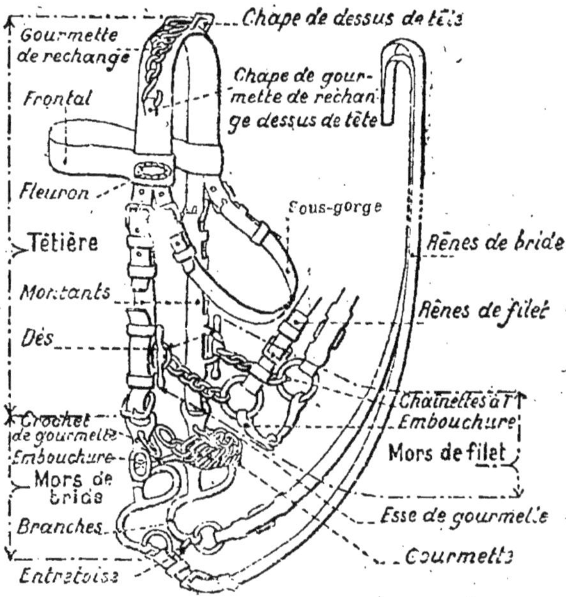

Bride de porteur

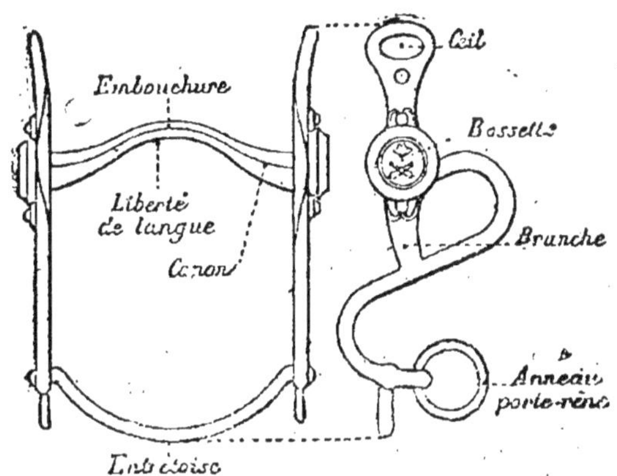

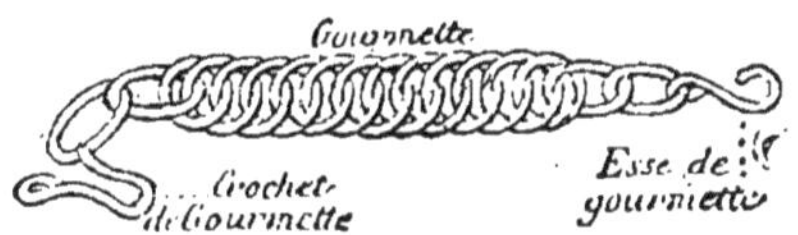

Mors de bride et sa gourmette.

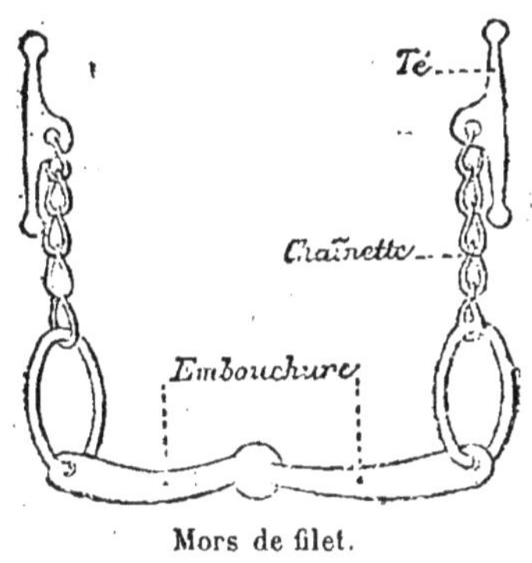

Mors de filet.

II. — Brider, débrider.

Le cheval étant sellé, pour le brider, opérer comme suit : prendre la bride préalablement déposée en arrière du cheval, la placer la têtière sur l'avant-bras gauche, près du poignet, le frontal du côté du coude, les rênes relevées sur la têtière ; se porter à la gauche du cheval et le détacher ; passer avec la main droite les rênes par-dessus l'encolure, saisir le cheval au toupet avec la main gauche, prendre la bride à la têtière avec la main droite, l'élever à la hauteur et en avant de la tête du cheval, prendre le toupet avec la main droite, engager avec la main gauche les mors de bride et de filet dans la bouche, le mors de filet au-dessus de celui de bride, passer alors les oreilles entre le frontal et le dessus de tête, dégager le toupet, boucler la sous-gorge et accrocher la gourmette.

Pour débrider : déboucher la sous-gorge, décrocher la gourmette (si elle ne l'est déjà), avancer les rênes de la bride et du filet sur le dessus de tête, les passer par-dessus les oreilles, les laisser tomber dans le pli du bras gauche, ôter la bride en commençant par dégager l'oreille droite, maintenir le cheval au toupet avec la main gauche, et le rattacher avec le bridon ; faire deux tours au-dessous du frontal avec les rênes de la bride et les passer entre le frontal et le dessus de tête ; déposer la bride à côté de la selle.

III. — **Ajuster la bride.**

Le FRONTAL doit être ajusté de manière à s'appliquer exactement sur le front du cheval et à maintenir le dessus de tête en arrière des oreilles sans les comprimer.

Les MONTANTS doivent être ajustés de manière que le mors soit bien placé dans la bouche du cheval.

La SOUS-GORGE, sans être trop lâche, ne doit pas être serrée ; car alors elle gênerait la respiration du cheval. On doit pouvoir passer la main à plat entre la sous-gorge et la ganache.

Pour que le MORS soit bien ajusté, il faut :

1° Que les *canons* portent sur les barres (1) sans toucher les dents ;

2° Que l'*embouchure* ne soit ni trop étroite ni trop large et que le haut des branches ne comprime pas les joues ;

3° Que la *gourmette* soit mise à plat et de telle sorte que l'on puisse passer très facilement le doigt entre elle et la barbe.

Si les canons portent plus haut qu'il n'est indiqué, ils agissent sur des parties moins sensibles, et leur effet est amoindri ; de plus, le mors du bridon-licol ou du filet comprime la commissure des lèvres et n'a pas le jeu nécessaire à son emploi.

Si les canons portent plus bas, ils butent contre les dents et gênent le cheval.

Si l'embouchure est trop étroite, les branches plissent les lèvres et peuvent les blesser.

Si l'embouchure est trop large, le contact des canons avec les barres n'est plus assuré et le mors est sujet à basculer d'un côté ou de l'autre.

Si la gourmette n'est pas assez serrée, le mors bascule, les branches se placent dans le prolongement des rênes, le bras de levier disparaît et le cheval, moins contenu, obéit avec moins de précision.

Si la gourmette est trop serrée, le contact permanent du mors émousse la sensibilité des barres, la barbe est endo-

(1) Les barres s'entendent de la partie libre de dents de la mâchoire inférieure du cheval.

lorie, le canonnier ne peut graduer l'effet du mors et le cheval devient sourd aux indications qu'il reçoit.

Avec les chevaux qui ont la bouche sensible, la gourmette doit être très lâche.

Pour adoucir l'action de la gourmette sur les chevaux qui ont la barbe trop sensible, on peut placer un morceau de feutre ou de cuir entre la gourmette et la barbe.

Le *mors de filet* agit sur la commissure des lèvres; il doit être placé au-dessus de l'embouchure, de manière à ne pas gêner les effets du mors de bride, sans toutefois comprimer la commissure des lèvres.

IV. — Entretien de la bride.

Les cuirs doivent être épongés avec l'éponge humide, puis très légèrement graissés avec une pièce grasse très peu imbibée de graisse. Cependant, les extrémités inférieures des montants devront être suffisamment graissées pour être maintenues très souples.

Le mors de bride et celui de filet sont entretenus brillants en les frottant avec de la brique étalée sur un chiffon dur.

Les fleurons et les bossettes sont nettoyés avec du tripoli.

Les gourmettes sont entretenues brillantes en les frottant l'une sur l'autre dans les mains.

Les brides, une fois nettoyées, sont placées à la sellerie, suspendues aux crochets portant leur numéro.

QUESTIONNAIRE

Observation. — Même observation que celle donnée au questionnaire du n° 5.

Démontez la bride et remontez-la.
Comment le frontal doit-il être ajusté?
Comment les montants doivent-ils être ajustés?
Comment la sous-gorge doit-elle être ajustée?
Qu'appelle-t-on barres du cheval?
Où doivent reposer les canons du mors de bride?
Pourquoi?
Comment doit être l'embouchure du mors de bride?
Pourquoi?
Comment doit être placée la gourmette?
Comment doit être placé le mors de filet?
Comment entretient-on les cuirs de la bride?
Comment nettoie-t-on les mors?
Comment nettoie-t-on les fleurons, les bossettes?
Comment nettoie-t-on les gourmettes?

37. DESCRIPTION DU PORTE-SABRE, DU COLLIER D'ATTACHE, DES SACOCHES. — FIXER LE SABRE A LA SELLE. — METTRE LE COLLIER D'ATTACHE. — FIXER LES SACOCHES SUR LA SELLE (1).

I. — Description du porte-sabre, du collier d'attache, des sacoches.

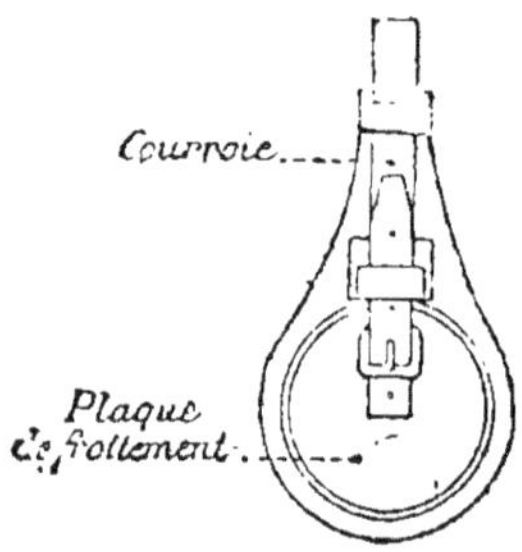

Porte sabre.

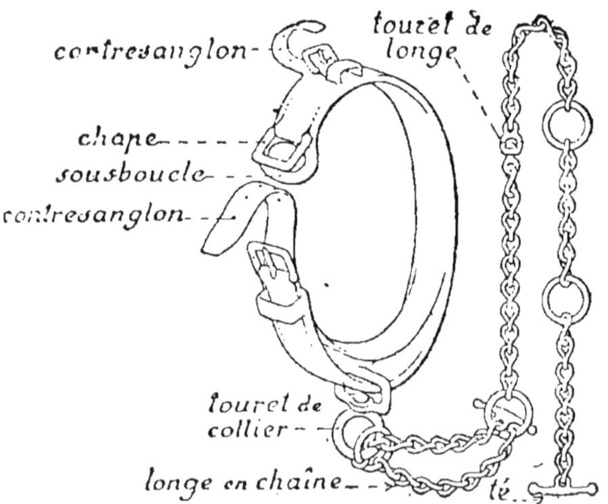

Collier-d'attache.

(1) Ce numéro ne sera pas enseigné aux servants.

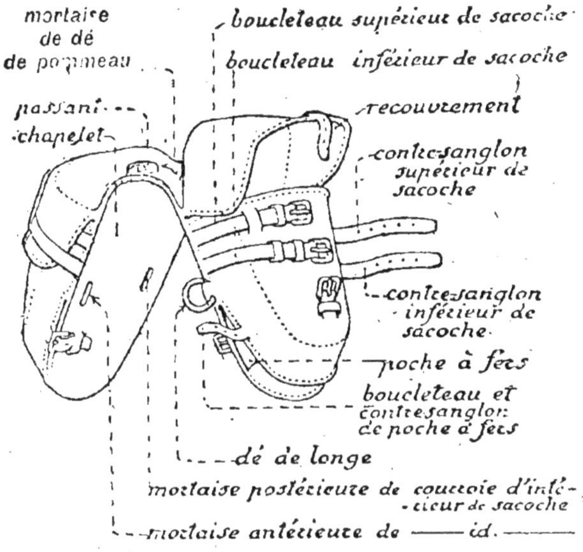

Paire de sacoches.

II. — Fixer le sabre à la selle.

Placer d'abord le porte-sabre à la selle en opérant comme suit :

Engager la courroie du porte-sabre dans le passant supérieur de la plaque de frottement, de bas en haut, la fleur en dehors; la passer dans la chape d'attache de porte-sabre de la selle de dessus en dessous, puis dans les deux passants de la plaque. Engager alors la courroie dans l'anneau du fourreau, la garde du sabre placée du côté de la tête du cheval, boucler la courroie.

III. — Mettre le collier d'attache au cheval.

Le cheval étant bridé, placer le collier d'attache au cou du cheval, le réunir à la bride, en passant de dessous en dessus le contre-sanglon du collier dans la chape de dessus de tête, et boucler.

Le collier d'attache sert pour attacher le cheval en campagne. A cet effet, on engage dans le touret le té d'une longe en chaîne, ce té vient passer ensuite dans l'anneau de la chaîne le plus voisin de lui.

L'autre extrémité de la chaîne peut alors être passée dans un anneau de pansage et son té vient s'engager successivement dans les deux anneaux voisins. La chaîne peut encore être fixée à une corde d'attache tendue ; on opère alors de la manière suivante : faire avec le bout de la chaîne le tour de la corde de dessus en dessous, ramener le brin libre, terminé par le té, par-dessus le long brin, enrouler le brin libre autour de la corde de dessous en dessus et engager le té sous le brin qui relie les deux enroulements, tirer sur la chaîne en secouant de manière à serrer et à rapprocher les deux tours faits autour de la corde.

IV. — Fixer les sacoches sur la selle.

Pour fixer les sacoches sur la selle, opérer de la façon suivante (avant de placer la selle sur le cheval) :

Placer les sacoches, les ouvertures des poches à fer en avant, sur la partie antérieure de la selle, en engageant le dé de pommeau dans la mortaise du chapelet. Fixer ensuite la partie inférieure des sacoches à l'aide des courroies d'intérieur de sacoches. A cet effet, engager chacune de ces courroies par son bout libre, la chair en dessus, de dedans en dehors, dans la mortaise arrière du chapelet, puis successivement dans la mortaise arrière du quartier, dans la chape d'attache de ce chapelet, dans la mortaise avant du quartier, enfin dans la mortaise avant du chapelet, et boucler la courroie en serrant fortement dans l'intérieur de la sacoche pour empêcher tout ballottement de celle-ci.

Engager, sous chaque sacoche, une courroie de paquetage d'avant en arrière et la chair en dessus, en la faisant passer dans le crampon de pointe d'arcade.

Enfin, engager la courroie de pommeau, d'arrière en avant et la chair en dessous, dans le dé de pommeau au-dessus du chapelet, puis dans le passant fixe du chapelet; la ramener vers l'arrière sous le chapelet et à travers le dé de pommeau, puis la boucler, la boucle reposant sur le chapelet en arrière du dé, le bout libre du contre-sanglon fixé dans le passant du chapelet.

QUESTIONNAIRE

Observation. — Même observation qu'au nº 5.

38. NOTIONS SOMMAIRES D'HIPPOLOGIE (1).

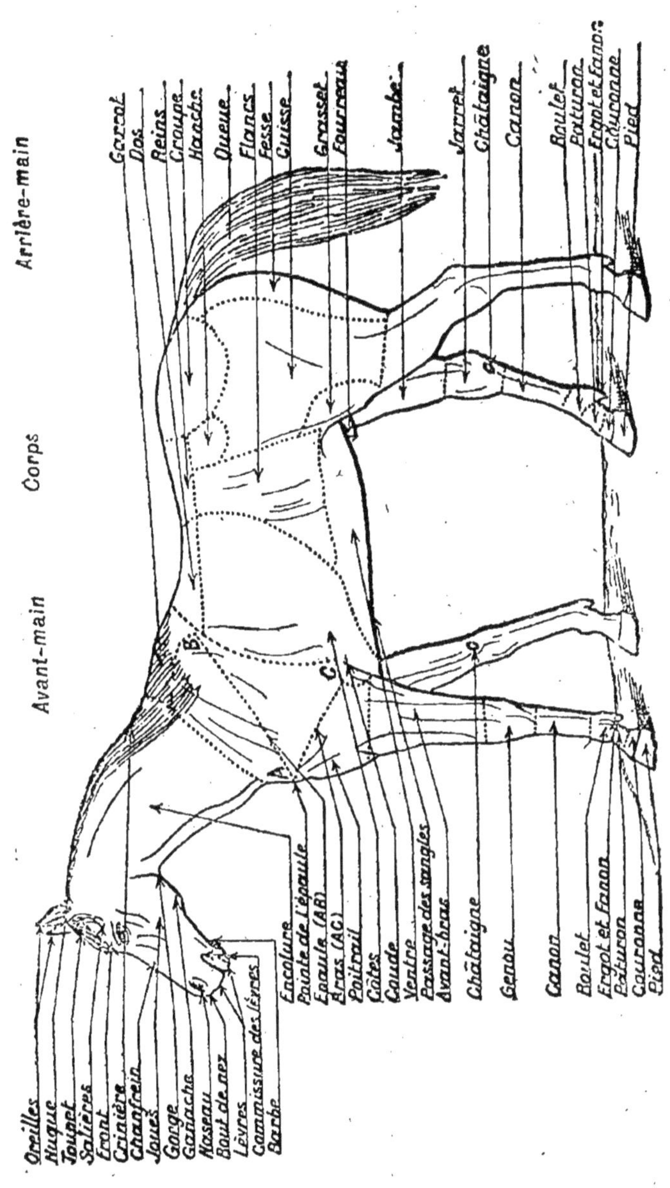

(1) De ce numéro, le paragraphe 3 ne sera enseigné qu'aux élèves brigadiers.

§ 1. — Description sommaire

Le corps du cheval peut être considéré comme divisé en trois parties : l'avant-main, le corps et l'arrière-main.

L'AVANT-MAIN comprend les parties du corps du cheval qui se trouvent en avant du cavalier lorsque le cheval est monté : la tête, l'encolure, les épaules, les membres antérieurs.

Le CORPS est la partie du cheval au-dessus de laquelle se trouve le cavalier. Il comprend : le dos, le rein, le ventre, les flancs.

L'ARRIÈRE-MAIN comprend les parties du cheval situées en arrière du cavalier, la croupe, les membres postérieurs.

§ 2. — Notions sur les robes.

Le mot ROBE s'applique à l'ensemble des poils et des crins qui revêtent la surface du corps du cheval.

Les robes que l'on rencontre le plus communément sont : l'alezan, le bai, le gris.

L'*alezan* est d'un seul poil, dont la couleur peut varier depuis le jaune clair jusqu'au brun foncé; les jambes et les crins sont de la même couleur ou parfois plus clairs.

Le *bai* est caractérisé par la couleur noire de la crinière, de la queue et de l'extrémité des membres; le fond de la robe est d'un seul poil, dont la couleur rougeâtre peut être plus ou moins foncée jusqu'au brun.

Le *gris* est une robe formée de poils blancs et de poils noirs en mélange plus ou moins régulier.

Les chevaux dont la robe est composée de poils blancs et de poils alezans mélangés sont dits *aubères*. Ceux dont la robe comprend des poils blancs, noirs et alezans sont *rouans*. Ces derniers ont généralement l'extrémité des membres et les crins noirs.

Un cheval est *noir* lorsqu'il a tous les poils et les crins noirs.

On appelle *rubican* un cheval qui a quelques poils blancs disséminés sur une robe alezane, baie, noire.

On appelle *balzane* une région blanche à l'extrémité d'un membre.

On appelle *en tête* une marque blanche sur le front ou sur le chanfrein.

Le *ladre* est une tache rosée, dépourvue de poils, qui se trouve souvent entre les naseaux, et qui peut se voir également autour des yeux.

§ 3. — Notions sur les aplombs et sur les tares.

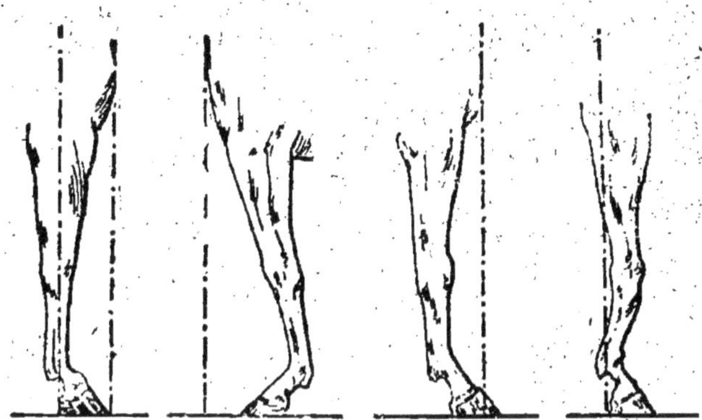

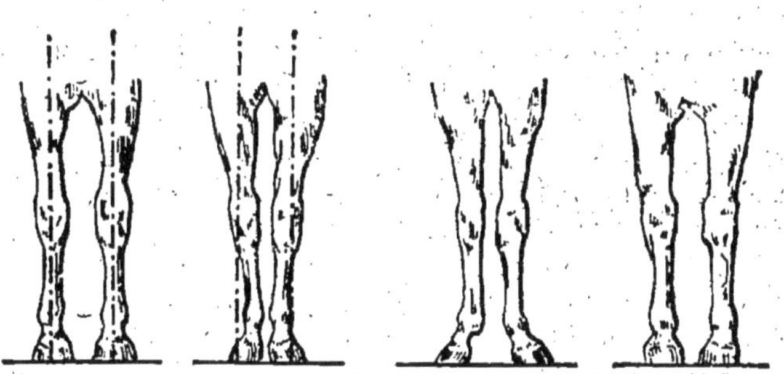

Aplombs des membres antérieurs.

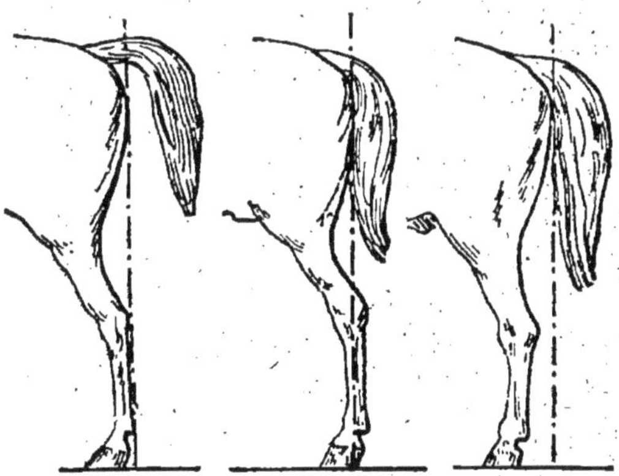

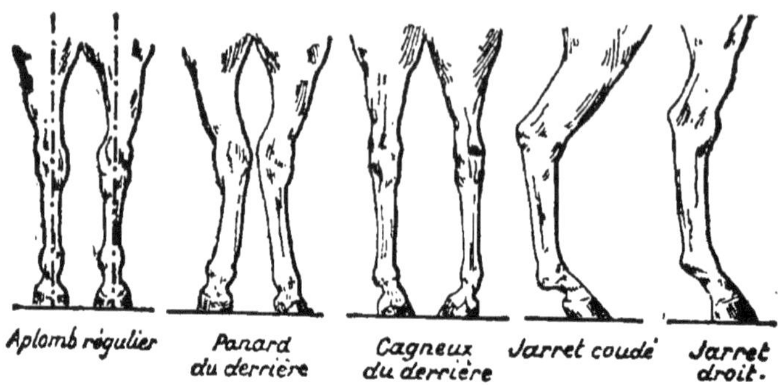

Aplombs des membres postérieurs.

On appelle TARE une tumeur dure ou molle placée le long des membres du cheval, qui gêne plus ou moins ses mouvements et souvent le rend boiteux.

Les tumeurs dures ou osseuses sont situées sur les os du cheval; elles constituent les TARES DURES. Les principales tares dures sont :

Le *suros*, qui se trouve sur l'os du canon, plus souvent en dedans, généralement peu grave;

La *forme*, qui se trouve sur l'os du paturon ou sur la couronne, ou à leur intersection, toujours très grave;

La *jarde*, qui se trouve à la partie inférieure et postérieure de la face externe du jarret, généralement peu grave;

L'*éparvin*, qui se trouve à la partie inférieure de la face interne du jarret (à l'opposé de la jarde), toujours grave.

Les TARES MOLLES sont des tumeurs se présentant sous la forme de petites poches remplies de liquide, de volume variable, placées au pourtour des articulations ou sur le trajet des tendons. Les principales tares molles sont :

La *molette*, qui se trouve à la partie inférieure des membres, sur le pourtour, et au-dessus des boulets;

Le *vessigon*, qui se trouve sur le jarret;

Le *capelet*, situé exactement à la pointe du jarret;

L'*éponge*, à la pointe du coude. (Cette tare résulte des froissements prolongés que le cheval se fait lui-même avec le fer des pieds de devant lorsqu'il est couché.)

Les tares molles sont toujours moins graves que les tares dures.

§ 4. — Notions sur le pied et la ferrure.

On ferre les chevaux pour éviter l'usure prématurée du sabot, ce qui les rendrait inutilisables.

Les noms des principales parties du fer correspondent, en général, aux noms des parties du pied sur lesquelles elles s'appliquent.

Le fer a deux *faces*, l'une *supérieure*, qui est en contact avec le rebord inférieur de la paroi ; l'autre *inférieure*, qui repose sur le sol ; deux *branches* AB, AB' (*externe* et *internes*), deux *rives* (*externe* et *interne*).

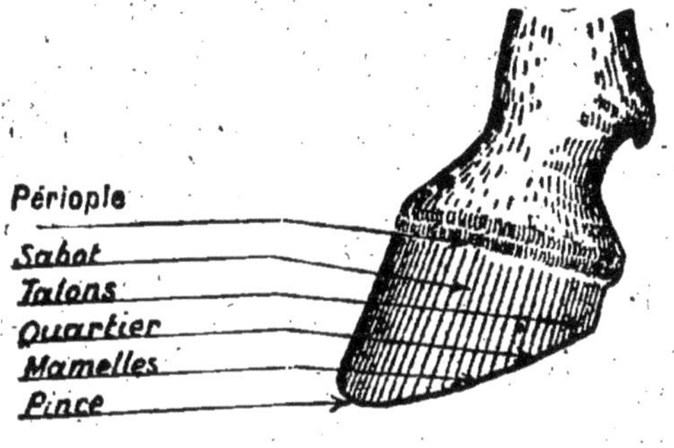

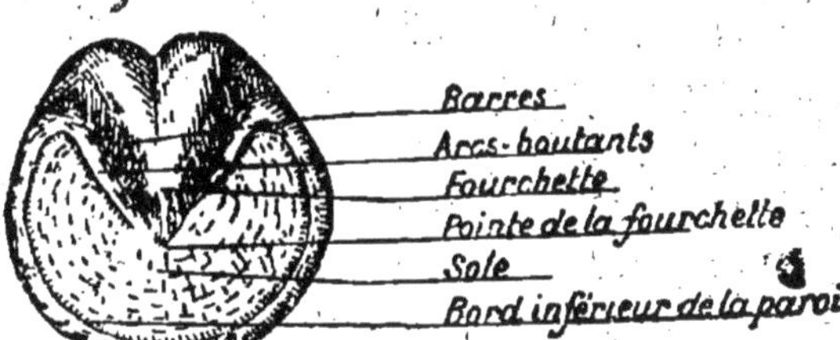

Pied du cheval.

Avant de recevoir le fer, le pied subit une préparation qui consiste à assurer son aplomb et son contact parfait avec le fer.

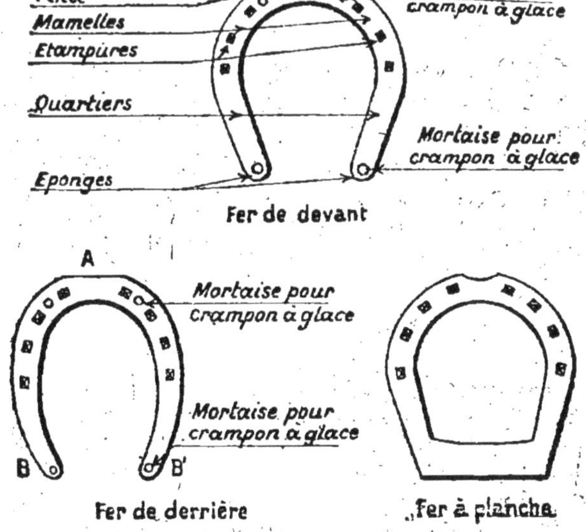

Ferrure.

On reconnaît qu'un cheval a besoin d'être ferré :

1° Quand le fer est usé ;

2° Quand le pied est trop long.

Un cheval doit être ferré des quatre pieds au moins une fois par mois.

Les *étampures d'attente* qui sont sur le fer, deux en mamelles, deux en talons, servent à y fixer, s'il y a lieu, les *crampons* qui empêchent le cheval de glisser sur le terrain glacé.

QUESTIONNAIRE.

Observation. — Cette instruction, surtout pratique, est faite aux écuries et pendant les repos de la manœuvre à cheval. C'est sur l'animal lui-même que le canonnier devra montrer les différentes choses qui pourront lui être demandées.

L'instructeur cherchera au préalable les chevaux présentant les particularités qu'il veut montrer aux canonniers.

Montrez-moi l'avant-main, le corps, l'arrière-main du cheval.
Comment nommez-vous cette partie du cheval?
Qu'entend-on par robe?
Quelle est la robe de ce cheval? Pourquoi?
Qu'appelle-t-on balzane?
Qu'est-ce qu'un en-tête?
Qu'est-ce que le ladre?
Comment sont les membres de devant de ce cheval.
Comment sont les membres de derrière de ce cheval.
Qu'appelle-t-on tare?
Montrez-moi un suros sur ce cheval.
Montrez-moi une mollette sur ce cheval.
Qu'est-ce que le capelet?
Qu'est-ce que l'éponge?
Montrez-moi les talons, les quartiers, la sole du pied du cheval.
Montrez-moi la pince, les mamelles, la fourchette, les barres du pied du cheval.

39. DESCRIPTION DES HARNAIS. HARNACHER ET DÉHARNACHER LE PORTEUR DE DERRIÈRE. — HARNACHER ET DÉHARNACHER LE SOUS-VERGE DE DERRIÈRE. — BRIDER LES CHEVAUX. AJUSTAGE DES BRIDES.

I. — Description des harnais.

Les canons, caissons, forge, chariot de batterie sont attelés à six chevaux formant trois attelages.

L'attelage se compose du porteur, sur lequel est monté le canonnier, et du sous-verge, placé à droite et conduit au moyen d'une longe et d'un fouet.

L'attelage attelé directement à la voiture est appelé attelage de derrière; celui placé devant lui est appelé attelage du milieu; celui placé en tête est appelé attelage de devant.

Les attelages de derrière et du milieu ont un harnachement identique, dit harnachement de derrière.

L'attelage de devant a un harnais qui ne comprend ni avaloire, ni plate-longe; l'avaloire est remplacée par un surdos.

Les sacoches sont placées sur la sellette lorsqu'on doit les emporter.

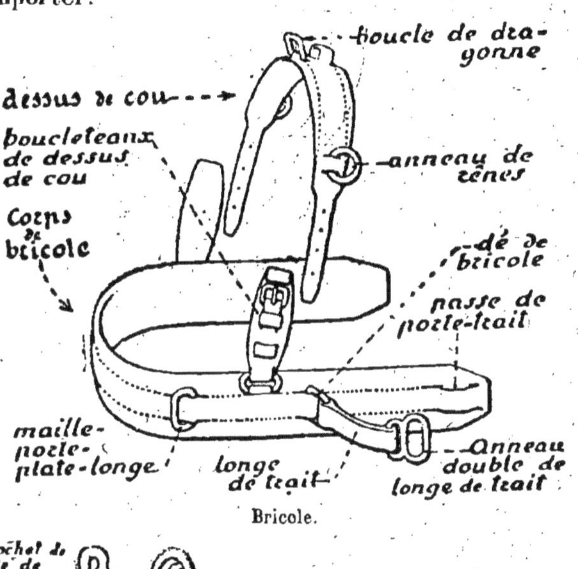

Bricole.

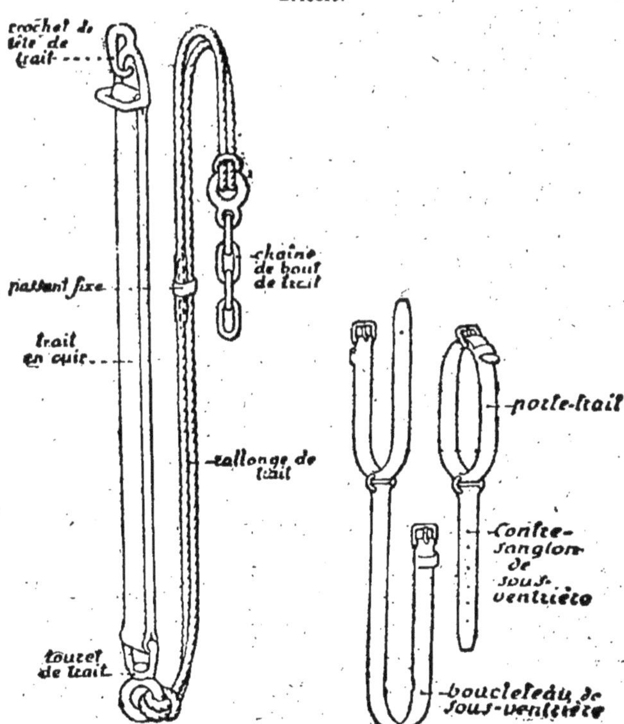

Trait et sous-ventrière.

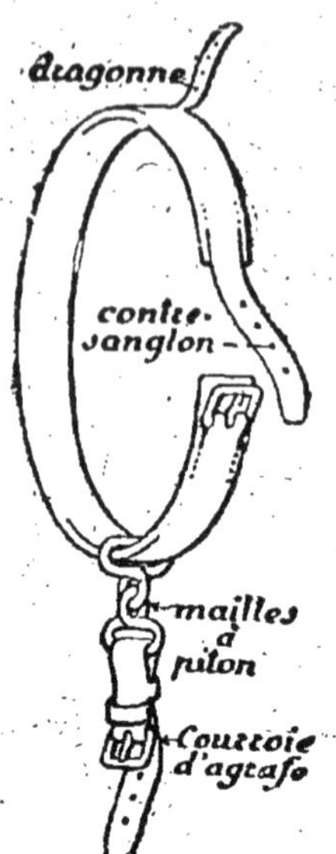

Colleron (chevaux de derrière).

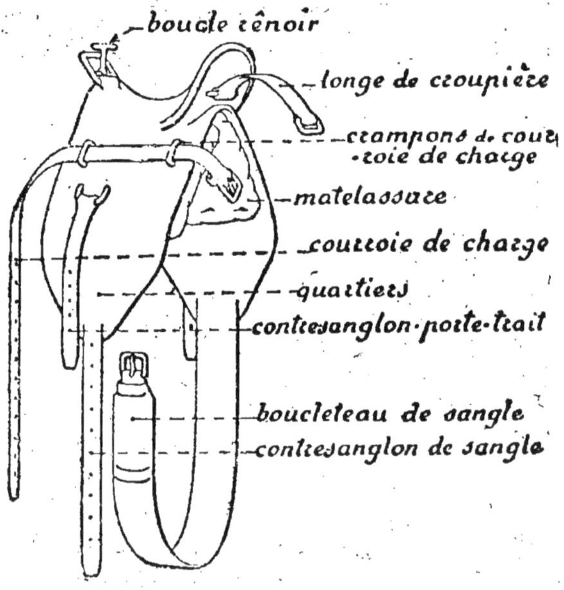

Sellette de sous-verge.

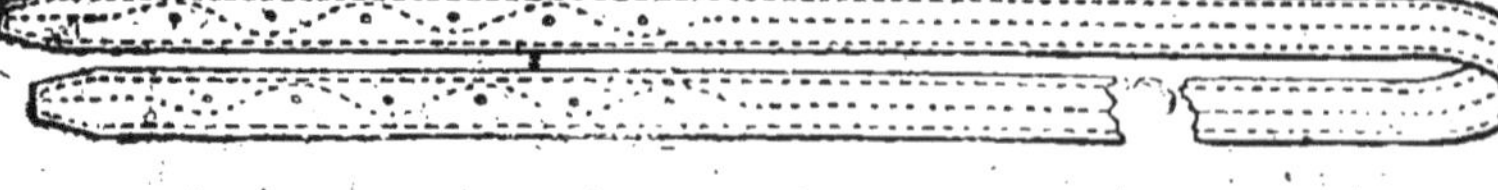

Plate-longe (chevaux de derrière).

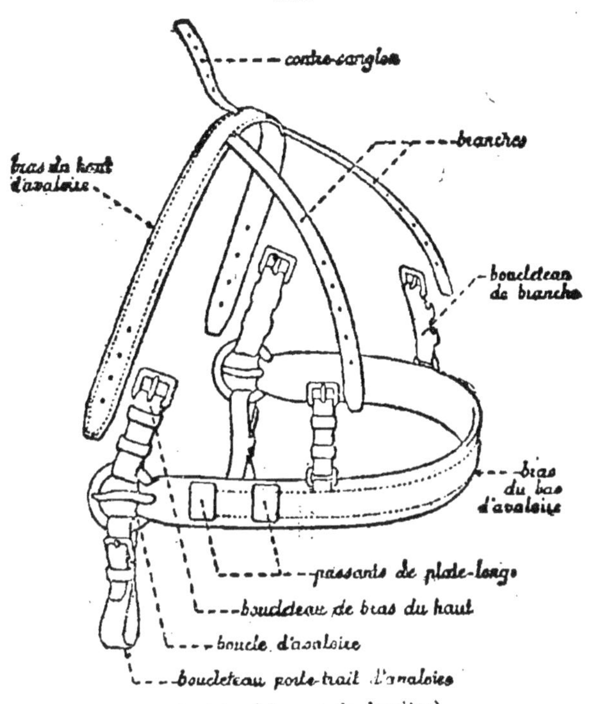

Avaloire (chevaux de derrière).

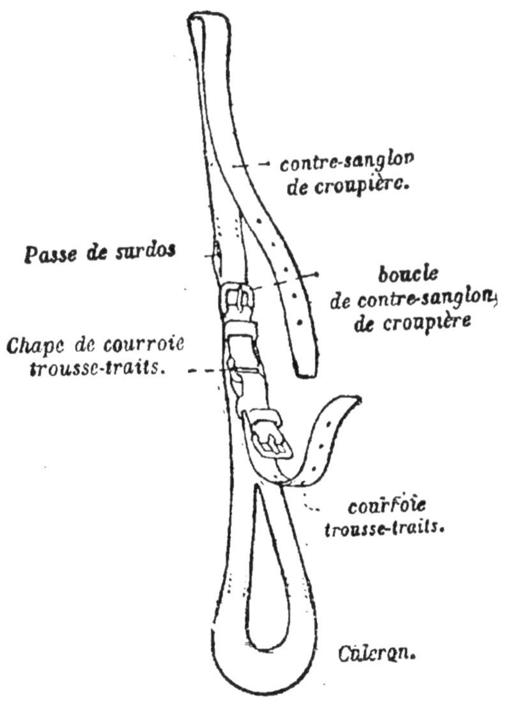

Croupière.

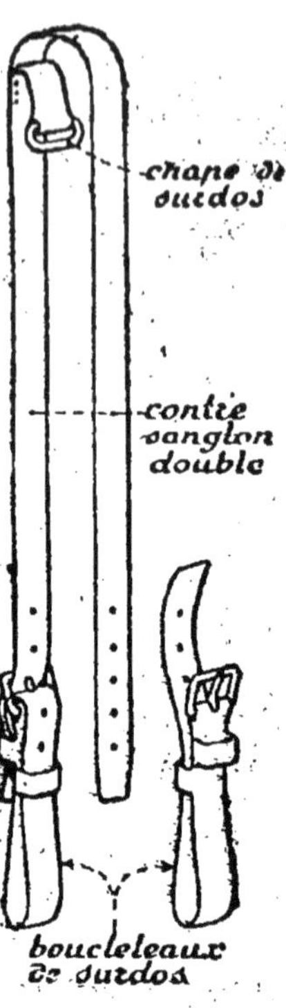

Surdos.

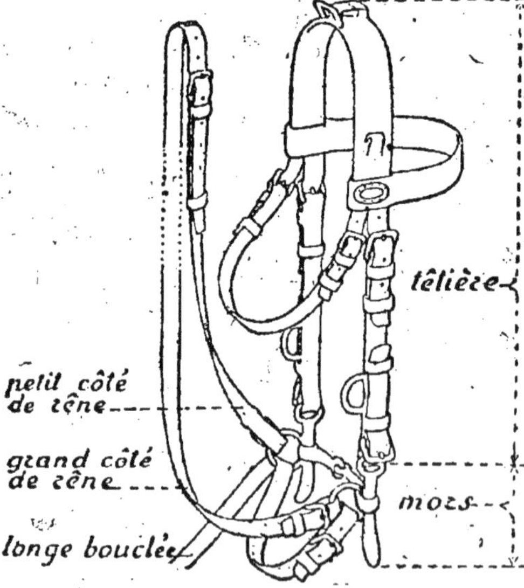

Bride de sous-verge.

II. — Harnacher.

Avant de harnacher les chevaux, le conducteur doit d'abord procéder aux opérations suivantes :

1° Les sortir de l'écurie et les attacher aux anneaux de pansage;

2° Les brosser sur tout le corps;

3° Vérifier qu'il ne manque pas de clous aux fers;

4° Aller chercher la selle, les couvertures, les harnais, les brides et les placer en arrière des chevaux : la selle debout sur le devant, le siège tourné vers les chevaux; les couvertures placées sur la selle; les harnais étendus, l'un sur l'autre, celui du porteur en dessus, le corps de bride du côté des chevaux; les brides à côté de la selle;

5° S'assurer que la sangle et les étriers sont fixés à la selle;

6° Plier les couvertures comme il a été enseigné pour seller un cheval;

7° Seller le porteur.

Ces opérations terminées, harnacher le porteur en opérant comme suit :

III. — Harnacher le porteur de derrière.

Saisir la bricole des deux mains près des boucleteaux de dessus de cou, la partie antérieure en dessus, le dessus de cou près du corps; élever le harnais, se porter à la tête du cheval du côté gauche, passer le harnais par-dessus la tête du cheval, le dessus de cou en dessous; détacher le cheval et le rattacher; faire tourner le harnais de manière que la bricole prenne sa place et que l'avaloire se trouve sur la croupe; dégager la dernière maille de la chaîne de bout de trait du crochet de tête de trait du côté gauche, et placer ce trait en arrière de la selle. Placer l'avaloire en mettant toutes ses parties sur leur plat. Engager le culeron sous la queue, engager le contre-sanglon de croupière dans le crampon de croupière de la selle de dessous en dessus, le rabattre et le boucler.

Passer à la droite du cheval, dégager la dernière maille de la chaîne de bout de trait du crochet de tête de trait et placer ce trait en arrière de la selle.

Dégager l'étrier et boucler le porte-trait de droite à la branche du dessus du contre-sanglon double de la selle. Fixer les traits avec la courroie trousse-traits, de la manière suivante : déboucler la courroie trousse-traits, tendre les traits pour amener le crochet de tête de trait près de l'anneau double de longe de trait; les traits étant tendus, faire un demi-nœud avec les rallonges et le placer sur la courroie trousse-traits, engager cette courroie dans la ganse de chaque rallonge en corde, près de l'anneau à piton, puis dans la dernière maille des chaînes de bout de trait, en commençant par celle qu'on tient dans la main gauche, et boucler la courroie en la serrant fortement.

Dégager l'étrier gauche, boucler le porte-trait à la branche du dessus du contre-sanglon double de la selle, boucler la sous-ventrière, boucler le colleron.

IV. — Harnacher le sous-verge de derrière.

Placer la couverture comme pour le porteur; harnacher ensuite en opérant d'abord comme pour le porteur en veillant à mettre en place la sellette. Placer l'avaloire en mettant toutes ses parties sur leur plat. Engager le culeron sous la queue, en détendant, si c'est nécessaire, la longe de croupière. Passer à la droite du cheval, dégager la dernière maille de la chaîne de bout de trait du crochet de tête de trait et placer ce trait en arrière de la sellette.

S'assurer que la sangle de la sellette ne passe pas par dessus la plate-longe ou les traits. Fixer les traits avec la courroie trousse-traits comme il a été fait pour le porteur.

Boucler la sangle de la sellette, boucler la sous-ventrière, boucler le colleron.

V. — Brider.

Les chevaux étant harnachés, brider le porteur comme il a été appris pour le cheval de selle. Brider ensuite le sous-verge en opérant comme on le fait avec un bridon; puis, la sous-gorge étant bouchée, déboucler les rênes, engager les côtés dans les anneaux de dessus de cou, les reboucler en les fixant à la boucle-rênoir de la sellette. Passer le bout libre de la longe (bouclée à l'anneau droit du mors) dans l'anneau gauche du mors, la chair du cuir contre la barbe du cheval et le relever sur l'encolure.

Opérer inversement pour débrider.

VI. — Déharnacher le porteur de derrière.

Le cheval étant débridé : déboucler le colleron, la sous-ventrière et le porte-traits, dégager les traits de la courroie trousse-traits, les croiser sur le dos du cheval et reboucler la courroie trousse-traits.

Déboucler la croupière et la dégager du crampon de selle. Dégager la queue du culeron, relever l'avaloire sur la croupe, le bras du bas à plat sur le bras du haut, engager le contre-sanglon de croupière dans le porte-traits de gauche et le reboucler à sa boucle.

Passer à droite du cheval, engager la dernière maille de la chaîne de bout de trait de droite dans le crochet de tête de trait.

Déboucler le porte-traits, revenir à gauche du cheval,

engager la dernière maille de trait de gauche dans le crochet de tête de trait. Porter l'avaloire sur le dessus de cou, détacher le cheval, enlever la bricole et rattacher le cheval ; faire tourner le harnais à gauche et saisir la bricole avec les deux mains près des boucleteaux de dessus de cou ; passer le corps de bricole par-dessus la tête du cheval et placer le harnais en arrière du cheval.

Desseller, enlever la couverture et la placer en arrière du cheval.

VII. — Déharnacher le sous-verge de derrière.

Le cheval étant débridé : déboucler le colleron, déboucler la sous-ventrière, dessangler, enlever la couverture en la tirant vers l'arrière et la déposer sur celle du porteur ; dégager les traits de la courroie trousse-traits, les croiser sur le dos du cheval et reboucler la courroie trousse-traits. Détendre la longe de croupière et la reboucler, dégager la queue du culeron, relever l'avaloire sur la croupe, le bras du bas à plat sur le bras du haut.

Passer à droite du cheval, engager la dernière maille de la chaîne de bout de trait de droite dans le crochet de tête de trait.

Revenir à gauche du cheval, engager la dernière maille de la chaîne de bout de trait de gauche dans le crochet de tête de trait. Terminer comme pour le porteur.

VIII. — Ajustage des brides.

La bride de porteur est la même que celle du cheval de selle, elle doit être ajustée de la même manière.

La bride de sous-verge doit avoir les montants ajustés de manière que le mors porte sur la commissure des lèvres sans y produire de plis. La longe doit toujours être placée bien à plat sur la barbe du cheval.

QUESTIONNAIRE

Observation. — Même observation que celle donnée au questionnaire du n° 5.

Montrez-moi telle partie du harnachement.
Comment nomme-t-on ceci ?
A quoi cela sert-il ?
Démontez le dessus de cou et remontez-le.
Enlevez la plate-longe et replacez-la.
Démontez l'avaloire et remontez-la.
Démontez le surdos et remontez-le.
Qu'y a-t-il à faire avant de harnacher les chevaux ?
Comment est ajustée la bride de porteur ?
Comment doit être ajustée la bride de sous-verge ?

10. HARNACHER LES ATTELAGES DU MILIEU ET DE DEVANT. TRANSFORMER LES TRAITS. RELEVER LES TRAITS DES ATTELAGES HAUT-LE-PIED (1). AJUSTER LES HARNAIS (1).

I. — Harnacher l'attelage du milieu.

Les chevaux de l'attelage du milieu sont harnachés comme ceux de l'attelage de derrière; seule, la manière de fixer les traits par la courroie trousse-traits diffère. Elle est la suivante :

Déboucler la courroie trousse-traits, tendre les traits pour amener le crochet de tête de trait près de l'anneau double de longe de trait; les traits étant tendus, faire un demi-nœud avec les rallonges et le placer sur la courroie trousse-traits, engager la courroie dans la maille de l'extrémité libre des chaînes de bout de trait, en commençant par celle que l'on tient dans la main gauche, replier en deux la partie doublée de chaque rallonge sur la courroie trousse-traits, en commençant par celle de gauche; boucler la courroie en la serrant fortement.

II. — Harnacher l'attelage de devant.

Les chevaux de l'attelage de devant sont harnachés comme ceux de l'attelage du milieu, l'absence d'avaloire simplifie l'opération. Les traits sont relevés et fixés de la même manière.

III. — Transformer un trait de derrière en trait de devant.

Desserrer les deux ganses, qui forment une sorte de nœud droit vers le milieu du cordage, dégager la chaîne de bout de trait de celle de ces deux ganses qui s'en trouve la plus rapprochée et tirer sur la chaîne de bout de trait.

IV. — Transformer un trait de devant en trait de derrière.

Faire glisser la rallonge dans la ganse à son extrémité vers l'anneau du touret de manière à former une boucle

---

(1) A ne pas enseigner aux servants.

A, en ayant soin que la ganse reste rapprochée le plus possible de l'anneau du touret. Faire glisser la ganse à l'extrémité de la rallonge, vers l'anneau à piton, de manière à former une boucle B.

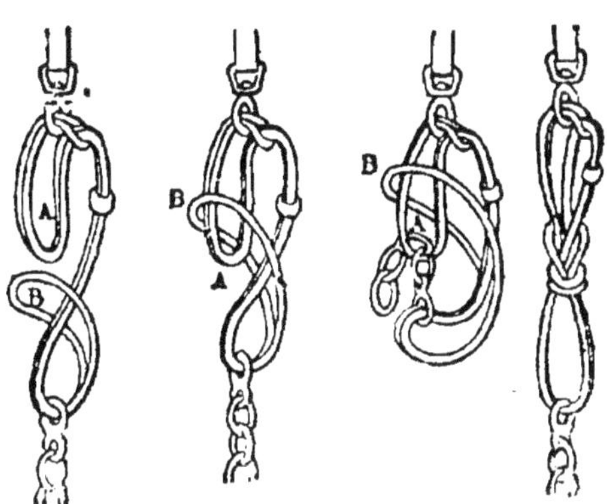

Engager la boucle A dans la boucle B. Passer ensuite dans la boucle A la chaîne de bout de trait. Tirer sur la chaîne pour serrer le cordage, de manière que le nœud se trouve à peu près au milieu de la rallonge ainsi raccourcie.

Nota. — Ce procédé peut être employé quand les avant-trains sont munis de ressorts de traction. Dans le cas où il donnerait encore des traits trop longs, on aura recours au procédé suivant :

Autre procédé : dégager complètement la rallonge de trait du touret et de la chaîne de bout de trait. La doubler dans toute sa longueur, en ayant soin de placer préalablement l'épissure au quart environ de la rallonge.

Introduire l'une des extrémités de la rallonge doublée dans le touret (1) en la faisant dépasser d'environ $0^m,20$ de manière à former une boucle A ; engager l'autre extrémité dans l'anneau à piton de la chaîne de bout de trait, de manière à former une boucle B.

Engager la boucle B dans la boucle A. Passer ensuite dans la boucle B la chaîne de bout de trait. Tirer sur la chaîne pour serrer le cordage, de manière que le nœud se trouve à peu près au milieu de la rallonge ainsi raccourcie.

Il conviendra d'ailleurs de laisser au chef de voiture la latitude de fixer les traits du porteur de derrière par la 4e, la 3e, la 2e, ou même, comme ceux du sous-verge, par la 1re maille de la chaîne de bout de trait, de façon à éviter que le cheval vienne heurter la branche de support lorsque les ressorts sont en extension.

(1) Avec une rallonge neuve, on peut éprouver quelque difficulté à passer les 4 brins dans le touret, il est souvent plus rapide d'échanger la rallonge avec celle d'un autre trait.

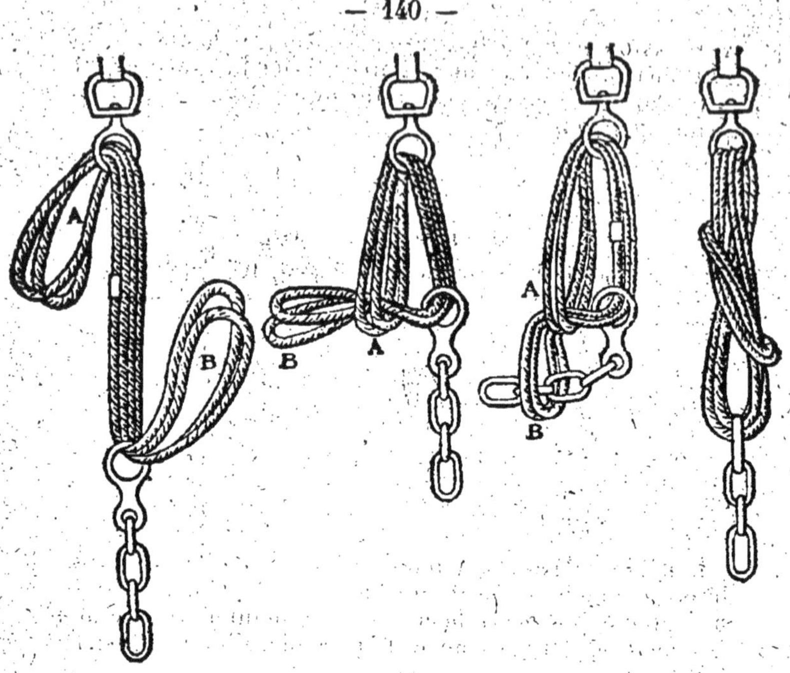

V. — Fixer les traits des attelages haut-le-pied.

La manière de relever et fixer les traits pour les attelages qui a été enseignée est celle qui est employée lorsque les attelages n'ont à parcourir que de petites distances avant d'être attelés ou après avoir été dételés. Lorsqu'un attelage garni doit au contraire exécuter une marche sans être attelé, les traits sont fixés de la manière suivante :

1° *Harnais de derrière.* — Transformer d'abord, s'il y a lieu, les traits de derrière en traits de devant. Tendre les traits pour amener le crochet tête de trait près de l'anneau double de longe de trait. passer l'extrémité de la rallonge de trait sous le bras du haut, près de la boucle d'avaloire; le ramener en avant en l'enroulant quatre ou cinq fois autour du trait en cuir et accrocher la dernière maille de la chaîne de bout de trait au crochet de tête de trait.

2° *Harnais de devant.* — Engager les boucleteaux de surdos dans les tourets de trait, ramener la rallonge de trait en avant en l'enroulant quatre ou cinq fois autour du trait en cuir et accrocher la dernière maille de la chaîne de bout de trait, au crochet tête de trait.

VI. — Ajuster les harnais.

Pour que la *bricole* soit bien ajustée, il faut qu'elle soit à peu près horizontale, son bord inférieur étant de quelques centimètres au-dessus de la pointe de l'épaule; on se règle sur la conformation du cheval.

Si la bricole est trop descendue, elle gêne le mouvement des épaules du cheval; si elle est trop remontée, elle peut comprimer les voies respiratoires, surtout lorsque le cheval baisse la tête pour monter ou pour tirer dans un terrain difficile.

Le bord intérieur du feutre de la bricole qui pose sur le poitrail doit toujours dépasser le bord extérieur, afin que l'épaule ne soit pas coupée par le tranchant du cuir.

La *sous-ventrière* doit être bouclée de manière que l'on puisse passer un doigt entre elle et la sangle.

Le *colleron* doit être ajusté de manière que, le cheval étant attelé, le timon soit horizontal.

Pour que l'*avaloire* soit bien ajustée, il faut que le bras du bas soit placé normalement à la partie du cheval située immédiatement au-dessous de la pointe de la fesse.

Si le bras du bas de l'avaloire est trop descendu, le cheval a moins de force pour arrêter ou pour faire reculer la voiture; s'il est trop remonté, il passe facilement au-dessus de la pointe de la fesse, blesse le cheval à la queue, le fait ruer, et n'est d'aucune efficacité dans les arrêts et dans les reculs.

La *plate-longe* doit être bouclée à l'avaloire, de manière à laisser au cheval une aisance suffisante dans ses mouvements.

QUESTIONNAIRE

Observation. — Même observation que celle donnée au questionnaire nº 5.

Que faut-il pour que la bricole soit bien ajustée?
Qu'arrive-t-il si elle est trop basse? trop haute?
Comment doit être ajustée la sous-ventrière?
Comment doit être ajusté le colleron?
Comment doit être placée l'avaloire?
Qu'arrive-t-il si le bras du bas est trop remonté? trop baissé?
Comment doit être ajustée la plate-longe?

11. METTRE LES COLLIERS D'ATTACHE. FIXER LES SACOCHES SUR LA SELLETTE. ENTRETIEN DU HARNACHEMENT (1).

1. — Mettre les colliers d'attache aux chevaux d'attelage.

1º *Porteurs.* — Opérer comme il a été enseigné pour le cheval de selle (nº 37).

2º *Sous-verge.* — Comme pour le porteur.

(1) Numéro à ne pas enseigner aux servants.

II. — Fixer les sacoches sur la sellette.

Placer les sacoches sur la sellette, l'évidement en avant, et les fixer par deux courroies de charge préalablement engagées, les boucleteaux en arrière, dans les crampons de sellette et entre les crampons, dans la passe en cuir du chapelet de sacoche, et par la courroie de brêlage de chaque quartier de sellette que l'on passe dans la chape fixée au bas du chapelet de sacoches, après seulement que le cheval a été sanglé; tendre cette courroie sans faire rebrousser l'extrémité du quartier (1).

III. — Entretien du harnachement.

Selle, sangles, couvertures, étriers. — Sont entretenus comme il a été dit au n° 7.

Brides. — La bride de porteur et celle du sous-verge sont entretenues comme il a été indiqué pour celle du cheval de selle au n° 34.

Sellette. — La sellette est entretenue comme la selle.

Harnais. — Dès que les chevaux ont reçu les soins nécessaires, le canonnier passe l'éponge humide sur tous les cuirs imprégnés de sueur et souillés par la poussière ou la boue. Laver au besoin avec l'éponge fortement mouillée, essuyer ensuite et frotter avec un chiffon de laine ou de drap, principalement le corps de bricole pour lui conserver toute sa souplesse.

Une fois par semaine, les divers effets de harnachement sont visités et nettoyés à fond. Toutes les parties en cuir sont lavées, puis frottées avec une pièce enduite de graisse Dubbing. Toutes ces parties doivent être souples.

Les parties en fer qui ne sont pas polies ni étamées sont légèrement graissées et doivent être exemptes de rouille.

Les parties en fer qui sont polies doivent être toujours très propres et entretenues avec la brique.

Les fleurons en cuivre, les bossettes sont nettoyées au tripoli.

QUESTIONNAIRE

Observation. — Même observation que celle du questionnaire n° 5.

Quels soins d'entretien doit-on prendre pour la selle, la sellette ?
Quels soins d'entretien doit-on prendre pour les couvertures ?
Quels soins d'entretien doit-on prendre pour les sangles ?
Quels soins d'entretien doit-on prendre pour les brides ?
Quels soins d'entretien doit-on prendre pour les harnais ?
Quand graisse-t-on les harnais ?
Quelles parties doivent être maintenues souples ?

---

(1) Lorsque la sellette porte les sacoches et que celles-ci sont garnies de leur chargement réglementaire, la sellette est mise en place et enlevée, comme une selle quand on harnache ou déharnache les chevaux.

12. LIVRET INDIVIDUEL. — LIVRET MATRICULE. — PLAQUE D'IDENTITÉ.

I. — Livret individuel.

Le livret individuel est un carnet qui est remis au canonnier après son arrivée au régiment et qui devient sa propriété. Sur ce livret sont inscrits divers renseignements, parmi lesquels se trouvent les suivants :

Etat civil et signalement;
Situation au point de vue militaire;
Campagnes, blessures, décorations;
Instruction générale et militaire;
Effets emportés par l'homme lors de son renvoi dans ses foyers.

Le livret renferme, en outre, des extraits des lois et règlements militaires; des renseignements au sujet des obligations qui incombent à l'homme dans ses foyers tant qu'il est soumis à la loi militaire; une nomenclature des crimes et délits militaires avec les peines qui leur sont applicables; des tableaux pour les visas de la gendarmerie en cas de changement de domicile ou de résidence.

Au livret se trouvent annexés :

Un billet d'hôpital qu'on n'utilise qu'en campagne;
Un fascicule servant à l'inscription de tous les effets et objets remis au canonnier pendant le cours de son service actif et desquels il est responsable;
Un fascicule qui est placé dans le livret au moment du renvoi du canonnier dans ses foyers, son service actif étant terminé. Ce fascicule, qui est en carton de couleur, se nomme « fascicule de mobilisation »; il indique d'une manière très claire ce que le canonnier a à faire en cas de mobilisation : à quel moment il doit se mettre en route, le point où il doit se rendre, les moyens à employer pour s'y rendre. Le canonnier n'a qu'à suivre exactement les indications qui lui sont données.

Le livret individuel doit pouvoir être présenté à toute réquisition de l'autorité militaire, judiciaire ou civile. Le canonnier qui se déplace soit pour le service, soit pour aller en permission ou congé, doit l'emporter avec lui.

Il lui sert en toute occasion de pièce d'identité et, par les renseignements qu'il renferme, il peut lui rendre de sérieux services.

Le canonnier qui perd son livret doit en rendre immédiatement compte à son capitaine. L'homme libéré du service actif doit, en cas de perte de son livret, prévenir immédiatement la gendarmerie.

II. — Livret matricule.

Le livret matricule est un livret qui reste au corps auquel l'homme est affecté. Il contient tous les renseignements qui peuvent être utiles à l'autorité militaire. Parmi ces renseignements figurent les suivants :

Etat civil et militaire de l'homme;
Signalement;
Corps et grades successifs;
Condamnations;
Campagnes, blessures, décorations;
Instruction générale et militaire;
Punitions subies;
Fiche médicale;
Effets emportés par l'homme au moment de son renvoi dans ses foyers;
Tableau des mesures de l'homme pour servir à l'habillement.

Au moment du renvoi de l'homme dans ses foyers le capitaine remplit l'état de notes placé sur la face interne de la couverture et indique en particulier ce que l'on peut attendre de l'homme à la mobilisation. Le livret, ainsi rempli, est conservé par la batterie si l'homme y reste affecté comme réserviste; si, au contraire, l'homme est affecté à un autre corps, le livret est envoyé à ce nouveau corps.

Le livret matricule constitue, comme on le voit, un état de renseignements complet au point de vue militaire.

III. — Plaque d'identité.

La plaque d'identité est une médaille en métal sur laquelle sont gravés : d'un côté, les nom et prénoms de l'homme et la classe à laquelle il appartient; de l'autre côté, le nom du bureau de recrutement duquel l'homme dépendait lors de son entrée au service et le numéro de l'homme au registre matricule de ce recrutement.

La plaque d'identité est confectionnée aussitôt après l'arrivée du canonnier au régiment.

Elle est destinée à être emportée en campagne. Elle est alors portée suspendue au cou par un cordon, sous la chemise. Elle permettrait d'identifier un blessé ou un mort ramassé sur le champ de bataille.

La plaque d'identité suit le livret matricule.

Le livret matricule et le livret individuel sont établis par le bureau de recrutement duquel l'homme dépend de par son domicile, au moment de son entrée au service. Ils sont la copie des renseignements contenus sur le registre matricule du recrutement. Ce registre matricule contient les noms de tous les jeunes gens de la sudivision de région soumis à la loi militaire, avec un numéro d'ordre.

Les livrets sont envoyés au corps quelques jours avant l'arrivée du jeune soldat.

Au moment du renvoi de l'homme dans ses foyers, il est envoyé au bureau de recrutement un extrait du contenu du livret matricule afin de permettre au recrutement de porter les renseignements qui y sont contenus sur son registre matricule.

Le recrutement est tenu au courant, par la gendarmerie, des déplacements successifs de l'homme dans ses foyers et en informe le corps auquel celui-ci est affecté.

L'homme a ainsi son dossier militaire établi en double : l'un au bureau de recrutement, l'autre à son corps.

QUESTIONNAIRE

Observations. — L'instructeur, pour cette instruction, fera prendre par chaque homme son livret individuel sur lequel il suivra les indications données L'instructeur demandera au bureau de la batterie plusieurs livrets matricules, plaques d'identité, fascicules de mobilisation. Ses explications seront ainsi plus facilement comprises.

Qu'est-ce que le livret individuel ?
Citez quelques-uns des renseignements qu'il contient ?
A quoi sert le billet d'hôpital ?
A quoi sert le fascicule d'inscription des effets ?
Qu'est-ce que le fascicule de mobilisation ?
Que contient-il ?
Le canonnier qui se déplace doit-il emporter son livret individuel ?
Que fait le canonnier s'il perd son livret ?
Que fait le réserviste qui perd son livret ?
Qu'est-ce que le livret matricule ?
Le canonnier l'a-t-il entre les mains ?
Quels renseignements contient-il ?
Que devient-il lorsque le canonnier est renvoyé dans ses foyers ?
Qu'est-ce que la plaque d'identité ?
Quels sont les renseignements qui y sont gravés ?
Comment est-elle portée ?
A quoi sert-elle ?
Qui établit les livrets individuels et matricules ?
Qu'est-ce que le registre matricule du recrutement ?

13. TENUE DE CAMPAGNE (1)

La tenue de campagne est celle que la troupe doit prendre au moment de la mobilisation.

Elle se porte en temps de paix pour les grandes manœuvres, pour certains exercices ou prises d'armes. Elle peut alors comprendre certaines modifications qui sont indiquées en temps voulu.

---

(1) Il sera enseigné : aux servants, le paragraphe I ; aux conducteurs, le paragraphe II ; aux élèves-brigadiers, les deux paragraphes.

I. — Homme non monté (1).

(*Maître-pointeur, ouvrier mécanicien ou en bois, servant, bourrelier.*)

En tenue de campagne, l'homme non monté a sur lui les effets ou objets ci-après :

Une plaque d'identité, suspendue au cou, sous la chemise ;
Une ceinture de flanelle, portée directement sur le ventre ;
Une chemise ;
Un caleçon ;
Un pantalon de drap, soutenu par des bretelles ;
Une paire de brodequins ;
Une cravate ;
Une veste en drap, contenant : dans la poche intérieure droite, un paquet individuel de pansement (aucun autre objet ne doit être placé dans cette poche, dont le bord devra être fermé par une couture à grands points, faite par l'homme lorsqu'il y aura placé le paquet de pansement); dans la poche intérieure de gauche, un couvre-nuque;
Un képi ;
Un ceinturon, supportant le *sabre-baïonnette* et *deux cartouchières*, l'une placée en arrière, l'autre en avant, du côté droit, contenant chacune deux chargeurs de trois cartouches.
Un étui-musette, contenant : *un quart*, *une cuiller*, *un repas froid*, porté en sautoir de l'épaule droite à la hanche gauche; la sangle engagée sous la patte d'épaule droite de la veste, est ajustée de manière que le haut de l'étui-musette se trouve un peu au-dessus de la pointe de la hanche, le haut du bord antérieur à un travers de main à gauche de la ligne des boutons de la veste ;
Un bidon, porté en sautoir de l'épaule droite à la hanche gauche, par-dessus l'étui-musette; la courroie est fixée au bidon de telle sorte que le bouton double se trouve près du petit goulot ; elle est engagée, la boucle en avant, sous la patte d'épaule droite de la veste; elle est ajustée de manière que le corps du bidon repose sur l'étui-musette en arrière de la hanche gauche, le grand goulot du côté de la hanche, le milieu du bidon à hauteur de ceinture ;
Un mouchoir de poche, dans la poche gauche du pantalon ;
Un mousqueton, muni de sa bretelle.

Les autres effets ou objets que l'homme emporte en campagne sont placés dedans ou sur son havresac, ainsi qu'il sera expliqué plus tard (n° 44).

---

(1) Voir, à la fin du numéro, les dispositions spéciales aux batteries montées de 75 en Afrique.

DISPOSITIONS ÉVENTUELLES.

Par temps froid ou pluvieux, l'homme peut porter sur lui la capote. Cet effet est endossé par-dessus la veste, les pans sont relevés et fixés aux boutons inférieurs des pattes de poche. L'étui-musette et le bidon sont placés sur la capote. Cependant, si celle-ci n'est revêtue que momentanément, elle peut être endossée par-dessus ces objets.

Par temps chaud, loin de l'ennemi, l'homme peut porter le pantalon de treillis en remplacement du pantalon de drap, lequel est alors placé dans le havresac.

Dans certains cas, la capote peut être portée en sautoir de l'épaule gauche à la hanche droite, comme il a été dit au n° 30.

II. — Homme monté (1).

(*Sous-officiers, brigadiers, trompettes, maréchaux ferrants, ordonnances, conducteurs.*)

En tenue de campagne, l'homme monté a sur lui les effets ou objets ci-après :

Une plaque d'identité, suspendue au cou, sous la chemise;

Une ceinture de flanelle, portée directement sur le ventre;

Une chemise;

Un caleçon;

Une culotte de drap, soutenue par des bretelles;

Une paire de brodequins;

Une paire de jambières;

Une paire d'éperons à la chevalière;

Une cravate;

Une veste en drap, contenant : dans la poche intérieure droite, un paquet individuel de pansement (aucun autre objet ne doit être placé dans cette poche dont le bord devra être fermé par une couture à grands points, faite par l'homme lorsqu'il y aura placé le paquet de pansement); dans la poche intérieure gauche, un couvre-nuque;

Un képi;

Un ceinturon avec bélière, seulement pour les hommes montant un cheval de selle;

Un étui de revolver contenant le revolver fixé à la lanière et douze cartouches; l'étui de revolver est porté en sautoir de l'épaule gauche à la hanche droite, en arrière de laquelle il vient reposer à plat; la banderole engagée sous la patte gauche de la veste est ajustée sans s'occuper de la place qu'occupe la boucle, à une longueur telle que

(1) Voir, à la fin du numéro, les dispositions spéciales aux batteries montées en Afrique.

le dessus de la passe de l'étui se trouve à deux ou trois doigts au-dessus de la pointe de la hanche. La ceinture est bouclée de manière que la boucle se trouve sur la ligne des boutons de la veste entre les deux premiers;

Un étui-musette, contenant : *un quart*, *une cuiller*, *un repas froid*, porté en sautoir de l'épaule droite à la hanche gauche; la sangle, engagée sous la patte d'épaule droite de la veste, est ajustée de manière que le haut de l'étui-musette se trouve un peu au-dessus de la pointe de la hanche, le haut du bord antérieur à un travers de main à gauche de la ligne des boutons de la veste;

Un bidon porté en sautoir de l'épaule droite à la hanche gauche, par-dessus l'étui-musette; la courroie est fixée au bidon de telle sorte que le bouton double se trouve près du petit goulot; elle est engagée, la boucle en avant, sous la patte d'épaule droite de la veste; elle est ajustée de manière que le corps du bidon repose sur l'étui-musette en arrière de la hanche gauche, le grand goulot du côté de la hanche, le milieu du bidon à hauteur de ceinture;

Un mouchoir de poche, dans la poche gauche de la culotte.

Les autres effets ou objets ou effets que l'homme emporte en campagne sont placés ainsi qu'il sera expliqué plus tard (n° 44).

DISPOSITIONS ÉVENTUELLES.

A cheval, l'homme monté immobilise l'étui-musette et le bidon en bouclant la ceinture de revolver par-dessus le brin antérieur de la sangle de l'étui-musette et la partie postérieure de la courroie du bidon.

Par temps froid ou pluvieux, l'homme peut porter sur lui le manteau. Cet effet est endossé par-dessus la veste, l'étui de revolver, l'étui-musette et le bidon. A cheval, la fente postérieure est déboutonnée. Pour les marches, les pans sont relevés et fixés aux boutons extrêmes de la martingale.

Par temps chaud et à pied, loin de l'ennemi, l'homme peut porter le pantalon de treillis en remplacement de la culotte; cet effet est alors placé dans le havresac.

Dans certains cas, le manteau peut être porté en sautoir de l'épaule droite à la hanche gauche, comme il a été dit au n° 30.

III. — Dispositions spéciales aux batteries en Afrique.

Tout homme est porteur d'une ceinture de laine portée sur la chemise, sous le caleçon.

Par temps chaud, l'homme peut porter le bourgeron en remplacement de la veste de drap, laquelle est alors placée dans le paquetage.

QUESTIONNAIRE

POUR LES SERVANTS ET ÉLÈVES BRIGADIERS.

Quels sont les effets ou objets que le servant a sur lui en tenue de campagne ?
Où sont placées les cartouchières ?
Que contiennent-elles ?
Que doit-il y avoir dans les poches intérieures de la veste ?
Que contient l'étui-musette ?
Comment est-il porté et ajusté ?
Quand l'homme doit revêtir la capote, comment porte-t-il cet effet ?

POUR LES CONDUCTEURS ET ÉLÈVES BRIGADIERS.

Quels sont les effets ou objets que le servant a sur lui en tenue de campagne ?
Que contient l'étui de revolver ?
Que contient l'étui-musette ?
Comment est-il porté et ajusté ?
Comment est porté et ajusté le bidon ?
Que doit-il y avoir dans les poches intérieures de la veste ?
Comment le manteau est-il porté à cheval lorsque l'homme doit le revêtir ?
Comment le manteau est-il porté à pied lorsque l'homme doit le revêtir ?

Observation. — Instruction surtout pratique. Faire venir fréquemment les hommes à l'instruction dans la tenue que l'on indiquera : tenue de campagne normale, modifiée par le port du treillis, du manteau en sautoir, etc.

11. — PAQUETAGE DE CAMPAGNE

I. — Homme non monté (1).

(Maître-pointeur, ouvrier mécanicien et en bois, servant, bourrelier.)

Les effets ou objets que l'homme non monté emporte en campagne et qu'il n'a pas directement sur lui sont placés à l'intérieur ou à l'extérieur de son havresac et constituent son paquetage.

Faire le paquetage, c'est disposer les effets ou objets à l'intérieur ou sur le havresac, dans les conditions qui ont été reconnues les meilleures pour la conservation de ces effets et la meilleure utilisation de la place dont on dispose.

(1) Voir, à la fin du numéro, les dispositions spéciales aux batteries montées en Afrique. De ce numéro il sera enseigné : aux servants le paragraphe I, aux conducteurs les paragraphes II à VI, l'ensemble du numéro aux élèves-brigadiers.

Le havresac doit être muni d'une étiquette en toile, portant le nom et le numéro matricule de son détenteur, cousue sur la face opposée à la patelette, au milieu et le long du bord supérieur.

Le havresac préalablement brossé intérieurement et extérieurement, ayant ses courroies cirées à la cire, est placé à plat et ouvert sur une table ou sur le sol. Y placer alors dans l'ordre suivant :

A plat sur le fond du havresac, de manière à former une sorte de matelas : *un mouchoir*, plié en quatre ; *une chemise*, pliée de façon à couvrir complètement et également la surface intérieure du sac et placée le dos en dessus ;

Contre le bas du sac : *deux sachets de pain de guerre*, garnis chacun de six galettes, disposés ligature contre ligature ; *un caleçon*, roulé de la largeur du sac, placé au-dessus du pain de guerre.

Contre le haut du sac : *une paire de brodequins*, disposés le dessus l'un contre l'autre, les talons opposés, les quartiers rabattus sur les semelles, et renfermant, l'un : *un morceau de savon* et *une trousse garnie* dans laquelle on place les *lacets de rechange* et *une ficelle* pour le nettoyage de l'arme ; l'autre : *une brosse à habits* (1) et une *brosse pour armes* ou *une boîte à graisse* (2) et *une brosse double* et des *chiffons* pour le nettoyage de l'arme ; en outre pour les hommes désignés par le chef de pièce, *un nécessaire d'armes* ;

Dans l'espace disponible : *un pantalon de treillis*, roulé de la largeur du sac ; *deux courroies de manteau* ;

A plat au-dessus du pantalon de treillis et du caleçon : *une serviette* pliée aux dimensions convenables ;

Au-dessus des brodequins : *un bonnet de police*.

Fermer ensuite le compartiment intérieur du sac en bouclant les courroies et en nouant les lanières.

Puis, sur le sac ainsi fermé, étendre, en le plaçant le plus haut possible, *un bourgeron-blouse* plié en carré d'une dimension un peu inférieure à celle de la patelette.

Dans la poche de la patelette, introduire : le *livret individuel*.

Nouer les lanières qui ferment la poche, puis rabattre la patelette et boucler ses trois contre-sanglons dont on rentre les bouts en les engageant une seconde fois dans les passants fixes, entre le sac et le contre-sanglon.

Placer ensuite le sac verticalement, déboucler les courroies de charge et procéder au chargement extérieur du havresac.

Fixer sur le dessus du havresac la *capote*, en procédant de la manière suivante : la capote étant roulée comme il a été enseigné au n° 30, la replier sur elle-même en trois,

(1) Envelopper la brosse à habits dans un chiffon propre.

(2) La boîte à graisse doit contenir : d'un côté, de la graisse pour armes avec chiffon gras ; de l'autre, de la graisse pour chaussures.

le bord libre du portefeuille à l'extérieur de chaque pli, pour former une spirale à spires aplaties. Placer ensuite l'effet ainsi préparé à plat sur le dessus du havresac, le gros pli à gauche, l'ouverture du portefeuille tournée vers le bas, et le fixer avec les deux courroies latérales de charge que l'on serre fortement en amenant la boucle sur le milieu du vêtement ; rouler les extrémités libres de ces courroies.

Au-dessus de la capote et à l'aplomb du milieu du sac, placer *une gamelle individuelle*, le couvercle en dessus et la chaînette en avant, après y avoir enfermé le *pain* destiné au repas du soir. La maintenir avec le bout libre de la grande courroie de charge que l'on fait passer par dessus le couvercle en traversant les deux anses et l'anneau. Serrer fortement et rentrer l'extrémité de la courroie sous la capote.

Dispositions éventuelles.

Lorsqu'un homme non monté a en consigne un *sac à distribution*, il place cet objet sous la patelette du havresac.

Lorsqu'un homme non monté a en consigne *un moulin à café*, il place dans son étui-musette le pain qui devrait être enfermé dans la gamelle individuelle. Celle-ci est placée sur le haut du chargement du havresac en disposant toutefois le couvercle sous le fond de la gamelle, l'anneau en dessous, la chaînette en avant. Le moulin à café fermé, contenant sa manivelle, est introduit dans la gamelle, où il est calé avec des chiffons, le couvercle en dessus. Le tout est fixé avec la grande courroie de charge engagée dans les anses de la gamelle et dans celle du moulin, en passant sur la tête carrée de l'arbre.

Lorsque l'homme porte la capote déroulée sur lui, la gamelle est fixée reposant directement sur le dessus du havresac.

Lorsque l'homme doit porter la capote en sautoir, il retire de son havresac les deux courroies de manteau qui lui sont nécessaires pour former le fer à cheval.

Lorsque l'homme doit porter le pantalon de treillis, il place dans son havresac son pantalon de drap retourné et convenablement plié.

II. — Homme monté conducteur à la Daumont (1).

Les effets ou objets que le conducteur d'attelage à la Daumont emporte en campagne sont placés :

1° Dans un sac d'homme monté;
2° Dans les sacoches portées par le sous-verge;
3° Sur la selle.

---

(1) Voir, à la fin de ce numéro, les dispositions spéciales aux batteries montées d'Afrique.

Cet ensemble constitue son paquetage.

Faire le paquetage, c'est disposer les effets ou objets dans le sac d'homme monté, les sacoches et sur la selle de la manière qui a été reconnue la meilleure pour la conservation de ces effets ou objets et l'utilisation de la place dont on dispose.

1° Sac d'homme monté.

Le sac d'homme monté doit être muni d'une étiquette en toile, portant le nom et le numéro matricule du détenteur, cousue sur la face extérieure de la patelette entre les deux contre-sanglons de fermeture.

Avant de le garnir, le retourner pour le brosser.

Préparer d'abord les effets ou objets qui doivent trouver place dans le sac comme suit :

Une paire de brodequins; introduire dans l'un d'eux *un morceau de savon* et *une trousse garnie* dans laquelle on place *une paire de lacets de rechange* et *une clef à crampons à pointe;* dans l'autre, *une brosse à habits* enveloppée de chiffons et *une brosse pour armes,* ou bien *une boîte à graisse* (1) et *une brosse double*, puis des *chiffons* pour le nettoyage de l'arme; en outre, pour les hommes désignés par le chef de pièce, *un nécessaire d'armes*. Rabattre ensuite les quartiers sur les semelles, disposer les deux brodequins les dessus l'un contre l'autre, les talons opposés.

Un bourgeron et *un pantalon de treillis*, roulés ensemble de manière à faire un rouleau d'une longueur de 25 centimètres environ.

Un mouchoir et *un caleçon* roulés dans *une chemise*, de manière à former un second rouleau de même longueur.

Le sac étant alors tenu verticalement, la patelette ouverte et rabattue du côté opposé à l'homme, introduire : les brodequins dans le petit compartiment du sac, les deux rouleaux côte à côte dans le grand compartiment, en les plaçant verticalement. Puis engager *un bonnet de police* entre l'une des parois du sac et les deux rouleaux.

Placer à plat, au-dessus des deux rouleaux, une *serviette* pliée aux dimensions du grand compartiment, et achever de remplir celui-ci avec *un sac à avoine* roulé à la longueur convenable.

Mettre le *livret individuel* dans la poche de la patelette et boutonner cette poche.

Rabattre les bords libres des flancs du sac sur le chargement, puis fermer le sac en rabattant la patelette et en bouclant les deux contre-sanglons.

---

(1) La boite à graisse doit contenir : d'un côté, de la graisse pour armes avec chiffons gras; de l'autre, de la graisse à chaussures

2° Sacoches.

La paire de sacoches comprend :

Les sacoches ;
Une courroie de pommeau ;
Deux courroies d'intérieur de sacoches ;
Deux courroies de charge.

En principe, les sacoches sont portées par le sous-verge. Elles peuvent n'être fixées sur la sellette qu'après avoir été garnies.

Elles sont munies d'une étiquette en toile portant le nom et le numéro matricule de l'homme et placée en fourreau autour du boucleteau inférieur de la sacoche qui doit se trouver à gauche sur la sellette.

Les courroies d'intérieur de sacoche sont simplement engagées dans les deux mortaises du chapelet, et bouclées à l'intérieur des sacoches.

La courroie de pommeau est engagée dans le passant fixe du chapelet et bouclée autour de la partie la plus étroite de celui-ci, la boucle sur le dessus.

Les sacoches sont fixées sur la sellette comme il a été enseigné au n° 41.

La sacoche droite est celle qui, une fois les sacoches mises en place sur la sellette, se trouve à droite du sous-verge.

Garnir la sacoche gauche. — Au fond de la sacoche, contre le chapelet, placer *deux sachets de pain de guerre* garnis chacun de six galettes, fermés par leur ligature ; à côté placer *une corde à fourrage* sommairement roulée sur la main et le coude, arrêtée en son milieu par un demi-nœud puis repliée en deux ; au-dessus, disposer *deux surfaix* de couverture.

Sur le tout, placer *une gamelle individuelle*, le couvercle en dessus, après y avoir introduit le pain destiné au repas du soir.

Garnir la sacoche droite. — Au fond de la sacoche, placer *une musette* de pansage renfermant *une étrille* et *une brosse en soie* appliquées l'une contre l'autre, *un torchon serviette*, *une paire de brides* et *sous-pieds d'éperons* de rechange.

Au-dessous, introduire successivement *deux longes en chaîne*, *deux musettes-mangeoires* et *une éponge*.

Une fois chaque sacoche garnie, boucler la courroie supérieure de sacoche en engageant son contre-sanglon et son boucleteau dans les passants de la sacoche. Rabattre le recouvrement et le boucler, puis, par-dessus le recouvrement, boucler la courroie inférieure de sacoche.

Boucler les courroies de charge en les serrant fortement et en amenant leurs boucles à l'aplomb de celles des courroies inférieures de sacoche.

Engager les extrémités de toutes les courroies dans les passants coulants convenablement placés.

Lorsque le cheval aura été sanglé seulement, on bouclera les courroies de brêlage des sacoches de la sellette dans les chapes inférieures des sacoches.

3° Selle.

Le manteau roulé est fixé sur les pointes d'arçon de la selle au moyen des courroies de manteau et des courroies de paquetage comme il a été enseigné au n° 30.

Dispositions éventuelles.

Lorsque l'homme doit revêtir le manteau, il place les courroies de manteau et de paquetage dans la sacoche droite, sous les musettes.

S'il doit porter le manteau en sautoir, il place les courroies de paquetage seules de la même manière.

Si l'homme a en consigne un seau d'abreuvoir, il le place à plat sur la sacoche droite, le fond tourné vers l'extérieur en le fixant avec la courroie de charge qui passe entre le fond du seau et le croisillon.

Si, pour une raison quelconque (blessure, fatigue), les sacoches ne peuvent être placées sur le sous-verge, elles sont alors mises en place sur la selle comme il a été enseigné au n° 37. Leur changement doit alors être interverti, la sacoche droite devenant, par suite du placement sur la selle, sacoche gauche.

III. — Homme monté pourvu d'un cheval de selle.

(*Sous-officier, brigadier, trompette, aide-maréchal monté.*)

Le paquetage de l'homme monté pourvu d'un cheval de selle est constitué :

1° Par le sac d'homme monté;
2° Par la selle.

1° Sac d'homme monté.

Le chargement du sac d'homme monté est le même que celui indiqué pour le conducteur à la Daumont. Seule la clef à crampons à pointe est remplacée par une clef à crampons à taraud.

2° Selle.

Sur la selle, les sacoches sont fixées comme il a été enseigné au n° 37.

La sacoche droite reçoit une étiquette comme il a été indiqué pour la sacoche gauche du conducteur à la Daumont.

Les sacoches sont garnies comme il a été dit pour le conducteur à la Daumont, avec les différences suivantes :

Sacoche gauche. — N'y placer qu'un *surfaix* et, pour les chefs de pièce seulement, y mettre un *couteau à ouvrir les boîtes de conserve.*

Sacoche droite. — N'y placer qu'une *longe* en chaîne et une *musette-mangeoire* (1); dans la musette de pansage, les sous-officiers mettent une *paire de ciseaux de pansage.*

Le *manteau* est placé comme il a été enseigné au n° 30 ; le *sabre* est fixé à la selle comme il a été enseigné au n° 37.

Dispositions éventuelles.

Pour ce qui concerne le manteau et le seau d'abreuvoir, mêmes dispositions éventuelles que celles indiquées pour le conducteur à la Daumont.

En outre, si l'homme a en consigne une cisaille, il la place, enfermée dans son étui, à l'extérieur et en avant de la sacoche gauche, le boucleteau inférieur de sacoche passé dans le passant de l'étui sous ce dernier, la courroie de charge passée sur la partie inférieure de l'étui.

IV. — Homme monté pourvu d'un attelage en guides.

(*Conducteur de fourragère, voiture à viande, fourgons, voiture médicale.*)

Le paquetage de l'homme monté pourvu d'un attelage en guides est constitué par :

1° Un sac d'homme monté ;
2° Un sac à avoine ;
3° Le manteau ;
4° Un ballot de couvertures ;
5° Les ferrures.

1° Sac d'homme monté.

Le chargement du sac d'homme monté est le même que celui indiqué pour le conducteur à la Daumont. Seul le sac à avoine n'est pas placé dans ce sac.

2° Sac à avoine.

L'homme enferme dans le sac à avoine :

Deux sachets de pain de guerre, garnis de six galettes ;

(1) Pour les chevaux de selle marchant avec une voiture attelée en guides, la musette-mangeoire est retirée de la sacoche; elle est garnie de 2 kilogrammes d'avoine et remise au conducteur de la voiture.

Une corde à fourrage, sommairement pliée;

Les surfaix de couverture, sauf un;

Une musette de pansage, garnie comme celle du conducteur à la Daumont;

Les longes en chaîne;

Une gamelle individuelle, contenant le pain destiné au repas du soir et dont le couvercle est maintenu par une ficelle attachée aux anses.

Les *musettes-mangeoires* des chevaux de l'attelage et aussi celles des chevaux de selle rattachés à la voiture, chaque musette contenant 2 kilogrammes d'avoine.

Le sac à avoine ainsi garni est solidement ficelé à environ deux travers de main de son ouverture. Il est muni d'une étiquette en toile portant le nom et le numéro matricule du détenteur, cousue à environ 40 centimètres du bord inférieur.

3° Manteau.

Le manteau est préparé comme pour être porté en sautoir, mais il est placé sur la voiture. Une des courroies porte en fourreau une étiquette en toile indiquant le nom et le numéro matricule du détenteur.

4° Ballot de couvertures.

Plier les couvertures des chevaux en deux, liteaux contre liteaux, les rouler en un seul ballot et les attacher avec un surfaix.

5° Ferrures.

Former un paquet avec les ferrures des chevaux de l'attelage, et, s'il y a lieu, des chevaux de selle rattachés à la voiture, en procédant de la façon suivante :

Appliquer les deux fers antérieurs de la ferrure d'un cheval l'un sur l'autre, tournés dans le même sens; appliquer de même l'un sur l'autre les deux fers postérieurs de la même ferrure, puis placer ces deux couples de fers l'un sur l'autre, tournés en sens contraires, les pinçons de l'un entre les éponges de l'autre et dirigés vers l'intérieur. Réunir les quatre fers par deux liens en corde ou en fil de fer passés dans les étampures qui se correspondent le mieux.

Empiler toutes les ferrures ainsi préparées l'une sur l'autre, introduire dans la cavité centrale les *clous* et *crampons* (40 clous et 32 crampons par cheval) enveloppés dans des chiffons et maintenir le tout avec une corde et des chiffons.

Disposition éventuelle.

Lorsque l'homme doit revêtir le manteau, il place les deux courroies de manteau dans le sac à avoine.

V. — Homme monté muni d'un havresac (1).

(Conducteurs non montés, aide-maréchal non monté.)

Le paquetage de l'homme monté muni d'un havresac est placé à l'intérieur et sur ce havresac.

Le havresac doit être muni d'une étiquette en toile, portant le nom et le numéro matricule du détenteur ; elle est cousue sur la surface opposée à la patelette, au milieu et le long du bord supérieur.

Le havresac, préalablement brossé intérieurement et extérieurement, ayant ses courroies cirées à la cire, est placé à plat et ouvert sur une table ou sur le sol. Y placer alors dans l'ordre suivant :

A plat sur le fond du havresac, de manière à former une sorte de matelas : *un mouchoir*, plié en quatre ; *une chemise*, pliée de façon à couvrir complètement et également la surface intérieure du sac et placée le dos en dessus ;

Contre le bas du sac : *deux sachets de pain de guerre*, garnis chacun de six galettes, disposés ligature contre ligature ; *un caleçon*, roulé de la largeur du sac, placé au-dessus du pain de guerre ;

Contre le haut du sac : *une paire de brodequins*, disposés les dessus l'un contre l'autre, les talons opposés, les quartiers rabattus sur les semelles, et renfermant, l'un : *un morceau de savon* et *une trousse garnie* dans laquelle on place *une paire de lacets de rechange*, mais pas de clef à crampons ; l'autre : *une brosse à habits* et *une brosse pour armes*, ou *une boîte à graisse* et *une brosse double*, et des *chiffons* pour le nettoyage de l'arme ;

Dans l'espace disponible : *un pantalon de treillis*, roulé de la largeur du sac ; *deux courroies de manteau ;*

A plat, au-dessus du pantalon de treillis et du caleçon *une serviette* pliée aux dimensions convenables et, au-dessus des brodequins, *un bonnet de police*.

Fermer ensuite le compartiment intérieur du sac en bouclant les courroies et en nouant les lanières.

Puis, sur le sac ainsi fermé, étendre, en le plaçant le plus haut possible, *un bourgeron-blouse*, plié en carré d'une dimension un peu inférieure à celle de la patelette.

Dans la poche de la patelette, introduire : le *livret individuel* et *une paire de brides* et de *sous-pieds d'éperons* de rechange.

Nouer les lanières qui ferment la poche, puis rabattre la patelette et boucler ses trois contre-sanglons dont on rentre les bouts en les engageant une seconde fois dans les passants fixes, entre le sac et le contre-sanglon.

Placer ensuite le sac verticalement, déboucler les cour-

(1) Voir, à la fin de ce numéro, les dispositions spéciales aux batteries montées en Afrique.

roies de charge et procéder au chargement extérieur du havresac.

Fixer sur le dessus du havresac le *manteau* en procédant de la manière suivante : le manteau ayant été roulé comme il a été enseigné au n° 30, le replier sur lui-même en trois, le bord libre du portefeuille à l'extérieur de chaque pli, pour former une spirale à spires aplaties. Placer ensuite l'effet ainsi préparé à plat sur le dessus du havresac, le gros pli à gauche, l'ouverture du portefeuille tournée vers le bas, et le fixer avec les deux courroies latérales de charge que l'on serre fortement en amenant la boucle sur le milieu du vêtement ; rouler les extrémités libres de ces courroies.

Au-dessus du manteau et à l'aplomb du milieu du sac, placer *une gamelle individuelle*, le couvercle en dessus et la chaînette en avant, après y avoir enfermé le *pain* destiné au repas du soir. La maintenir avec le bout libre de de la grande courroie de charge que l'on fait passer pardessus le couvercle en traversant les deux anses et l'anneau. Serrer fortement, et rentrer l'extrémité de la courroie sous le manteau.

DISPOSITIONS ÉVENTUELLES.

Lorsque l'homme porte le manteau sur lui, la gamelle est fixée reposant directement sur le dessus du havresac.

Lorsque l'homme doit porter le manteau en sautoir, il retire de son havresac les deux courroies de manteau qui lui sont nécessaires pour former le fer à cheval.

Lorsque l'homme doit porter le pantalon de treillis, il place dans son havresac sa culotte retournée et convenablement pliée.

VI. — Ordonnances d'officiers.

Tous les ordonnances d'officier sont pourvus d'un havresac, lequel est garni intérieurement comme il a été indiqué pour l'homme monté muni d'un havresac. Toutefois, la trousse contient, en plus, *une clef à crampons à taraud*.

Les ordonnances ont, en outre, à placer dans le paquetage *une musette de pansage* garnie, *une corde à fourrage*, *un sac à avoine*.

Pour les ordonnances des officiers n'ayant qu'un cheval, ces objets sont placés comme suit :

Replier la partie inférieure de la musette de pansage sur une hauteur de 15 centimètres environ ; contre le pli ainsi formé, introduire *une brosse en soie* et *une étrille* piquées l'une sur l'autre, puis, à côté, *une éponge* enveloppée dans *un torchon-serviette* plié en quatre parallèlement à sa longueur ; fermer ensuite la musette en rabattant la partie supérieure restée libre sur la partie inférieure.

Introduire au fond du sac à avoine étendu à plat, le long d'une de ses coutures latérales, la musette de pansage préparée comme il vient d'être dit, et, contre celle-ci, la corde à fourrage sommairement roulée entre le coude et la main, puis fermer le sac à avoine. A cet effet replier sur elle-même la partie entièrement libre qui se trouve du côté de l'ouverture, rabattre sur la partie inférieure la partie doublée, puis rouler l'excédent de largeur du sac autour du paquet formé par la corde à fourrage et les effets de pansage.

Placer ensuite le sac à avoine ainsi préparé à plat sur le dessus du havresac et par-dessus le manteau, puis enfin la gamelle individuelle en se servant de courroies de charge comme il a été indiqué pour le chargement extérieur du havresac de l'homme monté muni d'un havresac.

Les ordonnances d'officier ayant deux chevaux montent le deuxième cheval de l'officier. Ils font leur havresac comme celui de l'homme monté pourvu d'un havresac et placent dans le sac à avoine la musette de pansage garnie, la corde à fourrage et les objets de harnachement des chevaux que ceux-ci n'auraient pas sur eux. Le sac à avoine ainsi chargé est placé sur les voitures à côté du havresac comme il sera expliqué plus loin.

VII. — Dispositions spéciales aux batteries montées en Afrique.

1° Hommes munis d'un havresac.

Ces hommes sont également pourvus d'une petite couverture de campement qui doit être placée sur le havresac. A cet effet, préparer la couverture de la manière suivante : l'étendre à plat, la plier en trois, parallèlement au grand côté pour former un rectangle d'environ 35 centimètres de large, ayant la longueur de la couverture ; à partir d'un des petits côtés de ce rectangle, faire une série de plis alternés, distants d'environ 20 centimètres, de manière à disposer la couverture en accordéon. Elle est ensuite chargée à plat sur la capote ou le manteau, maintenue par les deux courroies latérales de charge. La gamelle est ensuite placée sur la couverture et maintenue par la grande courroie de charge.

Lorsque l'homme porte le bourgeron en remplacement de la veste en drap, il place celle-ci à plat sous la patelette du havresac, après l'avoir convenablement pliée, la doublure à l'extérieur.

2° Hommes munis d'un sac d'homme monté.

Lorsque l'homme porte le bourgeron en remplacement de la veste en drap, il place celle-ci convenablement pliée dans le sac d'homme monté, en remplacement du bourgeron et du pantalon de treillis ; ce dernier est placé à plat sous la patelette.

QUESTIONNAIRE.

Servants et élèves brigadiers.

Par quoi est constitué le paquetage de l'homme non monté?
Que doit-on mettre à l'intérieur du havresac?
Que doivent renfermer les brodequins?
Que met-on sous la patelette?
Que met-on dans la poche de la patelette?
Où se place la gamelle et comment?
Que contient-elle?
Que fait l'homme s'il est détenteur d'un moulin à café?
Que fait l'homme s'il est détenteur d'un sac à distribution?
Que fait l'homme s'il doit revêtir la capote?
Que fait l'homme s'il doit revêtir le pantalon de treillis?
Comment l'homme reconnaît-il son paquetage?
Où est votre livret individuel?
Qu'y a-t-il dans votre boîte à graisse?
Qu'avez-vous mis dans votre trousse?
Combien avez-vous de galettes de pain de guerre?
Avec quoi nettoierez-vous votre arme?

Conducteurs et élèves brigadiers.

Par quoi est constitué le paquetage du conducteur à la Daumont?
Comment prépare-t-on les brodequins pour le paquetage?
Que doit contenir le sac d'homme monté?
Que met-on dans la poche de la patelette?
Où met-on le sac à avoine?
Quels sont les effets que l'homme place dans la sacoche gauche?
Où se mettent les effets de pansage?
Que contient la gamelle, où se place-t-elle?
Où place-t-on les sacoches?
Quand les place-t-on sur la sellette?
Peut-on les placer sur la selle? Que faut-il faire alors?
Comment le conducteur reconnaît-il son paquetage?
Que place-t-il sur la selle?
Par quoi est constitué le paquetage de l'homme monté pourvu d'un cheval de selle?
Que contient le sac d'homme monté?
Que contiennent les sacoches?
Quel est le chargement complet de la selle?
Où se met le seau en toile si l'homme en a un en consigne?
Que fait l'homme monté s'il doit porter le manteau?
Par quoi est constitué le paquetage du conducteur en guides?
Où met-il ses effets de pansage?
Où met-il sa gamelle, les sachets de pain de guerre?
Que fait-il des couvertures de ses chevaux?
Que fait-il des ferrures de ses chevaux?
Comment transporte-t-il son manteau?
Par quoi est constitué le paquetage de l'homme monté non pourvu de cheval?
Que place-t-il d'abord dans son havresac?
Que contiennent les brodequins?
Quels sont les autres effets placés à l'intérieur du havresac?
Où se place le manteau?
Où se place la gamelle, que contient-elle?
Comment l'homme reconnaît-il son paquetage?
Que fait l'homme s'il doit revêtir le pantalon de treillis?

Que fait l'homme s'il doit revêtir le manteau?
Où le canonnier-ordonnance place-t-il ses effets de pansage?
Que contient son havresac?
Où est votre livret individuel?
Que contient votre trousse?
Qu'y a-t-il dans la boîte à graisse?
Quels sont vos effets de petite monture?
Comment les avez-vous placés dans votre sac?

Observation. — Instruction surtout pratique. L'homme devra faire souvent un paquetage déterminé afin d'arriver à faire vite et bien. Exiger que les effets placés dans le paquetage soient toujours propres et en bon état d'entretien.

45. TRANSPORT DES HAVRESACS, SACS D'HOMMES MONTÉS, DU CAMPEMENT ET DE L'AVOINE DE ROUTE (1).

Les havresacs des hommes non montés, ainsi que ceux des hommes montés qui en sont munis, les sacs d'hommes montés sont chargés sur les voitures de la batterie.

On charge aussi sur les voitures les ustensiles de campement (marmites, gamelles, seaux en toile), l'avoine destinée à être distribuée aux chevaux au cours de l'étape et appelée pour cela « avoine de route ».

Les ustensiles de campement sont remis en consigne par les chefs de pièce à des hommes de la pièce. Chaque marmite ou gamelle est accompagnée d'une enveloppe et d'une courroie.

I. — Transport des havresacs et des ustensiles de campement.

VOITURES AYANT DES GALERIES PORTE-SACS.

Tous les avant-trains de canon, de caisson, celui de la forge, celui de la voiture-observatoire (2) sont munis d'une galerie porte-sacs pouvant recevoir trois havresacs et deux jeux d'ustensiles de campement. Les galeries peuvent être chargées étant placées sur les avant-trains ou en ayant été enlevées.

Pour charger une galerie, rejeter les contre-sanglons de bretelle en avant, à l'opposé du volet. Déboucler les courroies de serrage et rabattre le volet vers l'arrière.

---

(1) Voir, à la fin de ce numéro, les dispositions spéciales aux batteries montées de 75 en Afrique. Tous les paragraphes de ce numéro doivent être enseignés aux servants et aux conducteurs.

(2) La voiture-observatoire fait partie du matériel de l'état-major de groupe, mais cet état-major est rattaché à une batterie.

Placer les trois havresacs debout sur la planchette de fond, la patelette en arrière, chacun derrière la place que son détenteur occupera sur l'avant-train. Les maintenir provisoirement jusqu'à ce que les ustensiles de campement aient été chargés, en relevant le volet et en bouclant, sans les serrer à fond, les courroies de serrage extrêmes.

A la partie postérieure de la galerie, fixer à chaque extrémité une marmite dans son enveloppe, au centre deux gamelles, chacune dans son enveloppe, emboîtées l'une dans l'autre et renfermant deux seaux en toile placés ouverture contre ouverture.

Ces ustensiles sont fixés uniquement au volet de la galerie, de manière à permettre d'atteindre les havresacs sans avoir à toucher au campement.

Pour fixer une marmite, l'appliquer par sa partie concave à mi-hauteur du volet, le couvercle à droite et la poignée en dessous, et la fixer à l'aide de la courroie d'ustensile que l'on fait successivement passer : dans le crampon latéral supérieur de la marmite, sur la barre de serrage du volet autour de laquelle on fait un tour, sous la tringle de galerie et enfin dans le crampon inférieur de la marmite. Serrer fortement la courroie et rentrer son extrémité libre entre la marmite et le havresac placé en avant.

Pour fixer l'ensemble de deux gamelles et de deux seaux en toile, appliquer l'ouverture des gamelles contre le volet et les fixer à l'aide d'une courroie d'ustensile (1) comme il a été dit pour la marmite, en engageant cette courroie dans les deux chapes de la gamelle antérieure, disposées sur une même verticale, et sous le croisillon du seau le plus voisin de la galerie.

Lorsque les ustensiles de campement sont placés, boucler les quatre courroies de serrage en entourant deux fois la barre du volet et en serrant à fond.

Boucler les bretelles et engager l'extrémité libre de leurs contre-sanglons entre la tringle et le havresac, puis entre le havresac et la planchette de fond de la galerie. Rentrer de même l'extrémité de toutes les courroies.

Voitures n'ayant pas de galerie porte-sacs.

Chariot de batterie. — Les havresacs des hommes montant sur l'avant-train de cette voiture, et avec eux celui de l'ordonnance du capitaine sont chargés à l'intérieur de l'arrière-train, dans l'espace disponible.

En cas d'insuffisance de place à l'intérieur, les havresacs sont placés entre la fourragère et le derrière de la voiture.

Les ustensiles de campement sont fixés au dossier de

---

(1) La courroie d'ustensile de la gamelle placée à l'intérieur devenant disponible est placée dans le havresac de son détenteur.

l'avant-train ou aux planches de côté de l'arrière-train de la même manière que sur les volets de galerie.

Fourragère — Les havresacs des hommes marchant avec cette voiture sont chargés en ordre à l'intérieur de celle-ci, au-dessus des sacs d'avoine qu'elle transporte.

Les ustensiles de campement sont fixés aux planches de côté de la même manière que sur les volets de galerie.

Fourgons. — Les havresacs des hommes marchant avec ces voitures sont chargés en ordre à l'intérieur au-dessus du chargement que contiennent ces voitures.

Le campement est fixé à l'intérieur en fixant les courroies aux lames supérieures des cerceaux.

II. – Transport des sacs d'homme monté et de l'avoine de route.

Voitures ayant des cases d'armons.

Les mêmes avant-trains qui ont des galeries porte-sacs ont des cases d'armons.

La case d'armons située du côté du sous-verge reçoit les sacs d'homme monté des conducteurs de la voiture.

La case d'armons située du côté du porteur reçoit les sacs d'homme monté des gradés ou hommes pourvus d'un cheval de selle et rattachés à la voiture, et en outre un sac à avoine contenant l'avoine de route de tous les chevaux comptant à celle-ci, à raison de 2 kilogrammes par cheval.

Une fois les cases d'armons chargées, les fermer en engageant chaque contre-sanglon du tablier dans la chape correspondante et en fixant son extrémité à l'olive. Remettre le timon de rechange en place s'il y a lieu.

Voitures n'ayant pas de cases d'armons.

Chariot de batterie. — Les sacs d'homme monté des conducteurs attelant cette voiture, ceux des gradés qui y sont rattachés et ceux des conducteurs des attelages haut-le-pied sont chargés à l'intérieur de l'arrière-train.

L'avoine de route des chevaux affectés à ce personnel est chargée également à l'intérieur de la voiture.

En cas d'insuffisance de place à l'intérieur, on utilise la fourragère placée derrière la voiture.

Fourragère. — Le sac d'homme monté du conducteur de cette voiture, ainsi que son sac à avoine, son manteau, son ballot de couvertures, sont chargés à l'intérieur de celle-ci. Il en est de même des sacs d'homme monté des cadres rattachés à cette voiture.

L'avoine de route de tous les chevaux comptant à la voiture est placée dans les musettes-mangeoires et celles-ci sont enfermées dans le sac à avoine du conducteur.

Fourgons. — Le sac d'homme monté du conducteur de

la voiture, ainsi que son sac à avoine, son manteau, son ballot de couvertures, sont placés sous le siège de celle-ci.

Les sacs d'homme monté des cadres rattachés à la voiture sont placés à l'intérieur de celle-ci.

L'avoine de route de tous les chevaux comptant à la voiture est placée dans les musettes-mangeoires et celles-ci sont renfermées dans le sac à avoine du conducteur.

Voiture médicale. — Mêmes dispositions que pour la fourragère (1).

III. — Dispositions spéciales aux batteries montées en Afrique.

Tout le personnel est pourvu :

D'une toile de tente-abri;
De deux petits piquets;
De deux éléments de support brisé;
D'un cordeau de tirage.

Ces objets sont transportés sur les voitures après avoir été formés en ballots comprenant chacun quatre ou six toiles de tente et leurs accessoires.

Pour former ces ballots opérer comme suit :

Chaque homme forme d'abord un paquet avec les deux éléments de support placés l'un contre l'autre, orientés dans le même sens, à côté desquels il place les deux petits piquets, la tête des piquets arasant le bout évidé de ceux-ci, les tenons en dehors. Il serre le tout avec le cordeau de tirage, dont un premier tour isolera les supports des piquets et dont les autres tours seront disposés entre les tenons et les pointes des deux petits piquets, enserrant l'ensemble.

Etendre alors l'une sur l'autre les toiles de tente, en croisant les coutures médianes, et rentrer tous les cordeaux à piquets entre les toiles. A peu de distance d'un des bords, vers son milieu et parallèlement à lui, disposer les accessoires par couches de deux paquets placés tête-bêche, de manière que les tenons des piquets d'un paquet correspondent aux bouts libres de support brisé de l'autre.

Replier d'environ 40 centimètres les côtés des toiles qui sont perpendiculaires aux paquets d'accessoires, puis d'environ 30 centimètres, pour former le portefeuille, le petit côté opposé aux accessoires. Rouler ensuite les toiles de tente autour des accessoires en commençant par le bord opposé au portefeuille et empocher.

Le ballot ainsi obtenu a environ 70 centimètres de long.

Pour les voitures ayant des galeries, on place sur chacune d'elles deux rouleaux; à cet effet, les havresacs et

(1) La voiture-médicale fait partie du matériel de l'état-major de groupe, mais est rattaché à une batterie.

le campement ayant été mis en place et avant de boucler les bretelles, placer en arrière des manteaux et des couvertures et au-dessus des ustensiles de campement, bout à bout, deux rouleaux de toiles de tente. Boucler les bretelles sur le tout en serrant très fortement.

Pour les voitures n'ayant pas de galeries, les ballots de toiles de tente sont chargés à l'intérieur de ces voitures.

QUESTIONNAIRE.

Observation. — L'instructeur constitue successivement le personnel des voitures de différentes espèces de la batterie afin de montrer pratiquement le chargement de chacune d'elles. Les servants et les conducteurs seront, s'il y a lieu, réunis pour cela.

Quelles sont les voitures qui ont des galeries?
Que met-on à l'intérieur des galeries?
Que met-on contre le volet?
Qui est responsable des ustensiles de campement?
Dans quel ordre sont placés les havresacs dans la galerie?
Comment sont placées les marmites de campement?
Où met-on les seaux en toile?
Où sont placés les havresacs des hommes marchant avec le chariot de batterie?
Où sont placés les havresacs des hommes marchant avec la fourragère?
Où sont placés les havresacs des hommes marchant avec les fourgons?
Où est placé le campement des hommes marchant avec le chariot de batterie?
Où est placé le campement des hommes marchant avec la fourragère?
Où est placé le campement des hommes marchant avec les fourgons?
Que met-on dans la case d'armons côté sous-verge?
Que met-on dans la case d'armons côté porteur?
Qu'est-ce que l'avoine de route?
Quelle est la quantité emportée par cheval?
Où sont placés les sacs d'homme monté des hommes marchant avec le chariot de batterie?
Où sont placés les sacs d'homme monté des hommes marchant avee la fourragère?
Où sont placés les sacs d'homme monté des hommes marchant avec les fourgons?
Où est placée l'avoine de route des chevaux de selle rattachés à une voiture conduite en guides?
Où sont placés les rouleaux de toile de tente?
De quoi se compose une tente?

16. TRANSPORT DES VIVRES ET DE L'AVOINE DE RÉSERVE, DES FERRURES DE RECHANGE (1).

I. — Vivres de réserve.

Les vivres de réserve sont des vivres destinés à n'être consommés que lorsque tous les autres vivres transportés par la batterie, et dont il sera parlé plus tard, sont épuisés et qu'on se trouve dans l'impossibilité de s'en procurer d'autres. Leur consommation n'a lieu que sur un ordre du commandement.

Ces vivres comprennent deux rations par homme; une ration est pour une période de vingt-quatre heures.

Chaque ration a la composition suivante (2) :

300 grammes de pain de guerre, formant 6 galettes;
200 grammes de viande de conserve, dans une boite métallique;
50 grammes de potage salé, formant une tablette recouverte de papier imperméable;
80 grammes de sucre cristallisé;
36 grammes de café.

Le pain de guerre est transporté dans le paquetage des hommes, dans des sachets en toile.

Les autres vivres sont transportés dans les voitures de la manière suivante :

Pour le personnel des huit premières pièces (batterie de combat). — Ces vivres sont répartis en treize lots sensiblement égaux, comprenant en moyenne vingt-deux rations.

Dans chaque lot le potage salé, le sucre, le café sont renfermés dans des sachets en toile cachou.

Les lots sont chargés, savoir :

Les deux premiers dans les cases du milieu des avant-trains de canon;

Les onze autres, dans les avant-trains de caisson, la viande de conserve dans la case du milieu, les sachets dans la case de gauche.

Le 5e caisson ne reçoit pas de vivres, les cases étant occupées par le téléphone.

---

(1) Tous les paragraphes de ce numéro doivent être enseignés aux servants et aux conducteurs.

(2) Le poids de chaque ration est indiqué à l'homme, mais l'instructeur ne cherchera pas à le lui apprendre (Voir *Avant-propos*).

Il faut avoir soin de caler avec des chiffons ou des étoupes le chargement pour éviter la détérioration des boîtes ou des tablettes.

Pour le personnel de la neuvième pièce (train régimentaire). — Les vivres sont chargés dans des caisses, lesquelles sont placées dans le coffre de dessus de passage d'un fourgon désigné.

II. — Avoine de réserve.

L'avoine de réserve, comme les vivres de réserve, est destinée à n'être consommée que lorsqu'on se trouve dans l'impossibilité de s'en procurer d'autre.

Elle comprend une ration de 5 kgr. 750 par cheval.

Elle est transportée de la manière suivante :

Pour les chevaux des huit premières pièces (batterie de combat). — 45 à 50 kilogrammes environ dans chacun des coffres à avoine des douze caissons; 6 sacs de 60 à 65 kilogrammes dans l'arrière-train du chariot de batterie.

Pour les chevaux de la neuvième pièce (train régimentaire). — L'avoine est placée dans des sacs à avoine de conducteur, 2 sacs de 35 kilogrammes environ, chargés à côté des vivres de réserve.

III. — Ferrures de rechange.

Pour chaque cheval, il est emporté une ferrure de rechange comprenant : 4 fers, 40 clous, 32 crampons à glace.

Ces ferrures sont transportées de la façon suivante :

Pour les huit premières pièces. — 1° 24 fers et 240 clous (ces derniers enveloppés dans des chiffons ficelés), dans la case de droite de chaque avant-train de canon, dans la case de droite de chaque avant-train de caisson (sauf le 5ᵉ caisson), dans le compartiment de devant (côté droit) de l'avant-train du chariot de batterie; 2° 16 fers et 160 clous dans la case de gauche de l'avant-train du 5ᵉ caisson; 3° le reste des fers (environ 200) dans l'avant-train de la forge, au fond du coffre; 4° le reste des clous dans les boîtes à clous des avant-trains de canon; 5° les crampons dans les boîtes à crampons des avant-trains de caisson.

Dans les avant-trains de canon ou de caisson, les fers sont placés verticalement sur deux couches, chaque couche comprenant trois paquets de quatre fers préparés comme il a été enseigné pour le paquetage du conducteur pourvu d'un attelage en guides (n° 44).

Les clous sont chargés au dessus des fers ou dans les espaces libres. Des chiffons ou des étoupes calent le chargement.

Dans les avant-trains de la forge et du chariot de batterie, les fers sont chargés à plat en opérant comme il suit :

Laissant les fers couplés par deux, comme on les reçoit des magasins, former une première couche en disposant un certain nombre de ces demi-ferrures sur le fond du coffre, les pinçons en l'air, les fers voisins tournés en sens contraires et engagés l'un dans l'autre.

Sur chaque couche, établir de même une nouvelle couche, mais en ayant soin de disposer alternativement les pinces sur les talons et réciproquement. A la dernière couche, placer les pinçons vers le bas de manière que le chargement soit terminé par une surface plane.

Pour la neuvième pièce. — Les ferrures, préparées comme il a été dit pour le paquetage du conducteur pourvu d'un attelage en guides, sont placées par ce conducteur à côté de son paquetage.

QUESTIONNAIRE.

Observation. — Même observation que celle du questionnaire du n° 45.

Qu'appelle-t-on vivres de réserve ?
Combien y en a-t-il de rations par homme ?
De quelles denrées se compose une ration ?
Où est placé le pain de guerre ?
Où trouverez-vous les boîtes de viande de conserve ?
Où trouverez-vous un sachet de sucre, café, potage ?
Où est placée l'avoine de réserve des huit premières pièces ?
Combien y en a-t-il de rations par cheval ?
Où est placée celle de la neuvième pièce ?
De quoi se compose une ferrure de rechange ?
Où place-t-on les ferrures des chevaux de la batterie de combat ?
Où place-t-on les ferrures des chevaux de la neuvième pièce ?
Comment prépare-t-on un paquet de ferrures ?
Où trouverez-vous des crampons à glace ?
Comment pourrez-vous les fixer ?
Si les filets des mortaises du fer sont détériorés, que ferez-vous ?
Où trouverez-vous une clef à taraud ?

47. TRANSPORT DES VIVRES ET DE L'AVOINE DU JOUR, DES VIVRES ET DE L'AVOINE DITS DU TRAIN RÉGIMENTAIRE, DES BAGAGES.

I. — Vivres du jour.

Les vivres du jour sont ainsi appelés parce qu'ils sont destinés à être consommés dans le cours de la journée et le soir après l'arrivée au gîte (1).

(1) Des renseignements sur le fonctionnement de l'alimentation en campagne sont donnés au numéro 48 (voir ci-après.)

Ils proviennent de prélèvements effectués sur le train régimentaire, ainsi qu'il sera expliqué plus loin et d'achats faits dans le pays.

Ces vivres comprennent une ration par homme, laquelle a la composition suivante :

750 grammes de pain;
500 grammes de viande fraîche;
30 grammes de lard;
100 grammes de riz ou légumes secs;
32 grammes de sucre;
24 grammes de café;
20 grammes de sel;

Des légumes frais et de la boisson (vin, bière, cidre), dont la quantité dépend des ressources de l'ordinaire et des ressources du pays traversé.

Le transport de ces vivres est assuré de la façon suivante :

Pain : la moitié dans l'étui-musette de chaque homme; la moitié dans la gamelle de chaque homme.

Viande : la moitié, cuite la veille au soir, dans l'étui-musette (constitue, avec la moitié du pain, le repas froid); l'autre moitié sera touchée à l'arrivée au gîte.

Lard : a servi à la cuisson de la viande emportée dans l'étui-musette.

Sucre et café : une partie est consommée avant le départ, le reste est réparti entre les pièces, placé dans des sachets et servira à faire une boisson chaude en cours de route.

Légumes secs et sel : transportés en bloc dans des sacs placés dans l'arrière-train du chariot de batterie.

Légumes frais, liquides : sont achetés à l'arrivée au gîte et consommés le soir même.

II. — **Avoine du jour.**

Cette avoine forme pour les chevaux un approvisionnement analogue à celui formé par les vivres du jour pour les hommes.

Elle comprend une ration de 5 kgr. 750 par cheval.

Cette avoine est répartie en deux lots :

1° 2 kilogrammes par cheval constituent l'avoine dite de route, destinée à être consommée au cours de l'étape. On a vu précédemment comment cette avoine était transportée (n° 45);

2° Le reste est transporté en bloc dans la fourragère et sera consommé le soir, après l'arrivée au gîte.

III. — **Vivres dits « du train régimentaire ».**

Les vivres dits « du train régimentaire », appelés ainsi parce qu'ils sont transportés par les voitures de la batterie formant le train régimentaire, constituent un approvisionnement servant aux distributions à effectuer chaque jour à l'arrivée au gîte

Les denrées ainsi prélevées pour les distributions sont remplacées immédiatement après par des achats dans le pays ou par ravitaillement auprès du service de l'intendance.

Ces vivres comprennent deux rations par homme.

Chaque ration a la composition suivante :

750 grammes de pain;
30 grammes de lard;
100 grammes de riz ou légumes secs;
32 grammes de sucre;
24 grammes de café;
20 grammes de sel.

Ces vivres sont transportés dans les fourgons à vivres.

A ces vivres s'ajoutent :

1° 500 grammes de viande fraîche par homme, transportée dans une voiture à viande; cette viande provient de bêtes abattues dans le cours de la journée (1).

2° 200 grammes de viande de conserve et 50 grammes de potage salé par homme, transportés dans les fourgons à vivres et destinés à parer au manque de viande fraîche.

IV. — Avoine du train régimentaire.

Cette avoine constitue pour les chevaux un approvisionnement analogue à celui constitué pour les hommes par les vivres du train régimentaire.

Elle comprend deux rations de 5 kilog. 750 par cheval.

Elle est transportée, placée dans des sacs, dans les fourgons à vivres.

V. — Bagages.

Une batterie en campagne transporte avec elle un certain nombre de bagages parmi lesquels se trouvent :

La caisse d'ouvrier bottier;
La caisse d'ouvrier tailleur;
La caisse d'ouvrier bourrelier;
La caisse de comptabilité;
Les caisses à bagages d'officier.

Ces bagages sont transportés dans un fourgon à bagages.

Les fourgons à bagages, comme la voiture à viande, la voiture-observatoire, la voiture médicale, font partie du matériel de l'état-major du groupe, mais sont rattachés

---

(1) La voiture à viande fait partie du matériel de l'état-major de groupe; cet état-major est rattaché à une batterie.

à une batterie, habituellement la première batterie du groupe.

QUESTIONNAIRE

Qu'est-ce que les vivres du jour ?
De quelles denrées se composent-ils ?
Comment est transporté le pain ?
Comment est transportée la viande ?
Où sont les autres vivres ?
Comment est partagée l'avoine du jour ?
Où est-elle placée pour le transport ?
Qu'appelle-t-on vivres du train régimentaire ?
Combien y a-t-il de rations par homme ?
De quelles denrées se compose une ration ?
Dans quelles voitures sont-ils transportés ?
Combien y a-t-il de rations d'avoine du train régimentaire ?
Où est placée cette avoine ?
Où sont placés les divers bagages de la batterie ?

18. ALIMENTATION EN CAMPAGNE

1° Hommes.

En campagne, en route pour aller aux écoles à feu, aux manœuvres de garnison, aux grandes manœuvres, le canonnier vit à l'ordinaire de la batterie comme en garnison. La cuisine est faite soit pour l'ensemble de la batterie, soit par section, soit par pièce, suivant les facilités que l'un ou l'autre de ces fractionnements peut offrir dans le cantonnement occupé.

Pour tout homme présent, l'État alloue chaque jour :

1° Une *ration de vivres* composée de (1) : 750 grammes de pain ordinaire, 500 grammes de viande fraîche, 30 grammes de lard, 100 grammes de légumes secs, 20 grammes de sel, 32 grammes de sucre, 24 grammes de café.

2° Une *prime fixe* de 0 fr. 25 ;

3° Des *primes diverses* variables avec la situation de la troupe : bivouaquée, cantonnée, en marche, etc. ;

4° Une *ration de combustible* pour la cuisson des aliments.

La prime fixe et les primes diverses servent à acheter les légumes frais, les liquides.

Le canonnier fait, en principe, trois repas par jour : le matin, après le réveil, il prend le café ; en route, vers le milieu du jour, il mange un repas froid ; le soir, après l'arrivée au gîte, il prend un repas chaud.

---

(1) Les chiffres donnés pour la ration journalière sont ceux de la ration forte de campagne : en temps de paix et en campagne, lorsque les troupes ne marchent pas, elles ne touchent que la ration normale, laquelle est moins élevée.

FONCTIONNEMENT DU SERVICE DE L'ALIMENTATION.

Dans chaque groupe de trois batteries, un officier, dit officier d'approvisionnement, est chargé spécialement du service de l'alimentation. Il réunit sous son commandement les trains régimentaires (neuvièmes pièces) des trois batteries du groupe.

La veille du jour du départ de la garnison, ou du point où la troupe a été rassemblée avant d'entrer en campagne, les allocations qui ont été indiquées plus haut sont perçues et constituent ce que l'on appelle les vivres du jour.

Les vivres ainsi touchés sont employés comme suit :

Pain. — Chaque homme reçoit sa ration qu'il place moitié dans l'étui-musette, moitié dans la gamelle et qui lui servira pour toute la journée du lendemain.

Viande. — Est cuite avec le lard ; la moitié est mangée chaude le soir même, l'autre moitié forme le repas froid pour le lendemain.

Sucre et café. — Seront consommés le lendemain matin, après le réveil ; une partie pourra être conservée pour faire une boisson chaude en cours de route.

Légumes secs. — Seront emportés en bloc dans le chariot de batterie et serviront pour le repas chaud du lendemain soir.

Liquides. — Sont consommés le soir même.

Bois. — Est employé en partie le soir même pour la cuisson des aliments, le reste sert à la préparation du café le lendemain matin.

Le premier jour de route, après l'arrivée au gîte, l'officier d'approvisionnement distribue en bloc, à chaque batterie, les denrées qui entrent dans la composition de la ration journalière. Il prélève ces denrées sur les deux jours de vivres dits « du train régimentaire » et dans la voiture à viande, laquelle a été approvisionnée par ses soins dans le courant de la journée. Le combustible est acheté sur place.

Aussitôt la distribution faite, l'officier d'approvisionnement recomplète les trains régimentaires en achetant de nouvelles denrées ou en se les procurant près du service de l'intendance.

Dans chaque batterie, le capitaine, en utilisant l'argent produit par la prime fixe et les primes diverses, fait acheter par le brigadier d'ordinaire des légumes frais et, s'il y a lieu, des liquides.

Les denrées touchées sont réparties, par le fourrier et le brigadier d'ordinaire, entre les pièces de la batterie. Elles sont employées comme il a été dit pour la veille du départ.

La cuisson des aliments se fait dans le matériel de campement ou en utilisant des ustensiles empruntés aux habitants du lieu où la troupe est cantonnée.

Le lendemain soir, les choses se passent de la même façon; il s'ensuit que, chaque soir, aussitôt après l'arrivée au gîte, on peut commencer la préparation des aliments.

Dans le cas où l'officier d'approvisionnement ne pourrait pas recompléter les trains régimentaires après y avoir prélevé une distribution, il prendrait le lendemain le deuxième jour des vivres dits « du train régimentaire ». Si, après cela, il ne pouvait encore pas se réapprovisionner, il emploierait, après en avoir rendu compte et en avoir reçu l'ordre, un des deux jours des vivres dits « de réserve »; puis, enfin, le deuxieme jour de ces vivres si cela devenait nécessaire.

Pour parer au manque de viande, les deux jours de vivres du train régimentaire comprennent, comme il a été dit au n° 47, un jour de viande de conserve.

En somme, une batterie peut faire vivre ses hommes cinq jours en utilisant les ressources qu'elle emporte avec elle :

1 jour avec les vivres dits « du jour »;
2 jours avec les vivres dits « du train régimentaire »;
2 jours avec les vivres dits « de réserve »;

2° Chevaux.

Pour chaque cheval comptant à une batterie, l'Etat alloue, par jour, une ration de fourrage composée de 5 kgr. 750 d'avoine et 3 kgr. 850 de foin.

Le cheval fait, en principe, trois repas par jour; le matin, avant le départ, il reçoit un quart de la ration de foin; en route, vers le milieu du jour, il reçoit 2 kilogrammes d'avoine; le soir, après l'arrivée au gîte, il reçoit les trois quarts de la ration de foin et le reste de la ration d'avoine.

Fonctionnement du service.

La veille du jour du départ de la garnison, ou du point où la troupe a été rassemblée avant d'entrer en campagne, la ration de fourrages est perçue et employée comme suit :

Avoine : 2 kilogrammes par cheval sont chargés dans les voitures et constituent l'avoine de route (voir n° 43), destinée à être consommée le lendemain en cours de route; 3 kgr. 750 par cheval sont chargés en bloc dans la fourragère et destinés à être consommés le lendemain soir, après l'arrivée au gîte; l'ensemble de l'avoine constitue ce que l'on nomme l'avoine du jour.

Foin : les trois quarts du foin sont consommés le soir même; l'autre quart sera consommé le lendemain matin, avant le départ.

Le premier jour de route, après l'arrivée au gîte, l'officier d'approvisionnement distribue en bloc, à chaque batterie, une ration de fourrage par cheval. Il prélève l'avoine sur les deux jours d'avoine dits « du train régimentaire ». Le foin est acheté sur place ou perçu près du service de l'intendance.

Aussitôt la distribution faite, l'officier d'approvisionnement recomplète les trains régimentaires en avoine en achetant cette denrée ou en se la procurant près du service de l'intendance.

Les denrées touchées sont réparties par le fourrier entre les pièces de la batterie.

Elles sont employées comme il a été dit pour la veille du départ.

Le lendemain soir, les choses se passent de la même façon; il s'ensuit que chaque soir, aussitôt après l'arrivée au gîte, on peut donner à manger aux chevaux.

Dans le cas où l'officier d'approvisionnement ne pourrait pas recompléter les trains régimentaires en avoine après avoir prélevé une distribution, il prendrait le lendemain le deuxième jour d'avoine dite « du train régimentaire ». Si, après cela, il ne pouvait encore pas se réapprovisionner, il emploierait, après en avoir rendu compte et en avoir reçu l'ordre, le jour d'avoine dite « de réserve ».

En somme, une batterie peut faire vivre ses chevaux quatre jours en utilisant les ressources en avoine qu'elle emporte avec elle :

1 jour avec l'avoine dite « du jour »;
2 jours avec l'avoine dite « du train régimentaire »;
1 jour avec l'avoine dite « de réserve ».

QUESTIONNAIRE

Comment le canonnier vit-il en campagne ?
La cuisine est-elle toujours faite par batterie ?
Qu'est ce que l'Etat alloue par jour pour chaque homme ?
A quoi sert l'argent des primes ?
Qui est-ce qui remet les denrées aux batteries ?
A quel moment a lieu la distribution ?
Comment les vivres sont-ils utilisés ?
Qui est chargé d'acheter les légumes frais, les liquides que l'on peut se procurer avec l'argent provenant des primes ?
Dans quels ustensiles fait-on cuire les aliments ?
Pendant combien de jours une batterie peut-elle faire vivre ses hommes avec les ressources emportées au moment du départ ?
De quoi se compose la ration de fourrage en campagne ?
Combien le cheval fait-il de repas par jour ?
Comment est utilisée la ration d'avoine ?
Comment est utilisée la ration de foin ?
Qui est chargé de faire la distribution du fourrage aux batteries ?
Où l'officier d'approvisionnement prend-il l'avoine ?
Qui est chargé de faire la repartition du fourrage entre les pièces de la batterie ?
Pendant combien de jours une batterie peut-elle faire vivre ses chevaux avec les ressources emportées au moment du départ ?

49. NOTIONS SUR L'ORGANISATION GÉNÉRALE DE L'ARMÉE, SUR L'ORGANISATION DE L'ARTILLERIE.

§ 1. — Composition de l'armée.

L'armée se compose :

1° De l'armée active et de sa réserve;
2° De l'armée territoriale et de sa réserve;
3° Des troupes coloniales.

En temps de paix, seules l'armée active et les troupes coloniales sont présentes sous les drapeaux.

La réserve de l'armée active est constituée par les hommes des onze dernières classes renvoyées dans leurs foyers.

L'armée territoriale est constituée par les six classes suivantes et sa réserve par les six autres classes suivantes.

§ 2. — Division du territoire.

Au point de vue militaire, la France est divisée en dix-neuf régions; l'Algérie forme également une région. Au total, vingt régions.

La région est partagée en subdivisions de région, en général huit. Dans chaque subdivision de région existe un bureau de recrutement chargé de tenir les contrôles des hommes soumis à la loi militaire domiciliés dans la subdivision.

§ 3. — Organisation du temps de paix.

CORPS D'ARMÉE.

Chaque région est occupée par un corps d'armée, placé sous le commandement d'un général commandant de corps d'armée.

La composition ordinaire d'un corps d'armée est la suivante :

1 état-major;
2 divisions d'infanterie à 2 brigades de 2 régiments, soit 8 régiments à 3 bataillons de 4 compagnies;
1 brigade de cavalerie à 2 régiments de 2 groupes de 2 escadrons;
1 brigade d'artillerie à 3 régiments de campagne (2 à 3 groupes de 3 batteries; 1 à 4 groupes de 3 batteries);
1 escadron du train à 3 compagnies;

1 section de secrétaires d'état-major et de recrutement;
1 section de commis et ouvriers d'administration;
1 section d'infirmiers.

Les divisions sont commandées par un général de division;

Les brigades sont commandées par un général de brigade;

Les régiments sont commandés par un colonel;

Les bataillons et les groupes sont commandés par un commandant;

Les compagnies, batteries, escadrons sont commandés par un capitaine.

Autres troupes.

En outre des troupes qui entrent dans la composition ordinaire d'un corps d'armée, il existe :

Des bataillons de chasseurs à pied et alpins;
Des divisions de cavalerie indépendantes;
Des régiments d'artillerie à pied;
Des régiments d'artillerie de montagne;
Des groupes d'artillerie autonomes;
Des régiments du génie;
Des groupes aéronautiques;
Des légions de gendarmerie;
Des troupes coloniales.

L'infanterie du corps d'armée qui occupe la région formée par l'Algérie comprend des régiments de zouaves, de tirailleurs algériens, de légion étrangère, des bataillons d'infanterie légère.

La cavalerie de ce corps d'armée comprend des régiments de chasseurs d'Afrique, de spahis.

La cavalerie des corps d'armée de France ou des divisions indépendantes comprend des régiments de cuirassiers, dragons, hussards, chasseurs.

Artillerie.

L'ensemble de l'artillerie comprend, sur le pied de paix :

11 régiments à pied;
62 régiments de campagne;
2 régiments de montagne;
5 groupes autonomes de campagne stationnés en Algérie-Tunisie;
2 groupes autonomes à pied stationnés en Algérie-Tunisie.

Les régiments à pied comprennent des batteries à pied et des sections ou des compagnies d'ouvriers d'artillerie.

Les batteries à pied sont destinées à servir les canons dans la guerre de siège, dans la défense des places fortes et des côtes. Seuls les officiers sont montés.

Les sections ou compagnies d'ouvriers d'artillerie sont chargées de l'entretien du matériel, du service des munitions, de la conduite des voitures automobiles, du service des voies ferrées de l'artillerie dans les places fortes, les arsenaux, les établissements de l'artillerie.

Les régiments de campagne comprennent des batteries montées, et certains d'entre eux des batteries à cheval, des sections d'ouvriers d'artillerie.

Les batteries montées comprennent des servants non montés et des conducteurs montés.

Les batteries à cheval ont tout leur personnel monté. Les servants sont montés sur des chevaux de selle. Ces batteries sont groupées par deux et affectées aux divisions de cavalerie indépendantes.

Les régiments de montagne sont formés de batteries dans lesquelles le matériel peut être porté à dos de mulet. Les servants et les conducteurs sont à pied.

Les groupes autonomes de campagne d'Afrique comprennent des batteries montées et de montagne.

Les groupes autonomes à pied d'Afrique comprennent des batteries à pied et des sections d'ouvriers d'artillerie.

§ 4. — Organisation du temps de guerre.

Le passage de l'organisation du temps de paix à celle du temps de guerre est ce que l'on nomme la mobilisation.

Les compagnies, escadrons, batteries du temps de paix (et que l'on appelle des unités) ont un effectif réduit en hommes et en chevaux.

Certaines unités du temps de guerre n'existent pas en temps de paix. Mais leur organisation est prévue, leur personnel est connu, leurs approvisionnements en habillement, équipement, armes, matériel, munitions, harnachement, vivres, fourrages sont constitués et déposés par lots distincts dans les magasins ou les arsenaux et parcs d'artillerie.

La mobilisation a donc pour but de compléter les unités de l'armée active à leur effectif de guerre, de constituer les unités dont l'organisation n'est que prévue, en un mot d'amener l'armée à sa composition complète, tous ses éléments étant présents sous les drapeaux : armée active et sa réserve; armée territoriale et sa réserve; troupes coloniales.

ORDRE DE MOBILISATION.

La mobilisation est décrétée par le Président de la République. L'ordre de mobilisation est transmis aussitôt par toute la France; il est publié à son de caisse et affiché dans toutes les communes.

Le décret fixe le jour du commencement de la mobilisation. Les troupes de l'armée active procèdent immédiatement aux diverses opérations nécessaires pour être prêtes à partir en campagne.

Les hommes des réserves, de l'armée territoriale et de sa réserve se conforment exactement aux indications portées sur l'ordre de mobilisation contenu dans leur livret individuel. (*Voir n° 42.*)

MOBILISATION DE L'ARTILLERIE

Pour l'artillerie de campagne, en particulier, la mobilisation consiste :

A porter à l'effectif de guerre en hommes, chevaux, matériel, toutes les batteries existantes;

A constituer les batteries prévues ainsi que les sections de munitions et de parc qui sont des unités destinées au transport des approvisionnements en munitions et matériel.

Toutes les opérations, tous les détails de la mobilisation sont prévus dès le temps de paix.

Chaque unité sait où sont les hommes qui doivent la compléter, quel jour et à quelle heure ils arriveront; elle a sur eux tous les renseignements utiles par le livret matricule qu'elle a toujours en sa possession.

Elle sait d'où lui arriveront les chevaux de complément et quel jour (1).

L'habillement, l'équipement des réservistes est placé par lots au magasin d'habillement du corps. Celui des hommes présents est entre leurs mains ou au magasin de la batterie.

Le matériel, le harnachement que l'unité n'a pas à son service est déposé au parc d'artillerie où il est visité plusieurs fois par an. Il en est de même des munitions.

Les vivres que l'unité emporte en campagne au moment de son départ sont rangés par lots dans les magasins des subsistances, prêts à être enlevés. Il en est de même des fourrages pour les chevaux.

BATTERIE SUR LE PIED DE GUERRE

La batterie, une fois les opérations de la mobilisation terminée, est dite sur pied de guerre.

---

(1) Les chevaux des propriétaires domiciliés dans le corps d'armée sont recensés chaque année et classés suivant leurs aptitudes. Ils sont ensuite affectés aux différentes unités mobilisées dans le corps d'armée. Des contrôles de chevaux sont tenus par les bureaux de recrutement. A la mobilisation ces chevaux sont rassemblées par commune et diriges sur les unités, ils sont conduits par des réservistes.

Son effectif est alors de :

3 officiers ;
171 sous-officiers, brigadiers et canonniers ;
168 chevaux ;
22 voitures.

Cet ensemble est réparti en neuf pelotons de pièce.

Chaque pièce est commandée par un maréchal des logis assisté d'un ou deux brigadiers.

Chacune des quatre premières pièces attelle 1 canon et un caisson ;

La 5ᵉ pièce attelle 2 caissons ;
La 6ᵉ pièce attelle 3 caissons ;
La 7ᵉ pièce attelle 3 caissons ;
La 8ᵉ pièce attelle la forge et le chariot de batterie ;
La 9ᵉ pièce attelle la fourragère et les trois fourgons à vivres.

Les cinq premières pièces constituent la *batterie de tir*, sous les ordres du lieutenant de l'armée active, assisté de l'adjudant.

Les 6ᵉ, 7ᵉ, 8ᵉ pièces constituent l'*échelon de combat*, sous les ordres du lieutenant de réserve.

L'échelon de combat forme une réserve de munitions, de personnel, de chevaux destinée à maintenir aussi complète que possible la batterie de tir. Au combat, il suit la batterie de tir à courte distance (de 500 à 1.000 mètres),

L'ensemble de la batterie de tir et de l'échelon de combat constitue la *batterie de combat*.

La 9ᵉ pièce constitue le *train régimentaire*, qui est destiné à ravitailler l'unité en vivres et fourrages. Le train régimentaire est tenu éloigné du combat, il ne quitte pas les routes et ne rejoint la batterie qu'au gîte.

QUESTIONNAIRE

De quoi est composée l'armée française ?
Toute l'armée est elle présente sous les drapeaux ?
Par quelles classes est constituée la réserve de l'armée active ?
Par quelles classes est constituée l'armée territoriale ?
Par quelles classes est constituée la réserve de l'armée territoriale ?
Comment la France est-elle divisée au point de vue militaire ?
Comment est partagée la région ?
Comment appelle-t-on l'ensemble des troupes qui occupent une région ?
Quelle est la composition ordinaire d'un corps d'armée ?
Par qui est commandé un corps d'armée, une division, une brigade, un régiment, un groupe, une compagnie ou batterie ?
N'y a-t-il pas d'autres troupes que celles entrant ordinairement dans la composition d'un corps d'armée ?
Quels sont les différents corps que comprend l'artillerie ?
Qu'est-ce que la mobilisation ?
Toutes les unités qui entrent dans la composition de l'armée en temps de guerre existent-elles en temps de paix ?
Qui décrète la mobilisation ?

Comment l'ordre de mobilisation est-il porté à la connaissance de la nation ?
En quoi consiste la mobilisation d'une batterie montée ?
Où sont déposés les effets d'habillement et d'équipement nécessaires aux réservistes d'une batterie ?
Où sont déposés le matériel, les munitions, le harnachement ?
Où sont déposés les vivres et fourrages ?
Quel est l'effectif d'une batterie sur pied de guerre ?
Comment est réparti l'ensemble d'une batterie ?
Qu'est-ce que la batterie de tir ?
Par qui est-elle commandée ?
Qu'est ce que l'échelon de combat ?
Par qui est-il commandé ?
A quoi sert-il ?
Suit-il la batterie au combat ?
Comment nomme-t on l'ensemble de la batterie de tir et de l'échelon de combat ?
Qu'est-ce que le train régimentaire ?
Quel est son rôle ?
Suit-il la batterie de combat au feu ?

50. HYGIÈNE DES HOMMES EN CAMPAGNE.

En route, aux écoles à feu, aux grandes manœuvres, en campagne, le canonnier doit prendre avec autant et même plus d'exactitude les soins journaliers de propreté qu'il prend en garnison. La sueur, la poussière, la boue souillent chaque jour son corps et ses vêtements; il doit s'en débarrasser s'il veut se maintenir en bonne santé. Et c'est un devoir pour le soldat que de conserver sa santé, son endurance et sa force, afin de pouvoir au jour du combat remplir parfaitement la tâche qui lui incombe et coopérer à la défense de la Patrie.

Hygiène pendant la marche.

Avant le départ, prendre le café chaud; en placer un peu dans le bidon que l'on achève de remplir d'eau. S'assurer que le repas froid est dans l'étui-musette ou la gamelle.

En cours de route, boire quand on a soif, mais par petites gorgées, ce qui désaltère mieux que de boire à longs traits. Eviter de boire quand on est en grande transpiration et autant que possible manger un peu avant d'absorber du liquide. Si l'on a vidé son bidon ne le remplir d'eau qu'aux fontaines ou puits indiqués comme bons.

Desserrer la cravate et dégrafer le col de la veste s'il fait très chaud, afin de faciliter la respiration.

Ne pas serrer le ventre avec le ceinturon et soutenir le pantalon avec les bretelles, et non avec une ceinture qui gêne toujours la circulation.

Se protéger la nuque contre le soleil avec le couvre-nuque. Serrer modérément les lacets des brodequins et les jambières. Pendant les haltes, éviter de prendre froid;

pour cela, ne pas s'asseoir dans les endroits trop frais et surtout ne pas s'étendre sur le sol.

Ne manger le repas froid que lorsque l'ordre en est donné.

Fumer si on en a l'habitude, mais modérément.

Hygiène a l'arrivée au gîte.

Après l'arrivée au gîte et aussitôt que le service le permet, changer de chemise si celle-ci a été mouillée. Se maintenir le ventre couvert par la ceinture de flanelle. Changer de chaussures. S'essuyer les pieds avec un linge ou une éponge humide. Prendre ensuite tous les soins de propreté corporelle habituels.

Ne prendre des bains de rivière que si l'ordre en a été donné et dans les endroits indiqués. Attendre trois heures au moins après le repas pour se baigner; agir autrement, c'est vouloir s'exposer à une congestion.

Après que le corps a été soigné, nettoyer les chaussures et les graisser. Battre et brosser les effets de drap. Faire sécher le linge de corps si on ne peut le laver. Laver ce linge toutes les fois que l'on séjourne plus d'un jour au même endroit; laver aussi alors les effets de toile et les doublures de la veste.

Eviter d'aller boire dans les cabarets des boissons alcooliques qui font toujours du mal et ne désaltèrent pas. En principe, tous les débits sont interdits aux troupes pendant les deux ou trois premières heures qui suivent leur arrivée dans la localité.

Prendre régulièrement part aux repas et y manger les aliments chauds. L'heure du repas est un service. La permission du capitaine est nécessaire pour ne pas y assister.

Premiers soins a prendre en cas de blessure ou indisposition.

Ampoules. — Si, par suite d'un mauvais entretien de la chaussure, celle-ci provoque des ampoules, percer l'ampoule avec une aiguille enfilée de fil blanc propre, laisser le fil dans l'ampoule sortant par les deux piqûres; le liquide s'écoule ainsi sans produire de plaie, la peau morte tombe d'elle-même en deux ou trois jours en entraînant le fil. Avant de se servir de l'aiguille la flamber à la flamme d'une allumette.

Plaies. — Eviter de toucher une plaie avec les doigts; en écarter tout ce qui pourrait la souiller; recouvrir la plaie d'un linge propre en attendant de pouvoir la faire panser par le médecin.

En campagne, chaque homme a dans la poche intérieure de la veste un paquet individuel de pansement destiné à panser une blessure en attendant que le médecin puisse l'examiner. Le paquet de pansement n'est ouvert qu'au moment de l'utiliser et, pour cela, il suffit de rompre le fil noir qui le ferme, d'enlever la première enveloppe et de déchirer la deuxième; on applique ensuite sur la plaie l'étoupe entourée de la gaze; par-dessus, on met la compresse et on assujettit le tout avec la bande et les épingles en serrant modérément.

Une blessure ainsi soignée a beaucoup de chances de guérir rapidement, tandis que, si on la touche avec les doigts ou un linge insuffisamment propre, on risque de l'infecter et d'amener la gangrène.

Coup de chaleur. — Débarrasser le malade de son équipement; l'étendre à terre, à l'ombre, la tête légèrement surélevée, ouvrir largement les vêtements; appliquer des compresses d'eau froide sur la tête; faire boire de l'eau fraîche. Appeler le médecin.

Congélation. — Transporter le malade dans un endroit chaud, mais pas trop; le dévêtir, le frotter avec de la neige ou de l'eau froide, frictionner ensuite à sec; dès qu'il peut avaler, lui donner quelques cuillerées d'eau-de-vie, de vin ou de boisson chaude. Appeler le médecin.

Fractures. — S'il est possible, ne pas transporter le malade avant que le médecin ne l'ait vu. Dans le cas contraire, immobiliser le membre lésé au moyen d'un appareil de fortune fait avec des baguettes, des baïonnettes, des fourreaux placés directement sur le vêtement ou, mieux encore, sur les deux bords repliés d'une sorte de gouttière formée par une veste ou une capote pliée plusieurs fois. Fixer le tout au moyen de cravates.

Entorses. — En attendant le médecin, faire des applications de linge mouillé d'eau très chaude ou très froide. Si c'est possible, baigner le membre dans un récipient rempli d'eau chaude.

QUESTIONNAIRE

Observation. — L'instructeur montrera pratiquement comment on se sert du paquet de pansement en utilisant les paquets d'instruction. Il montrera également à constituer une gouttière de fortune.

En route, que doit faire le canonnier avant de quitter le gîte?
Faut-il boire pendant la marche?
Peut-on puiser de l'eau partout?
Que faut-il faire pour faciliter la respiration et la circulation du sang?
Quelles précautions faut-il prendre pendant les haltes?
Peut-on fumer?
Le repas froid peut-il être mangé à un moment quelconque?
Que faut-il faire après l'arrivée au gîte?
Peut-on se baigner dans les rivières?
Quand lave-t-on le linge de corps?
Lave-t-on seulement chemise et caleçon?
Le canonnier peut-il aller boire dans les débits aussitôt après l'arrivée?

Le canonnier peut-il manquer au repas?
Comment soigne-t-on une ampoule?
Comment soigne-t-on une plaie?
Comment soigne-t-on un camarade atteint d'un coup de chaleur?
Comment soigne-t-on un camarade frappé de congélation?
Comment soigne-t-on une fracture?
Comment soigne-t-on une entorse?

51. HYGIÈNE DES CHEVAUX EN CAMPAGNE (1).

En campagne, plus encore qu'au quartier, le canonnier doit veiller à donner à ses chevaux tous les soins prescrits grâce auxquels ces animaux seront maintenus en bonne santé. Chaque jour, les chevaux fournissent un travail bien plus considérable qu'en garnison; de plus, leur installation est souvent mauvaise; assez souvent ils n'ont aucun abri. Il faut compenser cela par plus de soins.

Une batterie en campagne a peu de chevaux de remplacement et elle se trouverait bientôt immobilisée si ses animaux disparaissaient.

Le pansage, les soins avant et après le travail, sont faits ou donnés comme au quartier avec, comme seule différence, que le canonnier rend compte à son chef de pièce, au lieu de le faire au sous-officier de service, de ce qu'il peut constater chez ses chevaux, cela parce que le service se fait par pièce.

Repas.

En campagne, le cheval fait trois repas par jour : un le matin, avant le départ, composé de foin; un en cours de route, composé de 2 kilogrammes d'avoine; un le soir, après l'arrivée au gîte, composé de foin et avoine.

Abreuvoir.

En cours de route, il faut chercher à abreuver les chevaux aussi souvent que cela est possible. Si le temps dont on dispose le permet, on dételle. Si cela n'est pas possible, on donne à boire, ne serait-ce que quelques gorgées, avec les seaux d'abreuvoir et les seaux en toile.

Le soir, après l'arrivée au gîte et avant de donner l'avoine, il faut faire boire longuement.

Il faut toujours chercher à donner aux chevaux une eau propre, aussi faut-il éviter de faire entrer les chevaux dans les rivières, ruisseaux, étangs si le fond est vaseux et si l'eau n'est pas suffisamment courante pour se renouveler

(1) Numéro à n'enseigner qu'aux conducteurs.

très vite. Il vaut mieux alors faire boire en employant des seaux, baquets, etc. Cela demandera peut-être plus de temps, mais les animaux boiront alors convenablement.

Des chevaux qui ne boivent pas suffisamment dépérissent très vite, meurent en peu de temps.

Entretien du harnachement.

Avec un harnachement bien entretenu, on blesse rarement un cheval. Aussi le canonnier doit-il, aussitôt après avoir soigné ses chevaux, nettoyer avec soin le harnachement ainsi qu'il a appris à le faire au quartier.

Il faut : faire sécher les couvertures, les secouer et les battre quand elles sont sèches; battre les panneaux des selles et sellettes; laver à l'éponge toutes les parties du harnachement qui touchent le corps du cheval; maintenir le cuir souple en le passant à la pièce grasse du côté opposé au corps du cheval; faire recoudre immédiatement toute couture tendant à se défaire.

Le harnachement doit être toujours bien ajusté, afin de ne pas porter à faux sur le cheval.

Maladies.

Prendre les précautions indiquées au quartier pour les éviter : ne pas laisser les chevaux dans les courants d'air; les couvrir s'il est nécessaire avec les couvertures; bien surveiller si le cheval mange avec appétit; nettoyer l'avoine, s'il y a lieu, avant de la lui donner; toutes les fois qu'on le pourra, ne pas la lui donner dans la musette, le cheval mange mieux dans une auge ou tout récipient qui le laisse respirer librement; veiller aux coliques; surveiller la ferrure et les pieds; prévenir le chef de pièce dès qu'un cheval paraît malade.

Blessures.

En garnison, lorsqu'un cheval est blessé, on le laisse au repos; en campagne, cela n'est pas possible, le cheval doit marcher quand même.

Les tumeurs se soignent par le massage et l'éponge mouillée; si la tumeur ne disparaît pas par ce traitement, on modifie le harnachement; si la tumeur est à l'emplacement de la selle, on fera creuser par le bourrelier le pommeau de la selle à l'emplacement de la tumeur (c'est ce qu'on appelle faire une fontaine) et on recouvrira la couverture en cet endroit d'un morceau de toile cirée, lequel diminuera le frottement et évitera ainsi de former une plaie; on pourra, si le procédé n'amène pas la guérison ou ne peut être employé, par suite du manque de temps, mettre le cheval en sous-verge et lui supprimer la sellette.

On agira de même pour une plaie du dos.

Pour une blessure au poitrail, on déplacera le corps de bricole si possible; si cela est insuffisant, on garnira le corps de bricole d'une toile cirée qui diminuera le frottement.

On agira de même pour une blessure produite par l'avaloire. Si le cheval est blessé par la croupière, on la dessellera et on l'enveloppera d'un linge ou de toile cirée; on la supprimera s'il le faut.

Lorsque le cheval est blessé par les sangles, c'est que celles-ci sont dures, placées trop en avant; il faut alors les graisser ou les entourer avec de la peau de mouton et seller plus en arrière.

Le cheval qui est blessé à la bouche sera guéri par un meilleur ajustage de la bride et du mors.

Lorsque le cheval est blessé par la gourmette, il faut entourer celle-ci d'un linge graissé ou d'un morceau de peau de mouton, au besoin la supprimer.

Le cheval dont la nuque n'est pas brossée avec soin et auquel on met une bride à dessus de tête dur est atteint rapidement en cet endroit d'une blessure douloureuse, appelée mal de taupe, difficile à guérir et à soigner, qui le rend impropre à tout service.

Les blessures à l'emplacement du dessus de cou et du colleron ont presque toujours pour cause la malpropreté de la crinière à ces emplacements. On les soignera en déplaçant le harnachement et en mettant, à ces pièces de harnachement, de la peau de mouton; enfin, en mettant le cheval au service de selle.

Un bon ajustage du harnachement, la précaution de bien seller, celle de ne pas déplacer la selle en marche ou en mettant pied à terre et en remontant à cheval, l'attention constante à vérifier que la couverture ne porte ni sur le garrot ni sur les reins, empêcheront les blessures de se produire et permettront de guérir rapidement celles qui malgré tout se produiraient.

L'échange de chevaux fait en temps voulu : porteur en sous-verge ou cheval de selle, cheval de selle en sous-verge, permettra aussi de remettre rapidement un cheval en parfait état.

Tout canonnier qui, en route et par sa faute, rend ses chevaux indisponibles, est puni sévèrement et, en outre, marche à pied en les conduisant en main.

QUESTIONNAIRE.

L'instructeur reviendra sur ce que le canonnier doit faire au pansage, avant de harnacher ses chevaux, à la rentrée du travail (*Voir pour cela le questionnaire du n° 23*) et emploiera ensuite le questionnaire ci-après :

Pourquoi le canonnier doit-il prendre plus de soin encore de ses chevaux en campagne qu'au quartier?

A qui doit-il rendre compte de tout ce qu'il constate dans l'état de ses chevaux?

Combien le cheval fait-il de repas par jour?

Que comporte chacun de ces repas?
Quand abreuve-t-on les chevaux?
A quel moment le canonnier s'occupe-t-il du nettoyage du harnachement?
Quelles sont les parties du harnachement qu'il faut surtout nettoyer?
Que fait-on aux couvertures, aux panneaux de selle et sellette?
Comment soigne-t-on une tumeur?
Que fait-on si une tumeur ne disparaît pas par le massage et la pose de l'éponge?
Comment soigne-t-on une plaie du dos?
Comment soigne-t-on une plaie du poitrail?
Comment soigne-t-on une plaie causée par l'avaloire?
Comment soigne-t-on une plaie causée par la croupière?
Comment soigne-t-on une plaie causée par les sangles?
Comment soigne-t-on une plaie causée par les montants de bride? par le mors?
Comment soigne-t-on une plaie causée par la gourmette?
Quelle est la cause des blessures sur la nuque?
Quelle est la cause des blessures à l'emplacement du dessus de cou, du colleron?
Quelles précautions faut-il prendre pour abreuver les chevaux dans un ruisseau, un étang?
Quelle précaution faut-il prendre avant de donner l'avoine à manger au cheval?
Faut-il toujours donner l'avoine dans la musette mangeoire?
Qu'arrive-t-il au canonnier qui, par sa faute, rend ses chevaux indisponibles?

52. TRANSPORT PAR CHEMIN DE FER D'UNE BATTERIE DE 75 SUR PIED DE GUERRE (1).

Le transport d'une batterie sur le pied de guerre nécessite un train complet.

Ce train est formé dans une gare ordinaire ou spécialement affectée à l'administration militaire. Il peut être placé le long d'un quai ou d'un chantier (le quai a son sol à hauteur du plancher des wagons, le chantier a son sol à hauteur du rail).

Le train comprend : des voitures à voyageurs, ou des wagons à marchandises, aménagés ou non, pour le transport des hommes ; des wagons pour le transport des chevaux ; des trucs pour le transport du matériel.

(1) Voir tout d'abord les observations placées en tête du questionnaire de ce numéro.

CHAPITRE I

Mesures préparatoires.

RECONNAISSANCE

Une batterie qui doit être transportée par chemin de fer est prévenue de l'heure à laquelle elle devra commencer son embarquement.

Le capitaine prend les dispositions nécessaires pour faire reconnaître le train, la gare, les moyens d'y accéder et pour y faire transporter en temps voulu les accessoires nécessaires, pour les opérations de l'embarquement, le fourrage et l'avoine que les chevaux consommeront au cours du trajet.

A l'arrivée de la batterie à la gare, les opérations peuvent ainsi commencer aussitôt.

TENUE

La tenue du personnel est la tenue de campagne modifiée comme il suit :

a) Tout le personnel porte en sautoir :

L'étui-musette, contenant la gamelle, le quart, la cuiller, le pain (et le couteau à conserve pour les chefs de pièce) ;

Le manteau ou la capote.

b) Les musettes-mangeoires vides des chevaux sont placées :

Chevaux de selle et d'attelage à la Daumont : roulées et fixées au côté gauche du troussequin de la selle par une des courroies de charge ;

Chevaux conduits en guides : fixées sur le dessus de cou, à gauche, au moyen de la corde de suspension que l'on fait passer dans l'anneau de rênes et autour de la musette.

c) Les surfaix et les longes en chaîne sont laissés dans les sacoches, mais placés à la partie supérieure, de manière à pouvoir être atteints facilement.

CHARGEMENT DES VOITURES

Les voitures ont leur chargement complet en munitions, rechanges, paquetages, vivres, avoine, bagages.

ÉQUIPES

Les hommes non montés sont répartis d'avance en équipes qui sont chargées de l'embarquement du matériel. Chaque équipe est commandée par un sous-officier. L'ensemble des équipes est placé sous la direction d'un lieutenant.

ARRIVÉE A LA GARE

La batterie est arrêtée à proximité de la gare.

a) On dételle les attelages de devant et du milieu, de manière à diminuer la longueur des voitures et à faciliter leur placement à l'intérieur de la gare.

Les chevaux de selle, les attelages ainsi dételés et ceux haut-le-pied sont formés en colonne.

b) Les hommes non montés se rassemblent rapidement en tête de la batterie; les équipes prévues sont formées aussitôt et emmenées par les chefs d'équipe devant les trucs sur lesquels elles auront à charger le matériel.

Chaque chef d'équipe fait former les faisceaux et déséquiper ses hommes. Les capotes, manteaux, équipements sont disposés en ordre à côté des faisceaux. Les vestes sont quittées si la température le permet.

c) La colonne des chevaux pénètre dans la gare, conduite par le lieutenant ou l'adjudant chargé de diriger l'embarquement des chevaux. Elle est formée en bataille face aux wagons en ayant soin de ménager la place des attelages de derrière.

d) Les voitures sont amenées par les attelages de derrière à proximité des trucs sur lesquels elles doivent être chargées. Elles sont alors dételées.

e) Dès que les attelages de derrière ont repris leur place dans leur pièce, les chevaux sont fractionnés en groupes de huit correspondant chacun au chargement d'un wagon. Tous les hommes montés mettent alors pied à terre et déposent en arrière des chevaux et en ordre leurs armes, manteaux et équipements. Les vestes sont quittées si la température le permet.

CHAPITRE II

Opérations de l'embarquement.

Les opérations de l'embarquement comprennent :

L'embarquement du matériel;
L'embarquement des chevaux;
L'embarquement du personnel;

Les deux premières ont lieu simultanément.

Toutes doivent être terminées :

En deux heures, si le train est à quai;

En deux heures et demie s'il n'y a pas de quai, l'embarquement se faisant alors au moyen de rampes mobiles reliant le sol du chantier au plancher des wagons ou trucs.

Art. 1. — Embarquement du matériel.

§ 1. — Trucs.

Le matériel est chargé sur des trucs dont la longueur et la construction sont variables.

La contenance de chaque truc est indiquée par une inscription à la craie qu'a fait mettre l'officier chargé de la reconnaissance du train.

Cette contenance est donnée d'ailleurs numériquement par une étiquette peinte et apposée par le service des chemins de fer sur tous les trucs. Cette étiquette est constituée par un chiffre suivi des lettres E. F. qui signifient : essieu fictif.

L'essieu fictif est une mesure conventionnelle destinée à estimer la contenance des trucs au point de vue des transports militaires.

Chaque voiture militaire porte aussi une étiquette, peinte en rouge, avec les lettres E. F. indiquant combien cette voiture vaut d'essieux fictifs.

Ces valeurs sont :

	Essieux fictifs.
Pour tous les avant-trains séparables........	1
Pour l'arrière-train de canon...............	2
Pour l'arrière-train de caisson..............	1 1/2
Pour l'arrière-train de la forge.............	2
Pour l'arrière-train du chariot de batterie....	2
Pour un fourgon..........................	3
Pour une fourragère......................	4
Pour une voiture à viande..................	3
Pour une voiture médicale..................	2
Pour une voiture-observatoire...............	3

Les figures placées à la fin de ce numéro donnent différents exemples de chargements sur des trucs de différentes capacités. Tous peuvent être employés indifféremment, sous la seule réserve que le nombre total d'essieux fictifs, représenté par les voitures à embarquer sur un truc déterminé, ne dépassera pas le nombre d'essieux fictifs indiquant la capacité du truc.

§ 2. — Accessoires d'embarquement.

Des accessoires destinés à faciliter les manœuvres de chargement et à assurer la bonne exécution de celui-ci sont déposés à proximité des trucs. Ils comprennent :

a) Des bottillons de paille destinés à amortir le choc des roues sur le plancher des trucs (dimensions : longueur, $0^m,80$; tour, $1^m,25$);

b) Des bottillons de paille, moins gros que les précédents, devant être utilisés pour être placés entre certaines parties du matériel pour empêcher les dégradations (longueur, $0^m, 80$; tour, $0^m, 30$);

c) Des plateaux en bois ($0^m, 60 \times 0^m, 30 \times 0^m, 06$), destinés à être placés sous les roues des voitures lourdes et les bêches des canons, et à permettre le franchissement des rebords fixes et des traverses saillantes des trucs par les roues des voitures;

d) Des jarretières, cordages destinés à réunir entre elles les voitures voisines;

e) Des leviers de manœuvre, employés pour manœuvrer les voitures au cours du chargement;

f) Des grandes cales avec manches, employées au calage des roues au cours du chargement;

g) Des ponts-volants destinés à couvrir l'espace laissé libre entre le quai et le plancher des trucs ou entre deux trucs voisins;

h) Des rampes mobiles et des poulies, employées dans le chargement lorsqu'il n'y a pas de quai.

i) De la ficelle;

j) De petites cales, destinées à immobiliser les roues lorsque le matériel a été chargé.

§ 3. — Principes généraux a appliquer.

1° Les voitures sont toujours amenées du quai ou du chantier sur les trucs, le timon ou la flèche en arrière;

2° L'arrière-train de caisson séparé de son avant-train est basculé après le chargement; la flèche est toujours rabattue sur le plancher du truc, sans quoi, dans les tamponnements, elle pourrait entraîner le basculement du caisson; veiller à ce qu'elle ne vienne pas buter contre la voiture voisine et, s'il est nécessaire, enlever le seau placé sur la flèche;

3° Lorsque deux arrière-trains de caisson sont voisins, croiser les flèches en veillant à ce qu'elle ne se touchent pas et les brêler l'une à l'autre avec une jarretière après interposition d'un bouchon de paille;

4° Le timon d'un avant-train est en principe toujours enlevé, mais ne doit l'être que lorsque l'avant-train a été amené à sa place sur le truc, sans quoi on s'exposerait à un basculement très dangereux. Les timons enlevés sont placés sur le truc le long des grands côtés;

5° La volée d'un avant-train est en général placée sur le plancher du truc en évitant de la mettre en contact avec les bords du truc. Pour éviter que la volée ne repose sur le plancher par le piton de servante, placer un bottillon sous cette volée, vers son milieu.

6° Lorsqu'un avant-train se trouve à côté de la flèche d'un canon, il est placé à cheval sur cette flèche, la volée du côté de la culasse, sans l'amener, toutefois, trop près de celle-ci. On interpose alors entre le dessous des cases d'armons et la flèche un bottillon de paille et l'on relie la volée de l'avant-train à la flèche de l'affût par une jarretière ;

7° Le soc de la bêche de chaque canon, ainsi que les roues, sont placés sur des plateaux en bois blanc, cloués sur le plancher du truc après le chargement. La culasse doit reposer sur le coussin ;

8° Il y a, en général, intérêt, pour diminuer l'encombrement, à engager la volée du canon au-dessus d'un avant-train par l'arrière de ce dernier. Il faut alors enlever la galerie porte-sacs de l'avant-train, que l'on dépose sur le plancher du truc; rabattre le dossier mobile en avant et nouer ses lanières pour qu'elles ne se perdent pas. Le jeu entre la volée de la pièce et le dessus du coffre de l'avant-train étant très faible, il importe d'amener le canon à sa place avec précaution, pour qu'il n'y ait pas choc des galets de la bouche et de la volée elle-même sur le coffre. En tout cas, arrêter le mouvement à temps pour que la volée ne puisse entrer au contact de l'avant-train ;

9° Lorsque deux voitures sont en contact soit par leurs roues, soit par toute autre partie, elles doivent être brêlées au moyen de jarretières toutes les fois que cela est possible. Dans tous les cas il est utile d'interposer entre elles un bouchon de paille ;

10° Pour embarquer une voiture à quatre roues lourdement chargée, il est en général avantageux de décharger au préalable une partie des objets qu'elle contient. Ceux-ci sont rechargés sur la voiture lorsqu'elle est à sa place sur le truc; on peut aussi déposer les objets enlevés à même sur le plancher du truc, lorsqu'il ne peut en résulter d'inconvénient, et ne les replacer sur la voiture qu'après son débarquement.

§ 4. — Conditions d'un bon chargement.

1° Répartir autant que possible le poids sur la surface du truc, de manière à ne pas fatiguer inégalement les ressorts ;

2° Faire en sorte qu'aucune partie du chargement ne dépasse les faux-tampons ou, tout au moins, que les chargements de deux trucs successifs ne puissent en aucun cas s'entrechoquer ;

3° Consolider, caler, brêler et amarrer avec soin les parties du chargement qui en sont susceptibles, de manière à les rendre toutes parfaitement solidaires entre elles et à en assurer la complète stabilité ;

4° Clouer sur le plancher du truc les plateaux placés sous les bêches de crosse et les roues des canons, ainsi que ceux placés sous les roues des voitures lourdes. Clouer de même les cales des roues. Employer chaque fois deux clous de façon que le plateau ou la cale ne puisse pivoter. (Ce sont les agents de chemins de fer qui, en principe, sont chargés de clouer les cales et plateaux.)

§ 5. — Procédés de manœuvre.

a) Lorsque le mouvement d'une voiture le long d'un plan incliné ne peut être obtenu sous l'effort des hommes appliqués à la voiture, il est inutile de mettre plus de deux hommes à chaque roue; ils se gêneraient les uns les autres;

b) Pour une voiture à deux roues, ou une demi-voiture à trains séparables, faire monter sur la rampe alternativement l'une et l'autre roue en arrêtant chaque fois le mouvement lorsque la roue immobile menace de se décaler; les hommes disponibles font effort sur la volée ou la flèche dans le sens convenable pour favoriser le mouvement;

c) Pour une voiture à quatre roues à trains non séparables, faire tourner chaque roue de l'arrière-train dans le sens voulu à l'aide d'un levier, embarré sous une partie fixe de la voiture, avec lequel on fait effort de haut en bas sur un rais de la roue contre la jante. Eviter tout effort de bas en haut qui pourrait faire tourner la roue sans faire progresser la voiture;

d) Pour amener une voiture à quatre roues à sa place définitive, il peut être nécessaire de riper l'un ou l'autre de ses trains. Pour cela, appliquer deux hommes à chacune des roues à déplacer; le dos à la roue, ces hommes soulèvent la voiture au commandement du chef d'équipe en faisant effort sur les rais les plus horizontaux et en même temps poussent latéralement dans le sens voulu;

e) Pour caler une roue avec une cale à manche, appliquer contre cette roue le petit côté de la cale et sur le plan incliné ou sur le plancher du truc la plus grande face.

§ 6. — Modes de chargement.

Suivant l'emplacement occupé par le train le chargement a lieu :

A. A quai;

B. Sur chantiers à l'aide de rampes;

Dans chacun de ces cas les trucs peuvent être chargés :

1° Chacun d'eux directement

2° Par l'emploi d'un truc voisin, dit truc auxiliaire.

Les dispositions de la plupart des quais ou chantiers font que le chargement a lieu en général par le grand côté des trucs; exceptionnellement il peut se faire par le petit côté.

A. — *Chargement à quai.*

1° Chargement direct d'un truc par le grand côté.

Dispositions préliminaires. — Le chef d'équipe, renseigné par les inscriptions à la craie portées par les trucs, détermine dans quel ordre il placera sur ces trucs les voitures qui doivent y être chargées.

Puis il fait prendre les dispositions suivantes :

1° Fixer les servantes de tous les avant-trains à la volée du côté du piton, avec de la ficelle;

2° Attacher deux à deux les ressorts de traction des voitures à trains séparables, de manière à les maintenir appliqués contre la volée ;

3° Désigner deux canonniers qui seront chargés de s'appliquer aux roues (roues de l'arrière-train pour une voiture à 4 roues), deux autres qui tiendront le timon ou la flèche, deux enfin qui seront chargés de la manœuvre des cales à manche; prévenir les autres hommes de l'équipe qu'ils auront à se porter aux points où leur présence sera nécessaire dès qu'ils en recevront l'indication du chef d'équipe;

4° Relier le truc au quai par deux ponts volants; placer le bord gauche du premier à 0m, 50 environ du côté gauche (1) du truc;

5° Disposer les bottillons nécessaires pour amortir le choc des roues sur le plancher, lorsque les côtés du truc ne se rabattent pas.

Le chef d'équipe est seul chargé de diriger la manœuvre et de faire les commandements ou indications nécessaires. Il se place à l'endroit d'où il peut le mieux surveiller et diriger les opérations. Tous les hommes de l'équipe doivent travailler en silence.

Embarquement des voitures à trains séparables. — Placer la demi-voiture en face du truc, son axe dans le prolongement de celui des ponts-volants, le timon ou la flèche du côté opposé au truc.

Introduire la première demi-voiture sur le truc.

Lorsque les roues reposent sur le plancher, orienter la voiture dans la direction qu'elle doit occuper définitivement et la pousser le plus à droite possible.

Introduire sucessivement de la même façon les autres demi-voitures en les engerbant convenablement avec les voitures déjà introduites.

Disposer les voitures en file dans l'axe du truc en se conformant à ce qui a été dit au paragraphe 3 (principes généraux) et au paragraphe 4 (conditions d'un bon chargement).

Le chargement terminé, brêler les voitures au moyen des jarretières (voir § 3).

Disposer les cales à l'emplacement qu'elles doivent occuper (2). Le clouage des cales et des plateaux est assuré

(1) Les termes de droite et gauche désignent la droite et la gauche du chef d'équipe placé sur le quai, face au truc à charger.
Le grand côté intérieur d'un truc est celui contre lequel sont appuyés les ponts-volants ou la rampe mobile; le grand côté extérieur lui est opposé.

(2) Voir renvoi (1) de la page suivante.

par les agents de chemin de fer, qui procèdent ensuite à la consolidation du chargement au moyen de prolonges.

Remarque. — Les timons des avant-trains de la forge et du chariot de batterie peuvent ne pas être enlevés. Dans ce cas, faire reposer ce timon sur l'essieu de l'arrière-train entre le coffre et l'une des roues, l'attacher par des jarretières au coffre ou à la roue.

Embarquement d'un fourgon, de la voiture à viande. — Placer la voiture en face du truc, son axe dans le prolongement de celui des ponts volants, le timon du côté opposé au truc.

Décharger partiellement la voiture si c'est nécessaire (§ 3, 10°). Faire reculer la voiture sur les ponts volants et l'introduire sur le truc. Faire tourner l'arrière-train à droite au moment où les roues reposent sur le plancher; continuer à reculer pour engager l'avant-train et pousser la voiture vers l'extrémité de droite de la plate-forme; la ramener ensuite vers le milieu du truc pour répartir le chargement.

Enlever le timon et le placer au-dessous de la voiture, sur le plancher.

Disposer les cales à l'emplacement qu'elles doivent occuper (1).

Embarquement de la fourragère. — Opérer d'abord comme pour un fourgon, puis, quand la voiture est sur les ponts volants, commencer à faire tourner l'arrière-train à droite. Quand la roue droite de l'arrière-train est à environ 0m,40 du côté extérieur du truc, riper à bras l'arrière-train (§ 5, *d*). Terminer le chargement comme pour un fourgon.

Embarquement d'un fourgon avec une demi-voiture à trains séparables. — Introduire d'abord le fourgon sur le truc comme il a été dit.

Amener ensuite la demi-voiture et la pousser sur le truc, le timon ou la flèche en arrière; la faire tourner à gauche, en reculant, et l'amener dans l'axe du truc.

Poser la volée ou la flèche sur le plancher en l'engageant le plus possible sous la voiture à quatre roues (2).

Disposer les cales.

---

(1) Pour les voitures à trains séparables ou pour les voitures à deux roues, il est placé trois cales par roue : une à l'avant, une à l'arrière et une sur le côté extérieur.

Pour les voitures à quatre roues dont les trains restent réunis, il est placé deux cales par roue : une à l'avant (ou à l'arrière) et une sur le côté extérieur si les essieux sont parallèles; mais si les trains sont placés à angle droit, il est nécessaire de conserver trois cales par roue.

Les cales sont fixées par deux pointes au moins, soit sur les plateaux en bois blanc, soit sur le plancher des wagons. Elles doivent toujours reposer sur leur plus grande face, le petit côté de l'angle droit placé contre la roue.

(2) Si la demi-voiture est un avant-train, on peut aussi lais-

Embarquement d'un fourgon ou de la fourragère avec la voiture médicale. — Introduire d'abord la voiture à quatre roues, comme il a été dit, mais la maintenir aussi rapprochée que possible du grand côté extérieur du truc.

Amener ensuite la voiture médicale et la pousser sur le truc, les limonières en arrière; la faire tourner à gauche, en reculant, et l'amener contre le grand côté intérieur du truc.

Poser les limonières sur le plancher et les engager sous la voiture à quatre roues.

S'il y a lieu, déplacer les deux voitures pour les amener à leur place définitive.

Disposer les cales.

Embarquement de deux fourgons, les avant-trains juxtaposés dans la largeur du truc. — Il peut être nécessaire, pour le chargement sur certains trucs de deux fourgons, de juxtaposer leurs avant-trains dans la largeur du truc.

Ces voitures doivent être placées de façon que les manivelles des vis de frein ne soient pas en contact; elles doivent donc se trouver vers les grands côtés du truc et non à l'intérieur.

Introduire d'abord le fourgon qui doit se trouver contre le grand côté extérieur du truc comme il a été dit, le pousser le plus à droite possible en le rangeant contre le bord extérieur. Enlever le timon et tourner l'avant-train pour en diriger l'essieu suivant l'axe de la voiture, la volée du côté extérieur.

Introduire le deuxième fourgon en faisant tourner l'arrière-train à gauche, et, si possible, en commençant ce mouvement sur les ponts volants. Lorsque l'avant-train arrive sur le plancher du truc, déplacer l'arrière-train à bras pour le ranger contre le bord intérieur, puis en restant contre ce bord du truc, avancer le plus près possible de l'autre voiture. Enlever le timon et faire pivoter l'avant-train pour en diriger la volée du côté du quai.

Amarrer les avant-trains l'un à l'autre.

Disposer les cales.

2° Chargement à l'aide d'un truc auxiliaire.

Toutes les fois qu'un chef d'équipe a à assurer le chargement de plusieurs trucs et que les petits côtés de ceux-ci peuvent se rabattre, il y a grand avantage, au point de vue de la facilité et de la rapidité du chargement, à faire passer toutes les voitures par le même truc et, de là, les conduire à leur place définitive sur les autres.

Même lorsque les petits côtés des trucs ne se rabattent pas, si les planchers ne sont pas à traverses saillantes il y a encore avantage à employer ce procédé dit du truc auxiliaire.

---

ser le timon en place en ayant soin de l'engager le plus possible sous la voiture à quatre roues.

Dispositions préliminaires. — Prendre les dispositions 1°, 2°, 3° indiquées pour le chargement direct, puis les suivantes :

4° Relier le truc auxiliaire (supposé placé à gauche des autres) au quai par deux ponts volants; placer le bord gauche du premier à environ 0m, 50 du côté gauche du truc;

5° Abattre, s'il est possible, les petits côtés des trucs, les relier par deux ponts volants ; si les petits côtés sont fixes, disposer des bottillons pour en faciliter le franchissement.

Embarquement de voitures quelconques. — Introduire la première demi-voiture ou voiture à quatre roues sur le truc auxiliaire comme il a été dit pour le chargement direct, la tourner dans la direction qu'elle doit avoir définitivement; la conduire par les ponts volants qui relient les trucs à la place qu'elle doit occuper.

Opérer de même successivement pour toutes les voitures à charger.

Le chargement des trucs voisins achevé, procéder à celui du truc auxiliaire comme il a été dit pour le chargement direct.

Brêler et disposer les cales.

B. — *Chargement sur chantier à l'aide de rampes.*

1° Chargement direct d'un truc par le grand côté.

Dispositions préliminaires. — Prendre les dispositions 1°, 2°, 3° indiquées pour le changement direct à quai, puis les suivantes :

4° Relier le truc au sol du chantier par une rampe (1); placer le bord gauche de la rampe à 0m,20 environ du côté gauche du truc;

5° Disposer les bottillons nécessaires pour faciliter l'accès de la rampe, s'il y a lieu, et pour amortir le choc des roues sur le plancher du truc, lorsque les grands côtés ne se rabattent pas;

6° Fixer solidement une corde à chevaux par une de ses extrémités à un des essieux du truc, du côté opposé à la rampe, la rabattre transversalement sur le plancher. A cette première corde en fixer une deuxième, de manière que le nœud qui les réunit se trouve vers le milieu du truc quand la corde est tendue. L'extrémité de cette deuxième corde est engagée dans la gorge de la poulie et les hommes disponibles s'y appliquent pour faire monter la voiture sur la rampe (2) (3);

---

(1) Voir, pour le montage de la rampe, chapitre V.

(2) Avec les cordes à chevaux de 8 mètres, il est nécessaire d'allonger le cordage à l'aide d'une troisième corde qui ne traverse pas la poulie;

(3) Dans le cas où l'on ne dispose pas de poulie, on utilise la corde à chevaux, seule, en la fixant directement aux cordages fixés à la voiture comme il est dit aux 7° et 8°.

7° Réunir par un nœud les deux bouts d'une jarretière, la replier en 4. Ainsi disposée, cette jarretière pourra être passée : dans le crochet-support de flèche des avant-trains, dans le crochet d'arrière des caissons, autour de l'essieu d'arrière-train de la forge, du chariot de batterie, etc., pour recevoir le crochet de la poulie.

8° Equiper comme suit les arrière-trains de canon : préparer deux cordages identiques, formés chacun à l'aide de deux jarretières nouées bout à bout. Juxtaposer ces deux cordages. Poser l'une des extrémités du cordage double sur la volée, en avant du guidon, en laissant pendre à droite un bout libre d'environ un mètre ; faire passer l'autre extrémité successivement sur la sus-bande de gauche, entre le flasque gauche et la plaque-support d'appareil de pointage, et sous le couvre-essieu de gauche en allant de l'avant vers l'arrière ; la ramener sur le canon en passant entre la sphère du mécanisme de pointage en direction et l'arc-boutant du bouclier ; puis l'engager sous le couvre-essieu de droite d'arrière en avant et la ramener sur le canon par-dessus la sus-bande de droite. Croiser les deux bouts libres du cordage double au-dessus du canon, en avant du guidon, en les égalisant, puis les réunir par un nœud au-dessous du frein. Le bec de la poulie pourra être engagé dans le cordage, sous le frein ;

9° Recommander aux hommes chargés de la manœuvre des cales à manche, de suivre tous les mouvements de la voiture pendant son trajet sur la rampe, en se tenant de chaque côté et en dehors de la rampe ; de caler les roues toutes les fois que les hommes qui manœuvrent la voiture ont besoin de se reprendre.

Embarquement des voitures. — Faire monter la voiture sur la rampe en évitant de la faire passer sur les crochets des longrines. Introduire la voiture sur le truc et opérer alors comme dans le chargement à quai.

2° Chargement à l'aide d'un truc auxiliaire.

Le chargement par l'emploi d'un truc auxiliaire, outre les avantages précédemment énumérés, offre ici celui d'éviter le démontage et le transport de la rampe après le chargement de chaque truc. On doit donc toujours l'employer quand cela est possible.

C. — *Chargement par le petit côté.*

Lorsque, exceptionnellement, les dispositions de la gare permettent d'aborder avec les voitures l'extrémité d'un groupe de trucs à charger, on procède au chargement en appliquant les ponts volants ou la rampe au petit côté du truc extrême qui joue ainsi pour tout le groupe le rôle de truc auxiliaire.

§ 7. — Dispositions finales.

Lorsqu'un chef d'équipe a terminé l'embarquement de toutes les voitures qu'il avait à charger, il vérifie que le chargement remplit les conditions énumérées au § 4. Il fait placer sur les trucs les bottillons de chargement, les plateaux en bois non utilisés, les cales à manches, les leviers de manœuvre; ces accessoires seront utilisés pour le débarquement. Il fait déposer le long du quai ou du chantier les ponts volants, les rampes mobiles et les poulies; ces objets appartiennent à la gare et doivent y rester; la gare de débarquement en fournira d'autres.

Ceci fait, il fait habiller et équiper ses hommes, s'assure qu'aucun objet n'est oublié, et prévient le lieutenant chargé du matériel que son équipe a terminé son travail.

Art. 2. — Embarquement des chevaux.

§ 1. — Wagons.

Les chevaux sont embarqués dans des wagons couverts.

Chaque wagon peut recevoir huit chevaux placés sur deux rangs de quatre se faisant face. Autant que possible, mettre un ou deux chevaux de selle par wagon (1).

§ 2. — Accessoires d'embarquement.

Des accessoires destinés à l'embarquement des chevaux sont disposés à proximité des wagons, ils comprennent :

1° Des ponts volants destinés à permettre de couvrir le vide existant entre le quai et le plancher du wagon.

2° Des rampes mobiles employées lorsqu'il n'y a pas de quai;

3° Des cordes-poitrails servant à former barrière devant les rangs de chevaux et les portes des wagons;

4° De la paille de litière destinée à être répandue sur le plancher du wagon;

5° Du foin en bottes ou en balle, de l'avoine en sac, qui serviront à la nourriture des chevaux pendant le trajet.

§ 3. — Préparation a l'embarquement.

Les chevaux étant placés devant les wagons, les hommes déséquipés comme il a été indiqué au chapitre I (arrivée à la gare), le gradé chargé de l'embarquement d'une fraction de chevaux reconnaît les wagons qui sont affectés à sa fraction. Il s'assure que la porte et les volets opposés au côté de l'entrée sont bien fermés, que seuls les volets

---

(1) Voir figures, p. 218 et 219.

situés au droit de la croupe des chevaux et du côté de l'entrée sont ouverts.

Il fait prendre les dispositions suivantes :

Chevaux de selle. — Desseller (en veillant à relever les étriers), enlever la couverture, fixer les sangles et la couverture au moyen du surfaix (pris dans la sacoche gauche) en entourant la couverture d'un tour et la selle dans sa longueur. Placer la selle debout sur le pommeau en arrière des chevaux sur l'alignement des équipements. Fixer la longe au collier.

Porteurs. — Desseller (en veillant à relever les étriers), laisser la couverture en place, relever les sangles sur la selle. Placer la selle debout sur le pommeau sur l'alignement des équipements.

Sous-verges à la Daumont. — Enlever la sellette, laisser la couverture en place. Placer la sellette devant la selle du porteur, y prendre les deux surfaix de couverture placés dans les sacoches. Fixer la longe en cuir au collier d'attache.

Ceci fait, il fait fixer les harnais des chevaux de trait de la manière suivante :

Porteurs et sous-verges à la Daumont. — Prendre un surfaix de couverture et l'engager successivement, en passant sous le ventre du cheval, dans le porte-traits de gauche, puis dans celui de droite; laisser chaque fois à l'extérieur le trait et, le cas échéant, la plate-longe. Amener la boucle du surfaix sur le milieu du dos du cheval; engager dans cette boucle le contre-sanglon de croupière et l'y maintenir en mettant l'ardillon dans l'un des trous du contre-sanglon. Boucler le surfaix pour maintenir la couverture sur le dos du cheval.

Pour les chevaux munis d'une avaloire, dégager alors le contre-sanglon de bras du haut d'avaloire de la boucle du contre-sanglon de croupière et porter le bras du haut en avant de la chape de courroie trousse-traits.

Fixer ensuite les traits des chevaux. A cet effet, après avoir dégagé les traits des boucleteaux porte-traits d'avaloire, s'il y a lieu, réunir sur la croupe du cheval les deux extrémités des traits en cuir et engager la courroie trousse-traits dans les deux mâles de touret. Achever de replier et de fixer les rallonges de trait comme d'habitude.

Chevaux conduits en guides. — Fixer simplement les traits comme il est dit au dernier alinéa ci-dessus.

§ 4. Modes d'embarquement.

Suivant l'emplacement occupé par le train l'embarquement des chevaux a lieu :

A. A quai;
B. Sur chantier à l'aide de rampe.

A. — *Embarquement à quai.*

Dispositions préliminaires. — 1° Relier le wagon au quai par deux ponts volants.

2° Placer un homme de chaque côté du pont volant.

3° Faire répandre la paille de litière sur le plancher du wagon et les ponts volants;

4° Faire tenir plusieurs animaux par le même homme de manière à avoir plusieurs hommes libres à sa disposition.

5° Désigner deux gardes d'écurie par wagon.

Embarquement. — Au signal donné par le gradé, l'homme qui tient le premier cheval à embarquer, assisté, s'il y a lieu, d'un ou plusieurs autres hommes (1), se porte franchement vers l'entrée du wagon dans lequel il introduit son cheval en lui faisant baisser la tête. Il tourne à droite et range son cheval par un reculer contre la paroi longitudinale du côté de l'entrée, la tête tournée vers le milieu du wagon.

Il attache son cheval avec la longe en chaîne, le plus court possible, à l'anneau de plafond du wagon placé le plus près de la tête du cheval. Avoir soin de passer la longe par-dessous les rênes, de manière que l'on puisse débrider sans détacher le cheval.

L'homme suivant introduit son cheval de la même manière et le place à côté du précédent.

Il ne doit jamais y avoir plus de trois hommes à la fois dans le wagon.

Dès que le rang des chevaux est complet, faire tendre la corde-poitrail, en la faisant passer plusieurs fois repliée dans les anneaux qui sont fixés aux montants du wagon, de manière à la faire passer devant les chevaux et à barrer en même temps la porte du côté opposé à l'entrée.

Procéder de façon analogue pour le rang opposé. La corde-poitrail passée devant le rang barre en même temps la porte d'entrée.

Faire placer les selles dans l'intervalle libre du milieu du wagon, sur une ou deux rangées accolées, debout sur le pommeau, le siège tourné vers la porte opposée à l'entrée, encastrées les unes dans les autres et serrées le plus pos-

---

(1) On doit toujours avoir soin d'embarquer d'abord les chevaux les plus dociles. Quand un cheval résiste, on fait avancer le suivant et le premier est entraîné vivement à la suite, ou bien on lui couvre la tête et on l'amène au wagon après lui avoir fait faire un tour sur lui-même. Un des moyens les plus sûrs de faire entrer un cheval récalcitrant consiste à le faire pousser par deux hommes qui le saisissent vivement sous la croupe, en se tenant la main.

Pour les chevaux qui ruent, on fait usage d'une sangle ou de deux sangles réunis bout à bout.

sible contre la porte. Les sellettes sont placées sur les selles.

Faire placer l'avoine et le foin devant les rangées de selles. Les deux gardes d'écurie désignés pour chaque wagon s'équipent de leurs effets, remettent leurs armes à un de leurs camarades de leur pièce et prennent leur poste dans le wagon.

La porte d'entrée est fermée et le gradé s'assure que les gardes d'écurie sont en mesure d'ouvrir, de l'intérieur, l'organe de fermeture de la porte du wagon.

Charger les wagons suivants.

B. — *Embarquement sur chantier à l'aide de rampes.*

Dispositions préliminaires. — 1° Relier le wagon au sol du chantier par une rampe. (Voir, pour le montage de la rampe, chapitre V.)

Prendre ensuite les mêmes dispositions que celles indiquées pour l'embarquement à quai.

Embarquement. — Procéder comme pour l'embarquement à quai. Veiller à diriger les chevaux sur le milieu de la rampe.

§ 5. — Dispositions finales

Lorsqu'un gradé a terminé l'embarquement de la fraction de chevaux qu'il avait à embarquer, il fait habiller et équiper ses hommes; il s'assure qu'aucun objet n'est oublié, rassemble son personnel et se met à la disposition du lieutenant ou adjudant chargé de la direction de l'embarquement des chevaux.

§ 6. — Devoirs des gardes d'écurie

Les chevaux ne doivent être débridés qu'après le départ du train, lorsqu'ils sont calmés. Les brides, soigneusement attachées, sont placées sur les selles ou sellettes.

A tous les coups de sifflet de la locomotive, à chaque arrêt et à chaque départ, les gardes d'écurie parlent aux chevaux, les calment et les soutiennent si c'est nécessaire.

En cas d'accident, ils se portent aux fenêtres et avertissent par leurs cris et en agitant leurs mouchoirs.

Il leur est interdit de fumer.

Ils ne doivent pas chercher, pendant la marche du train, à ouvrir ou fermer les volets et les portes.

Ils sont relevés toutes les trois heures environ.

Pendant la route, ils font manger les chevaux en leur donnant le foin à la main. Les bottes de foin sont remplacées pendant les haltes, au fur et à mesure de la consommation.

Lorsque, dans une halte, l'ordre d'abreuver les chevaux

est donné, des hommes de corvée remplissent les seaux et les passent aux gardes d'écurie qui les présentent aux chevaux.

Les gardes d'écurie donnent l'avoine dans les musettes-mangeoires; lorsque les chevaux ont terminé, ils retirent les musettes et les placent comme elles étaient au départ.

A la dernière halte avant l'arrivée à destination, les gardes d'écurie sont prévenus, ils brident les chevaux.

Art. 3. — Embarquement des hommes.

§ 1. — Wagons.

Les hommes sont transportés soit dans des voitures à voyageurs, soit dans des wagons à marchandises aménagés, soit dans des wagons à marchandises non aménagés.

§ 2. — Principes généraux a appliquer.

a) Avant de laisser les hommes prendre place dans les voitures ou wagons, les mousquetons et sabres, les capotes ou manteaux sont rangés à l'intérieur comme suit :

Voitures à voyageurs. — Ces objets sont placés dans les filets ou sur les planches à bagages s'il en existe, sous les banquettes dans le cas contraire.

Wagons aménagés. — Ces objets sont rangés sous les bancs.

Wagons non aménagés. — Les manteaux et capotes sont disposés sur le plancher du truc, la moitié contre les grands côtés, l'autre moitié sur deux rangées le long de la ligne du milieu. Ils servent de siège aux hommes.

Les mousquetons et sabres sont couchés le long des petits côtés du wagon,

b) Si la température l'exige, les hommes revêtent le manteau ou la capote; dans ce cas, ils s'asseoient sur le plancher dans les wagons non aménagés.

c) Un sous-officier est désigné, dans chaque voiture ou wagon, comme chef de wagon; il désigne à son tour un gradé ou homme comme chef de compartiment ou de travée pour chacune de ces fractions.

d) Une fois embarqués, les hommes peuvent se débarrasser de leur équipement qu'ils déposent à leur portée. Ils ont soin de desserrer les lacets des brodequins afin d'éviter les gonflements de la jambe. Dans tous les cas, le pantalon ne doit pas rester engagé dans les chaussures.

§ 3. — Préparation a l'embarquement.

Le chargement du matériel et l'embarquement des chevaux étant terminé, le capitaine fait rassembler par pièces le personnel de la batterie, devant les wagons dans lesquels il doit être embarqué.

Le personnel est ensuite fractionné en groupes correspondant à la contenance du wagon.

Chaque groupe est divisé en éléments correspondant à un compartiment ou à une travée.

§ 4. — EMBARQUEMENT.

A la sonnerie de : « En avant », les chefs de wagon et deux hommes par compartiment ou travée (en y comprenant les chefs de ces fractions) montent dans le wagon, après s'être débarrassés de leur sabre ou de leur mousqueton qu'ils confient à un de leurs voisins.

Les mousquetons et les sabres, les capotes et les manteaux sont ensuite passés successivement à ces hommes et placés par eux comme il a été indiqué au paragraphe 2 ci-dessus.

Cette opération terminée, les hommes montent en wagon sur l'ordre du chef de wagon et se placent aux places qui leur sont assignées par le chef de compartiment ou de travée, à proximité de l'endroit où ont été placés leurs armes, capotes ou manteaux.

Chaque chef de wagon s'assure que les hommes sont en mesure d'ouvrir, de l'intérieur, l'organe de fermeture de la porte du wagon.

§ 5. — MESURES DE POLICE ET DE SÉCURITÉ.

1° L'embarquement des hommes terminé, chaque wagon reçoit une inscription à la craie indiquant par quelle fraction de la batterie il est occupé. Cette inscription est reproduite de l'autre côté du wagon ; elle sert à faire retrouver les places aux stations où les hommes peuvent descendre.

2° Il est interdit de passer la tête ou les bras hors des portes, portières ou volets d'aération ;

3° De procéder, pendant la marche, à l'ouverture des portières et volets d'aération ou à la fermeture desdits volets ;

4° De passer d'une voiture dans une autre ;

5° De pousser des cris et de chanter ;

6° De descendre des voitures, aux stations, avant la sonnerie « halte » qui doit en donner le signal et de descendre du côté opposé au quai ;

7° De fumer dans les voitures au cas où, par les grands froids, il y aurait été répandu de la paille sur le plancher ;

8° De jeter hors des wagons des objets quelconques, et notamment des bouteilles, pouvant blesser les agents en service sur la voie ;

9° De pénétrer dans les buffets ou buvettes des gares ;

10° De sortir de la gare aux stations.

Les chefs de wagon sont responsables de l'observation de ces prescriptions qu'ils doivent dès l'embarquement rappeler à leurs hommes.

CHAPITRE III

Nourriture des hommes et des chevaux pendant le transport.

Nourriture des hommes.

Pour chaque homme, l'Etat alloue par période de douze heures : une ration de pain de 0 k. 375; une ration de viande de conserve de 0 k. 125.

D'autre part, il est acheté au moyen des fonds de l'ordinaire, 1 repas froid par vingt-quatre heures, repas composé de viande ou de charcuterie et de pain.

Ces denrées sont distribuées avant l'embarquement et placées de la façon suivante : le pain et les boîtes de viande de conserve dans l'étui-musette; la viande ou la charcuterie dans la gamelle.

En outre, en cours de route, dans des stations spéciales appelées stations haltes-repas, le service des subsistances militaires distribue aux troupes de passage du café chaud et de l'eau mélangée d'eau-de-vie. Ces distributions sont faites à raison d'une par période de douze heures et ont lieu de la manière suivante :

Après l'arrivée du train dans ces stations et à la sonnerie de « la soupe », les fourriers, aidés d'hommes de corvée, se rendent au local installé dans la gare où le service des subsistances est établi; ils perçoivent les rations de café et l'eau alcoolisée. Ils en font aussitôt la distribution aux hommes qui doivent, pour cela, être dans les wagons et aux gardes d'écurie.

Dans ces stations, le capitaine peut autoriser un homme par compartiment ou travée à aller acheter dans les buffets ou buvettes les denrées que ses camarades et lui voudraient se procurer à leurs frais. Ces hommes sont rassemblés et conduits par un sous-officier qui reçoit les ordres du capitaine au sujet des quantités de boisson à laisser acheter.

Nourriture des chevaux.

Pour chaque cheval, l'Etat alloue, par période de vingt-quatre heures : 2 kil. d'avoine, 5 kil. de foin. En cours de route, les chevaux mangent le foin que les gardes d'écurie leur donnent à la main comme il a été dit à l'article 2, § 6.

Dans les stations haltes-repas, les chevaux sont abreuvés. Tous les hommes sont employés à apporter les seaux d'eau aux gardes d'écurie qui sont chargés de les donner aux chevaux.

Après l'abreuvoir, l'avoine est donnée en totalité ou en partie, suivant les ordres du capitaine.

CHAPITRE IV.

Opérations du débarquement.

Les opérations du débarquement comprennent :

Le débarquement des hommes;
Le débarquement du matériel;
Le débarquement des chevaux.

Les deux dernières ont lieu simultanément.

Toutes doivent être terminées en deux heures au plus, quel que soit l'emplacement occupé par le train : à quai ou sur chantier.

Art. 1. — Débarquement des hommes.

A la dernière halte avant l'arrivée, le personnel est averti de se tenir prêt à descendre. Tous les hommes s'équipent et rectifient leur tenue.

A la sonnerie de la « marche », les hommes sortent des wagons, les chefs de compartiment ou de travée leur font passer leurs armes et manteaux. Le chef de wagon s'assure qu'aucun objet n'est oublié. La troupe est reformée en ordre.

Les chefs d'équipe de chargement du matériel rassemblent leurs hommes et les conduisent devant les trucs. Les faisceaux sont formés, les hommes se déséquipent comme ils l'ont fait avant l'embarquement.

Les gradés chargés de l'embarquement des chevaux conduisent leurs hommes devant les wagons où sont les animaux de leur fraction. Les hommes se déséquipent et placent leurs armes et effets comme il a été indiqué pour l'embarquement.

Art. 2. — Débarquement du matériel.

§ 1. — Modes de débarquement.

Le débarquement peut avoir lieu :

A. A quai;
B. Sur chantier.

Le procédé du truc auxiliaire sera toujours avantageusement employé dans le débarquement sur chantier; même dans le débarquement à quai il permettra souvent de gagner du temps.

A. — *Débarquement à quai.*

Dispositions préliminaires. — Dès l'arrivée du train, les agents de chemin de fer enlèvent les prolonges et les cales. Ils disposent le long du quai ou chantier les ponts volants et les rampes mobiles.

Le chef d'équipe fait aider les agents par ses hommes si c'est nécessaire, et fait enlever les jarretières.

Il fait disposer les bottillons, les ponts volants et répartit son équipe comme pour l'embarquement.

Débarquement. — Amener la voiture du truc sur le pont volant, la flèche ou le timon en avant.

Placer le timon à l'avant-train dès que cela est possible.

Pour les voitures à trains séparables, si l'avant-train peut être sorti le premier, l'amener sur les ponts volants, y accrocher l'arrière-train et amener la voiture entière sur le quai, serrer si c'est nécessaire le frein de l'arrière-train pour franchir les ponts volants.

Disposer la voiture sur le quai de manière qu'elle ne gêne pas le débarquement des autres et qu'elle puisse être facilement attelée.

Replacer, s'il y a lieu, les galeries, les seaux d'abreuvoir, le chargement intérieur.

B. — *Débarquement sur chantier à l'aide de rampes.*

Dispositions préliminaires. — Prendre les mêmes dispositions que pour le débarquement à quai et disposer les bottillons, la rampe, la poulie, les cordes à chevaux, les jarretières comme il a été indiqué pour l'embarquement sur chantier. Répartir l'équipe.

Débarquement. — Amener la voiture sur la rampe, la flèche ou le timon en avant.

Placer le timon à l'avant-train dès que cela est possible.

Pour les voitures à trains séparables, si l'avant-train peut être sorti le premier, l'amener sur la rampe, caler avec les cales à manches, y accrocher l'arrière-train, descendre la voiture entière sur le chantier en utilisant à la fois le frein, la corde à chevaux et les cales à manches.

Terminer ensuite comme il est dit ci-dessus pour le débarquement à quai.

§ 2. — Dispositions finales.

Lorsque le chef d'équipe a terminé le débarquement de son matériel, il fait rassembler les bottillons, plateaux en bois, jarretières, leviers de manœuvre, cales à manches en lots séparés pouvant être facilement comptés. Ces accessoires doivent être versés à la gare.

Il fait disposer les ponts volants, les rampes et poulies le long du quai ou du chantier.

Ces opérations terminées, il fait habiller et équiper ses hommes, s'assure qu'aucun objet n'est oublié, et prévient le lieutenant chargé de diriger le débarquement du matériel, que son équipe a terminé.

Les hommes restent près du matériel jusqu'à ce que les attelages soient arrivés et aident à atteler les voitures.

Selon les ordres donnés par le capitaine, ils sont ensuite réunis en tête des voitures ou prennent place sur celles-ci pour quitter la gare.

Art. 3. — Débarquement des chevaux.

§ 1. — Modes de débarquement.

Le débarquement peut avoir lieu :

A. A quai;
B. Sur chantier, à l'aide de rampes.

A. — *Débarquement à quai.*

Dispositions préliminaires. — Le gradé chargé du débarquement d'une fraction de chevaux ne fait ouvrir les portes des wagons qu'au fur et à mesure que les chevaux doivent être débarqués.

Il fait disposer les ponts volants comme pour l'embarquement.

Les hommes enlèvent d'abord les selles et sellettes et les placent sur un rang au delà de l'emplacement où les chevaux devront être rassemblés.

Il place un homme de chaque côté du pont volant.

Débarquement. — Faire enlever la corde poitrail placée devant le rang de gauche et sortir les chevaux un à un. Les former sur un rang face au wagon en avant des selles.

Opérer de même pour le rang de droite.

Lorsque tous les chevaux de la fraction sont débarqués, faire replacer les harnais et seller.

B. — *Débarquement sur chantier à l'aide de rampe.*

Opérer comme pour le débarquement à quai, les ponts volants étant remplacés par la rampe.

§ 2. — Dispositions finales

Le gradé s'assure qu'aucun objet n'est oublié dans les wagons. Il fait rassembler en un seul lot les cordes-poitrails de façon qu'elles puissent être facilement comptées. Elles sont versées à la gare.

Il fait disposer les ponts volants et les rampes le long du quai ou du chantier.

Il fait ensuite habiller et équiper ses hommes, s'assure que rien n'est oublié, que les chevaux sont bien sellés et harnachés. Il prévient alors le lieutenant ou l'adjudant, chargé de la direction du débarquement, que sa fraction est prête.

Art. 4. — Départ de la batterie.

Sur l'ordre du capitaine, les gradés et conducteurs montent à cheval. Les voitures sont attelées complètement ou par les attelages de derrière seuls suivant les indications données.

La batterie est formée en colonne régulière à l'extérieur de la gare.

CHAPITRE V

Montage des rampes.

Il y a deux modèles de rampes en usage :

1° La rampe à longrines en fer;
2° La rampe à longrines en acier.

RAMPE A LONGRINES EN FER

Cette rampe comprend :

1° Deux longrines en fer ayant à une de leurs extrémités des griffes par lesquelles elles s'appuient sur les bords du wagon;

2° Quinze planches destinées à former le tablier;

3° Une seizième planche, échancrée d'un côté à ses deux extrémités, et qui est utilisée pour remplacer la planche supérieure de la rampe pour l'embarquement dans les wagons couverts ou sur les trucs en utilisant la porte de ceux-ci.

Le montage de la rampe s'opère comme suit :

Chaque longrine en fer, portée par trois hommes, est placée par son extrémité recourbée sur le bord du wagon, l'autre extrémité reposant sur le sol.

Un écartement de 1m20 doit être maintenu entre les deux longrines.

Deux hommes, placés chacun près d'une longrine et à l'extérieur, reçoivent successivement par leurs extrémités les planches que quatre hommes leur apportent (chacun d'eux portant deux planches).

La première planche (planche échancrée) est placée par les deux hommes, à la partie supérieure des longrines, sous les branches du premier et du deuxième crochet qui ont été tournées préalablement dans le sens transversal, afin de permettre l'introduction de la planche, la partie échancrée du côté de la voie (1).

La deuxième planche est placée contre la première sous les branches du deuxième et du troisième crochet. La mise en place des autres planches se continue ainsi jusqu'à la quinzième.

Cette opération une fois terminée, on tourne les branches des crochets dans le sens de la longueur des longrines.

Le montage peut s'effectuer aisément en trois minutes.

Rampe a longrines en acier.

Cette rampe comprend :

1° Deux longrines en acier;

2° Quatre panneaux munis de poutrelles-guides (deux panneaux extrêmes et deux panneaux intermédiaires interchangeables deux à deux); les panneaux extrêmes se distinguent des autres par l'élargissement de l'intervalle des poutrelles-guides et par les tôles de protection qui les terminent;

3° Un bout de madrier pour le montage sur les wagons couverts.

Pour monter la rampe sur un wagon, deux hommes enlèvent les longrines et les appuient du côté des griffes sur le seuil de la porte du wagon; s'il s'agit d'un wagon couvert, les longrines sont placées contre les montants des ouvertures, et s'il s'agit d'un truc, on les met à peu près à un écartement de $1^{m},75$ et leur position est rectifiée s'il y a lieu au moment où l'on pose les panneaux, de manière que ces longrines se trouvent à peu près à l'aplomb des poutrelles-guides.

Les panneaux, manœuvrés chacun d'eux par deux hommes, sont posés ensuite sur les longrines en commençant par le bas et en ayant soin d'engager la tôle de protection du panneau inférieur dans les griffes des longrines; ces panneaux s'emmanchent les uns dans les autres par les tenons et les mortaises qui terminent les poutrelles-guides.

Quand la rampe est montée sur un wagon couvert, pour l'embarquement des chevaux, on ajoute à la partie supérieure le madrier spécial qui s'engage entre les montants de l'ouverture du wagon, repose sur le seuil et remplit l'espace laissé vide entre la rampe et le wagon.

---

(1) Cette planche échancrée est remplacée par une planche ordinaire et reste sans emploi, lorsque l'on doit opérer des embarquements de voiture sur des trucs sans utiliser la porte de ceux-ci.

Exemples de chargement

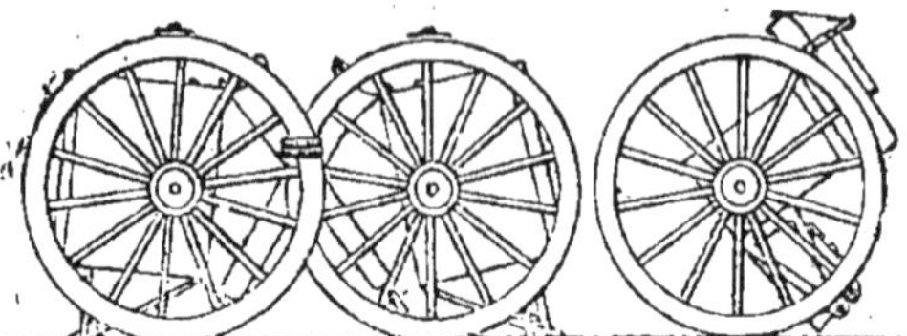

Chargement de deux arrière-trains de caisson et d'un avant-train (4 E. F.).

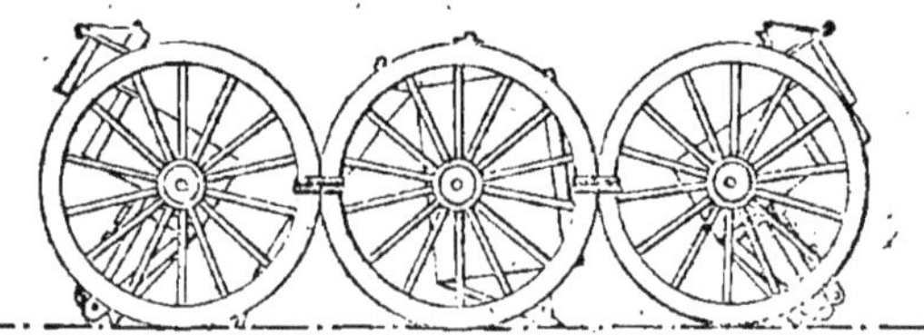

Chargement de deux avant-trains et d'un arrière-train de caisson (3 1/2 E. F.).

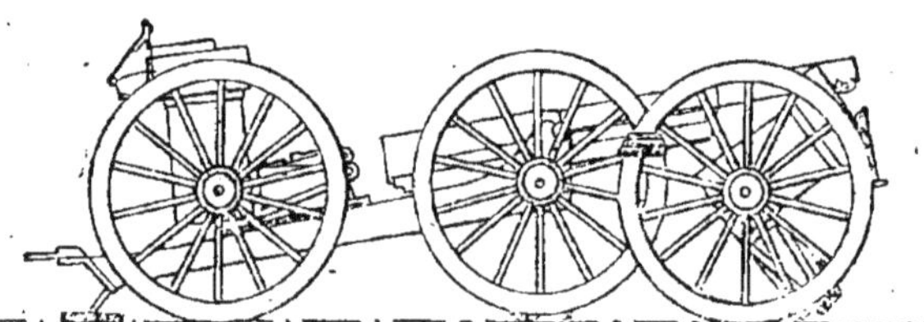

Chargement d'un canon complet et d'un avant-train (4 E. F.).

Chargement de deux caissons complets (5 E. F.).

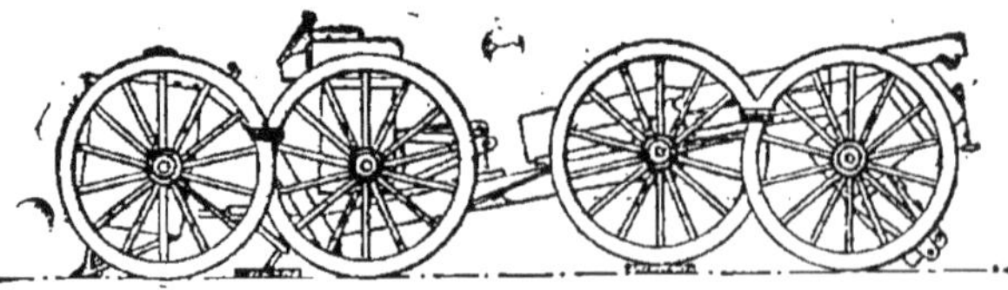

Chargement d'un canon et d'un caisson (5 1/2 E. F.).

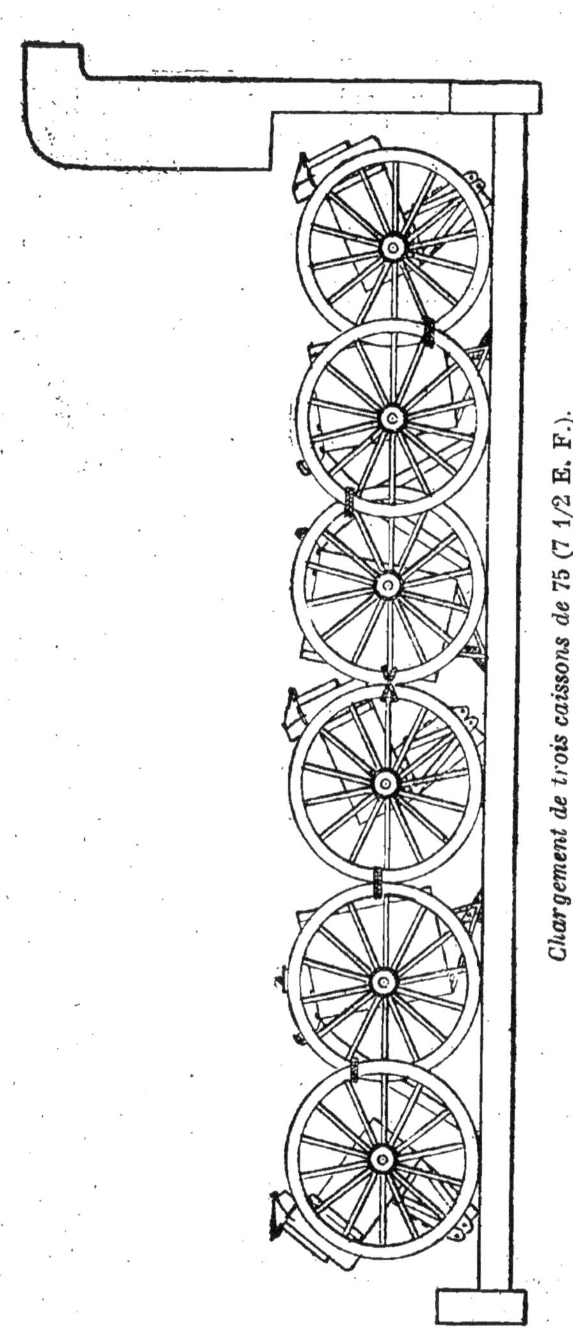

Chargement de trois caissons de 75 (7 1/2 E. F.).

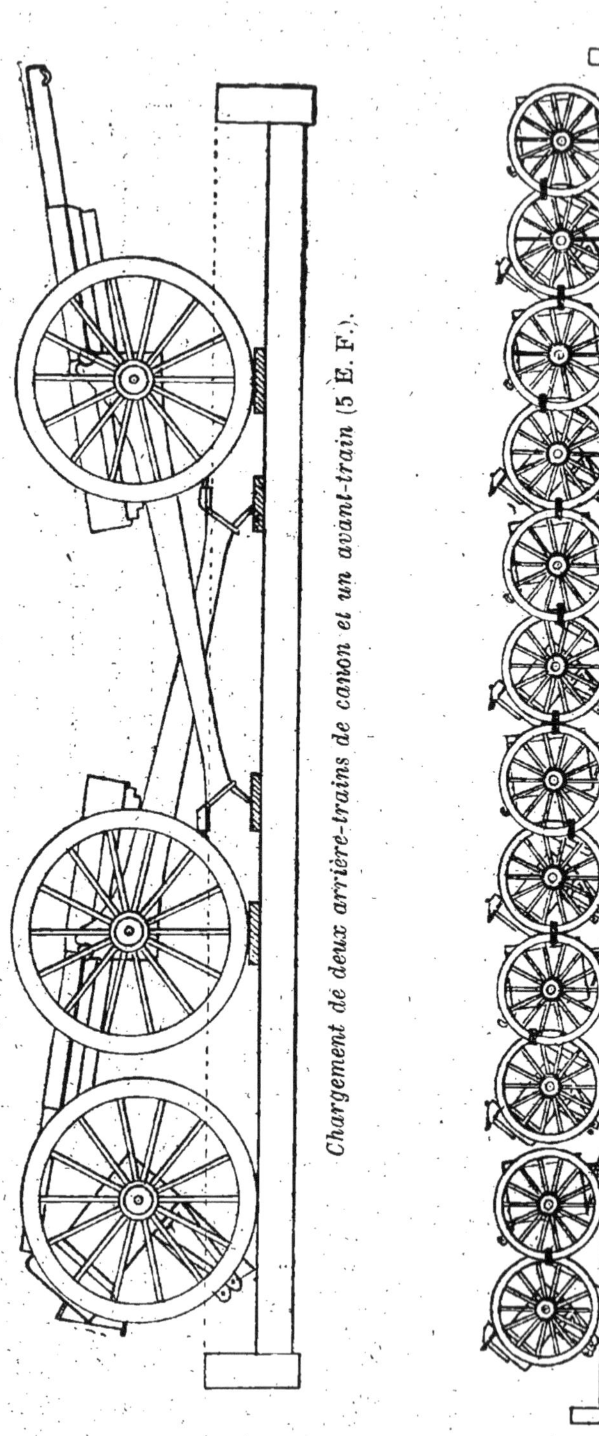

Chargement de deux arrière-trains de canon et un avant-train (5 E. F.).

Chargement de six caissons (15 E. F.).

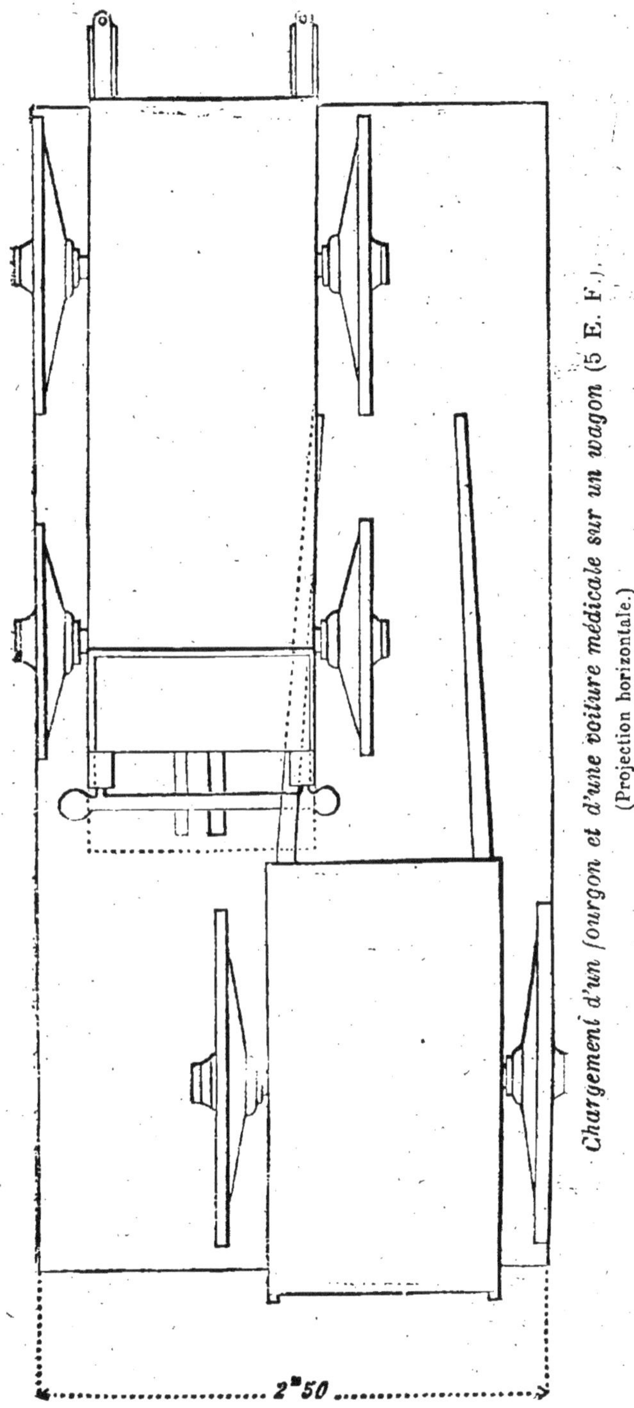

Chargement d'un fourgon et d'une voiture médicale sur un wagon (5 E. F.).

(Projection horizontale.)

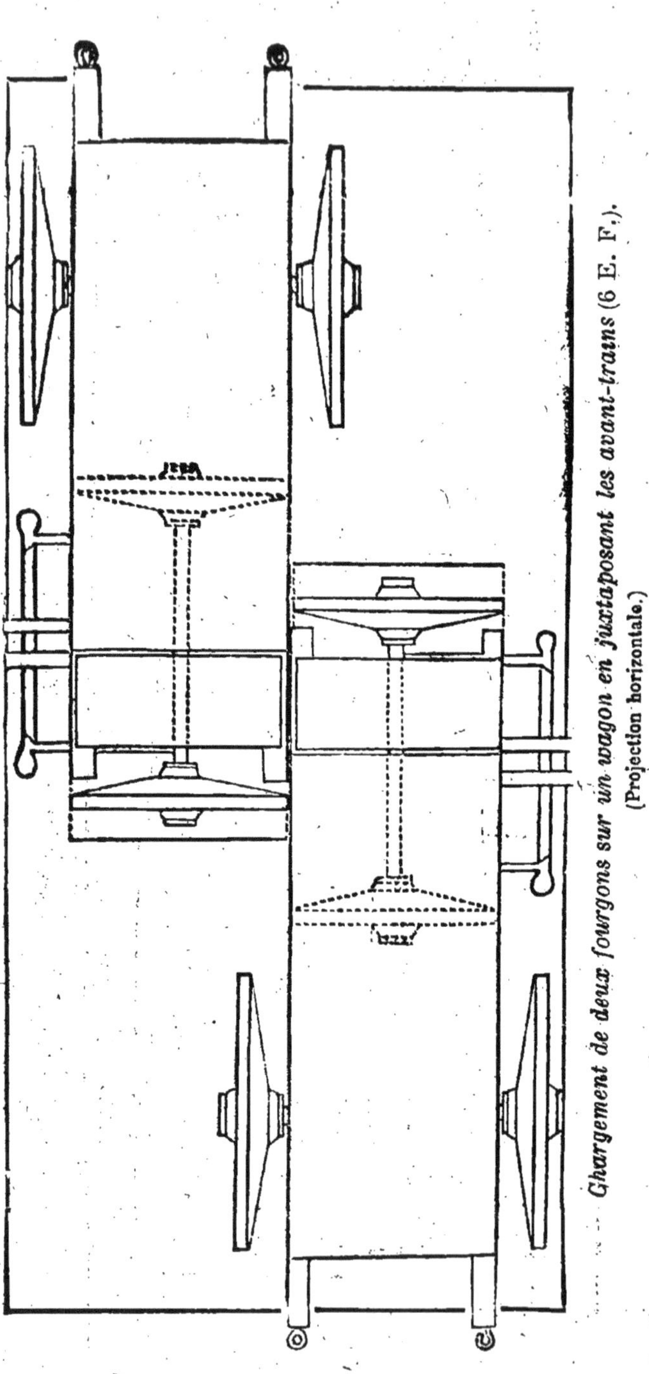

Chargement de deux fourgons sur un wagon en juxtaposant les avant-trains (6 E. F.).

(Projection horizontale.)

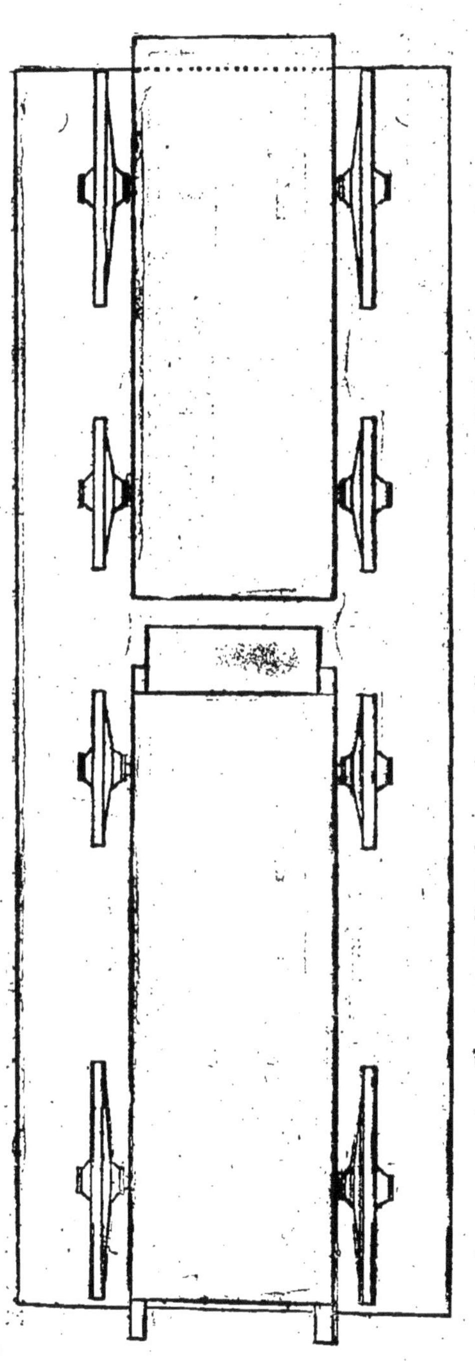

Chargement d'une fourragère et d'une voiture à viande (6 E. F.).

(Projection horizontale.)

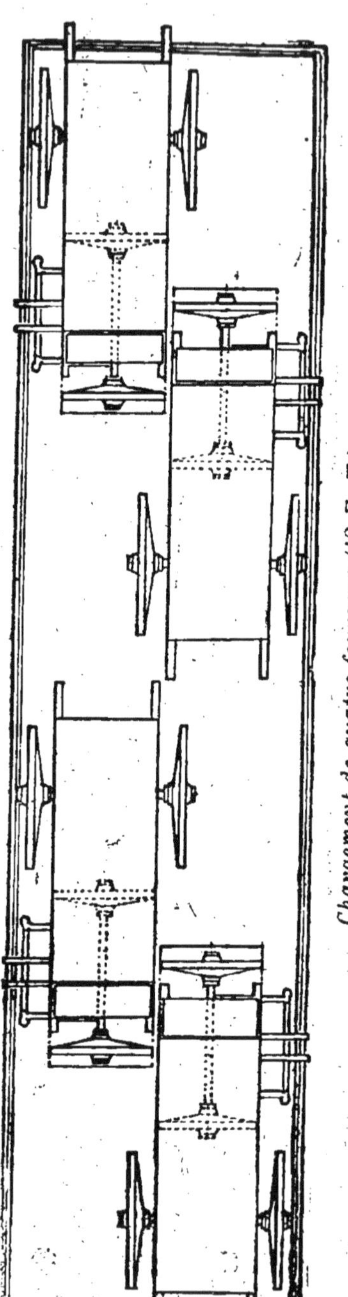

Chargement de quatre fourgons (12 E. F.).
(Projection horizontale.)

Nota : Mettre les freins à l'extérieur.

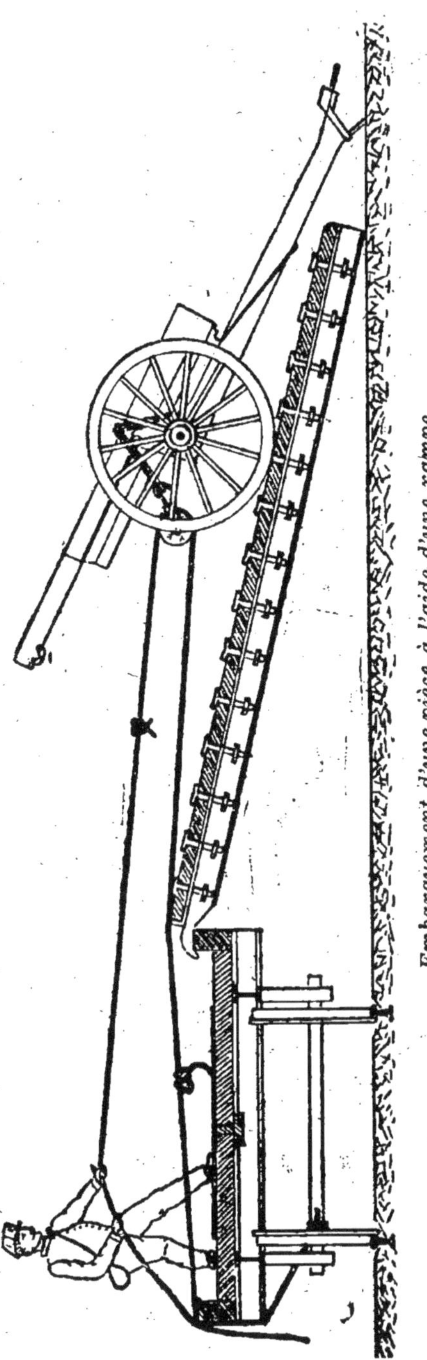

Embarquement d'une pièce à l'aide d'une rampe.

Seau en toile.

Transport des chevaux.

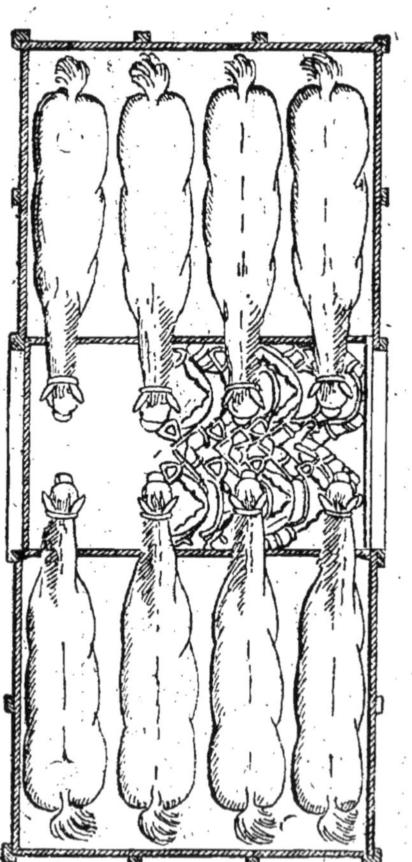

Plan

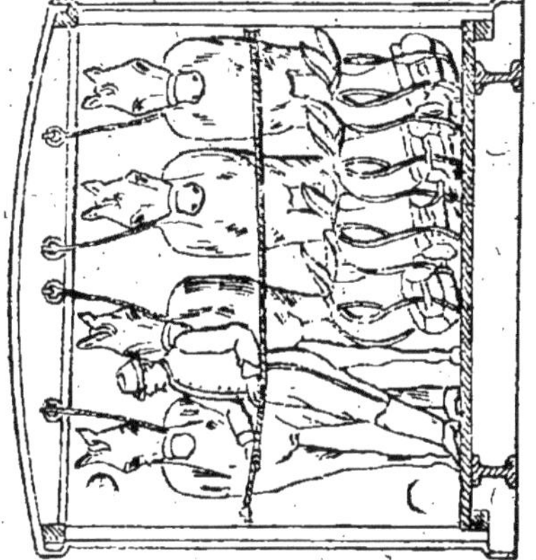

Coupe transversale.

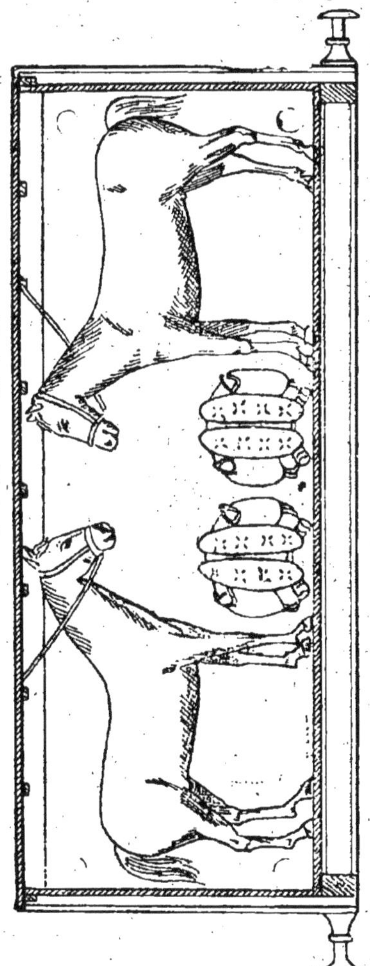

Coupe longitudinale.

Chargement dans un wagon couvert.

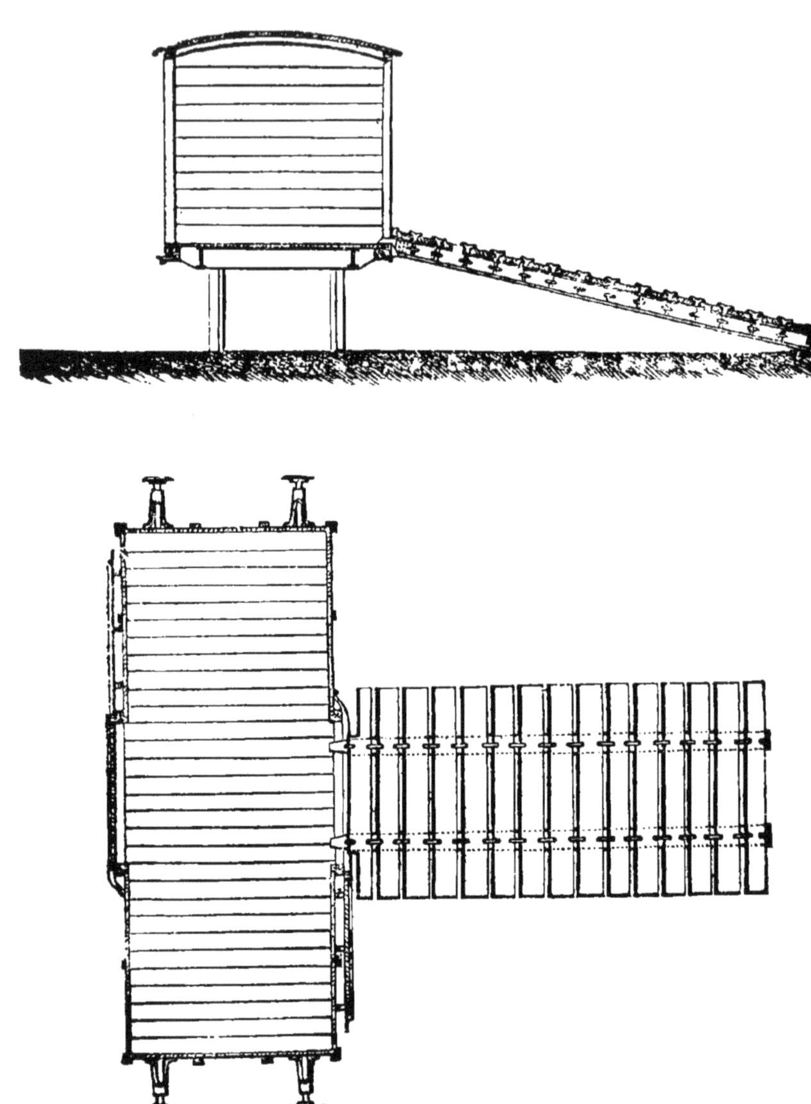

Wagon à marchandises aménagé pour le transport des hommes.

(Bancs nouveau modèle.)

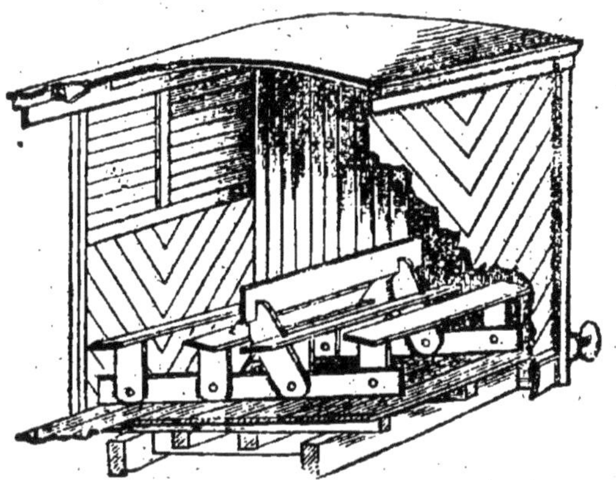

Fig. 1.

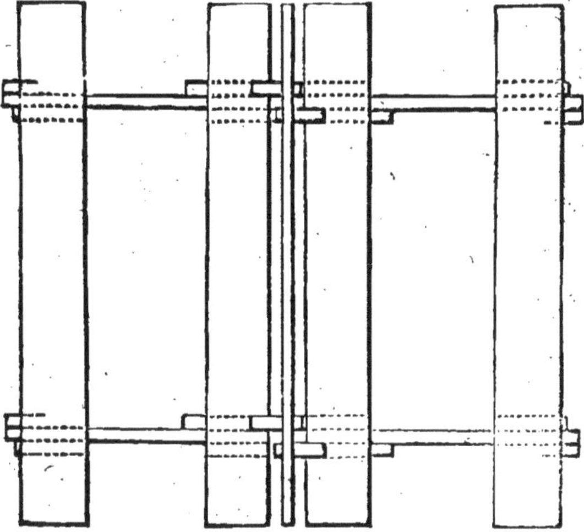

Fig. 2.

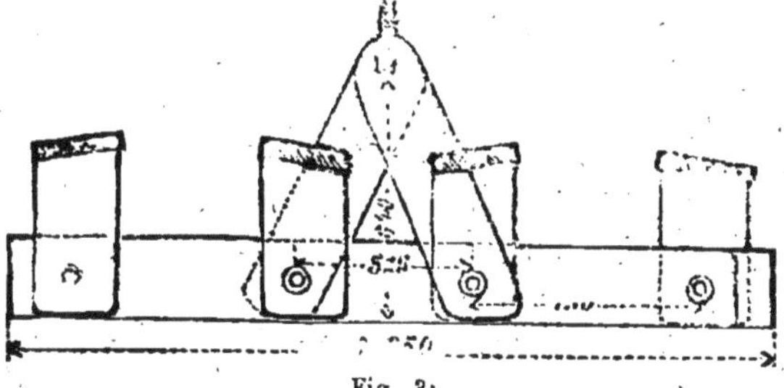

Fig. 3.

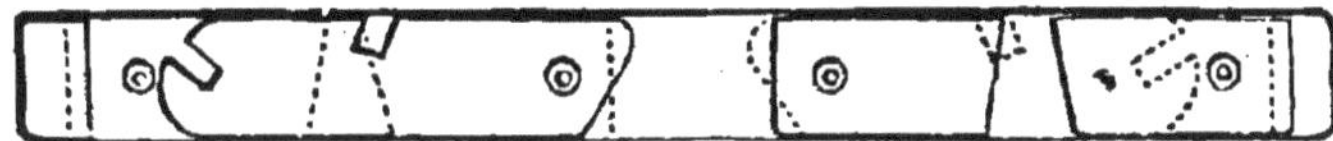

Fig. 4.

QUESTIONNAIRE

Observations. — Ce numéro est surtout un guide destiné à permettre à l'instructeur de faire exécuter correctement les opérations d'embarquement et de débarquement. Les prescriptions données par le règlement ont été condensées et seules celles qui intéressent directement le sous-officier instructeur ont été énoncées.

On a considéré le transport d'une batterie de 75 complète afin de bien mettre en relief les différentes phases des opérations.

L'effectif que l'instructeur aura à instruire pourra ne constituer qu'une section, une pièce, mais à ce petit élément tout ce qui est dit pour la batterie doit être rigoureusement appliqué. Cette section ou cette pièce changeront de composition à chaque exercice, de façon que tous les éléments de la batterie soient successivement embarqués (1re pièce, 6e pièce, 8e pièce, 9e pièce).

L'enseignement à donner est presque exclusivement pratique. Le texte de ce numéro n'a même pas à être lu aux canonniers, à l'exception des paragraphes relatifs à la tenue, aux mesures de police et de sécurité, aux devoirs des gardes d'écurie, à la nourriture pendant les transports. Le contenu de ces paragraphes doit être su des hommes et fait l'objet du questionnaire ci-après ; il doit être su avant de commencer les exercices pratiques : il doit en être de même de la façon de fixer les harnais qui doit être connue des conducteurs avant le commencement des exercices pratiques.

Pour les exercices pratiques utiliser les dispositifs représentant le matériel de chemin de fer dont le corps dispose. A défaut, en constituer avec des cordes, piquets, bancs, planches, bat-flanc, etc. et représenter ainsi des wagons de divers modèles et de contenances différentes.

Si les dispositifs et les accessoires dont on dispose le permettent, faire surtout des chargements de matériel à l'aide de rampe.

Quelle est la tenue des hommes montés pour l'embarquement ?
Quelle est la tenue des hommes non montés pour l'embarquement ?
Que fait-on des musettes-mangeoires et des surfaix ?
A quel moment les chevaux embarqués sont-ils débridés ?
Que doivent faire les gardes d'écurie en cas d'accident ?
Comment donnent-ils à manger aux chevaux ?
Peuvent-ils fumer ?
A quel moment les chevaux sont-ils bridés ?
Quels sont les devoirs des gardes d'écurie ?
Comment le canonnier peut-il reconnaître le wagon dans lequel il est embarqué ?
Citez les prescriptions que vous devez observer en cours de trajet.
A quel moment est-il permis de descendre des voitures ?
Comment la nourriture des hommes est-elle assurée pendant le trajet ?
Que se passe-t-il dans les stations-haltes-repas ?
Le canonnier peut-il acheter des denrées ou boissons dans les buffets ou buvettes des gares ?
Comment la nourriture des chevaux est-elle assurée ?
Quand les fait-on boire et comment ?

53. PRESCRIPTIONS A OBSERVER PENDANT LES MARCHES, DANS LES CANTONNEMENTS OU BIVOUACS.

§ 1. — Avant le départ du lieu de garnison.

Quelques jours avant le départ du lieu de garnison, le canonnier doit passer une inspection minutieuse de tous les effets ou objets qu'il devra emporter avec lui. Il exécutera toutes les petites réparations nécessaires, demandera à son chef de pièce qu'il soit procédé à l'exécution de celles qu'il ne peut faire lui-même. Il demandera le remplacement des effets ou objets qui ne paraissent plus susceptibles de fournir un bon service.

Il vérifiera tout particulièrement l'état des deux paires de chaussures qui doivent avoir leurs semelles garnies de clous, les talons bien droits, les coutures solides. Il les lavera et les graissera pour les assouplir complètement.

Il procédera au démontage de ses armes et les graissera avec soin avant de les remonter.

Il veillera encore à :

Emporter des effets de pansage en bon état;

Garnir la boîte à graisse de graisse pour armes et pour chaussures;

Compléter la trousse en fil, aiguilles, boutons;

Emporter un bon morceau de savon.

Il devra n'emporter aucun objet ou effet non prévu dans le paquetage réglementaire; il n'y a pas place pour eux et ils sont inutiles.

Il devra prendre une douche complète, se faire couper les cheveux, revêtir du linge de corps propre.

La veille du départ, les paquetages sont faits et chargés sur les voitures pour 16 heures.

A 16 h. 1/2, un rassemblement de tout le personnel de la batterie a lieu, en tenue de route sans équipement.

A ce rassemblement, les ordres pour le départ du lendemain sont donnés par le capitaine. Les hommes qui devront être de garde ou de corvée le lendemain sont commandés à ce moment. A l'issue de ce rassemblement, le repas froid est distribué.

§ 2. — Jour du départ. — En route.

Cinq minutes avant l'heure fixée pour le rassemblement de la colonne avec laquelle il doit marcher, le canonnier doit être à son poste, équipé réglementairement, ayant bu le café, son bidon rempli de boisson, son repas froid en place.

Pendant la marche, se conformer aux prescriptions suivantes :

Homme monté. — L'homme monté doit prendre un soin constant de son attelage (ou de son cheval), faire tirer très régulièrement ses deux chevaux et non par à-coups, éviter de trottiner, se tenir bien d'aplomb sur sa selle pour ne pas la déplacer et amener ainsi des blessures, trotter autant à droite qu'à gauche pour ne pas fatiguer un membre plus que l'autre. Aux haltes, il doit sauter à terre lestement sans déplacer la selle; décrocher la gourmette et laisser les rênes longues; dérêner le sous-verge; regarder les quatre pieds pour s'assurer que la ferrure est en bon état et qu'aucun corps étranger ne se trouve dans le pied; vérifier le placement du harnachement; soulever le corps de bricole, le colleron, le dessus de cou, la croupière, l'avaloire pour voir qu'aucune blessure ne se produit; relever les couvertures sur le garrot et le rognon.

Si on a de l'eau à proximité, laver les yeux, les lèvres, les naseaux des chevaux, et si l'ordre d'abreuver est donné, utiliser pour cela tous les seaux disponibles.

En remontant à cheval, éviter de faire tourner la selle.

Homme non monté. — Si les hommes non montés sont réunis pour marcher ensemble en tête de la batterie ou en colonne séparée, ils marchent par quatre au pas de route.

Ils ont sur eux leur équipement et leurs armes.

Il est interdit au canonnier de quitter la colonne sous quelque prétexte que ce soit, sans autorisation. Toutes les cinquante minutes, il est fait une halte d'une durée de dix minutes pour lui permettre de satisfaire ses besoins naturels et de se reposer.

Il peut fumer. Il peut chanter sauf dans les lieux habités.

Si l'homme non monté doit prendre place sur les voitures, il s'y tient régulièrement. Il lui est interdit de quitter son équipement et ses armes même pendant les haltes.

Aux haltes, il aide, s'il y a lieu, les conducteurs à abreuver les chevaux.

Si, par exception, un homme est obligé de quitter momentanément la colonne, il en demande l'autorisation et remet son arme à un camarade; il rejoint la colonne au plus tôt.

Pendant les haltes, aucun canonnier, monté ou non monté, ne doit se tenir sur le côté gauche de la route, lequel doit toujours être laissé libre pour la circulation.

§ 3. — Arrivée au gite.

Dans les lieux où une troupe s'arrête après l'étape journalière, elle peut être logée, cantonnée, bivouaquée.

On dit qu'une troupe est logée lorsque les hommes sont répartis, en général par deux, chez les habitants de la localité qui leur fournissent un lit et la place au feu et à la lumière.

On dit qu'une troupe est cantonnée lorsque les hommes sont installés dans des endroits couverts : granges, remises, maisons vides, etc.

On dit qu'une troupe est bivouaquée lorsqu'elle est installée en plein air.

Les chevaux sont installés dans des écuries, remises, granges lorsque la localité offre ces ressources; en plein air dans le cas contraire.

Troupe logée ou cantonnée. A l'arrivée dans la localité le parc est formé. Le parc formé, on dételle. Les gradés et conducteurs prennent leur sac d'homme monté et l'arriment sur les chevaux. Les conducteurs de derrière chargent le sac d'avoine de route sur leur sous-verge.

On ne remonte à cheval que sur l'ordre du capitaine.

Le serre-file rassemble les hommes non montés, équipés de leur havresac, devant le front du parc.

Le capitaine donne à ce moment aux chefs de section et de pièce les ordres pour les distributions, l'heure des repas, de l'abreuvoir, du pansage, des rassemblements.

Les ordres du capitaine donnés, le sous-officier de jour rassemble les hommes de garde et les conduit à l'emplacement du poste.

Le brigadier d'ordinaire rassemble les cuisiniers et les hommes de corvée d'ordinaire et les conduit à l'emplacement des cuisines en leur faisant emporter les ustensiles de campement de leurs pièces.

Les chefs de pièce rassemblent alors le personnel restant de leur pièce, font mettre par les servants leurs voitures en ordre ; galeries bouclées, cases d'armons fermées, branches de timon pliées; s'assurent qu'aucun objet appartenant aux hommes ne reste sur ou dans les voitures.

Ceci terminé, le personnel de la pièce est emmené en ordre, servants en tête, dans la partie du cantonnement réservée à la pièce.

Dès qu'il y est arrivé, les hommes se déséquipent et revêtent le bourgeron.

On donne aussitôt les soins aux chevaux (voir n° 47).

On prépare leur installation dans les écuries.

L'abreuvoir est fait à l'heure fixée, les chevaux y sont conduits bridés avec le filet ou le mors de sous-verge, sans collier ni chaîne.

L'avoine est donnée simultanément à tous les chevaux d'une même écurie pour éviter les coups de pied.

Après que l'avoine est donnée ou tous les soins aux chevaux assurés, et à ce moment seulement, les conducteurs s'occupent de leur harnachement qu'ils nettoient, lavent et font sécher, puis le disposent en ordre en utilisant les crochets, piquets, poteaux, etc., qui peuvent se trouver près de leurs chevaux.

Les conducteurs ne quittent l'écurie que lorsque les chevaux ont mangé l'avoine et que leur harnachement est rangé.

Les servants sont employés pendant ce temps aux corvées diverses (fourrages en particulier), à préparer les écuries.

Les soins aux chevaux terminés, les corvées finies, les gardes d'écurie placés, les ordres donnés, les hommes sont libérés par le chef de pièce qui leur remet à ce moment les billets de logement s'ils doivent être logés.

Les canonniers se rendent alors dans le cantonnement qui leur est affecté et prennent les soins de propreté et d'hygiène que doit prendre le canonnier en campagne (voir n° 48).

Ils procèdent ensuite au nettoyage de leurs effets, chaussures et armes et pour cela revêtent la tenue de treillis.

Ils placent leurs effets et armes près de l'emplacement où ils coucheront, de manière qu'en cas de départ de nuit ou d'alerte ils puissent les avoir immédiatement sous la main.

Ils se rendent, à l'heure fixée pour les repas, à la cuisine, en emportant leurs gamelle, cuiller, bidon, quart. Les aliments sont répartis dans les gamelles et marmites de campement, et chaque brigadier en fait la distribution aux hommes de sa pièce.

Si le canonnier est logé, dès que son chef de pièce lui a remis son billet de logement il se rend chez la personne qui doit le loger, y dépose ses effets et ses armes, prend les soins de propreté et d'hygiène, puis procède au nettoyage de ses effets.

Qu'il soit cantonné ou logé, le canonnier doit se montrer poli avec les habitants et d'une honnêteté scrupuleuse. Il faut qu'après son départ on ne puisse dire de lui que du bien; il doit faire chez les autres ce qu'il voudrait voir des soldats faire chez lui.

Aux heures indiquées, le canonnier se rend au pansage, au nettoyage du matériel ou autres services.

Le soir, quelques instants avant le repas, un appel général est fait pour toute la batterie à un endroit indiqué, en général à proximité des cuisines. Le canonnier s'y rend dans la tenue indiquée par le chef de pièce. Tous y assistent, à la seule exception des gardes d'écurie, des hommes de garde et des cuisiniers.

A cet appel, le capitaine donne les ordres pour le lendemain et fixe l'heure à laquelle les canonniers devront être couchés.

Aussitôt après, le canonnier prend le repas du soir.

C'est aussi à ce moment que lui est distribué le repas froid pour le lendemain.

Si un canonnier est invité à dîner par un habitant de la localité, il demande à son chef de pièce, à l'appel général, la permission d'accepter. Le chef de pièce en rend compte au capitaine. Plus encore en route qu'au quartier, le repas est un service obligatoire.

Après le repas du soir, le canonnier prépare son paquetage pour le départ du lendemain; il ne doit jamais compter sur le jour suivant pour cela.

A l'heure fixée pour la retraite, le canonnier doit être couché.

Tout homme trouvé dans les rues ou dans les auberges après la retraite est puni de prison. Le canonnier doit se reposer; il n'a pas le droit de gaspiller les heures qui doivent être consacrées à cela; sa santé en dépend et la conservation de sa santé est un devoir pour lui (voir n° 50).

Troupe bivouaquée. — Les indications données ci-dessus pour une troupe cantonnée ou logée s'appliquent à une troupe bivouaquée avec les modifications ci-après :

Après que le parc a été formé, le serre-file rassemble les hommes non montés devant le front du parc, fait former les faisceaux et les fait déséquiper entièrement (à l'exception des hommes de garde qui rejoignent immédiatement le point désigné comme poste). Les hommes peuvent ainsi travailler à leur aise à l'installation des cordes à chevaux.

Après que l'avoine est donnée et les soins aux chevaux terminés, les hommes rendus libres par les chefs de pièce s'installent à l'emplacement qui leur est indiqué.

Si la troupe est pourvue de tentes, elles sont dressées aussitôt; les hommes y placent leurs armes et leurs effets, puis ils prennent les soins de propreté et d'hygiène, nettoient leurs effets et leurs armes, se mettent en tenue de treillis.

Si la troupe n'a pas de tentes, des ordres sont donnés par le capitaine pour établir, dans le cours de la journée, et si le pays le permet, des abris faits avec des branches, du feuillage, de la paille.

§ 4. — Jours suivants

Tout se passe comme il a été indiqué pour le jour du départ.

QUESTIONNAIRE

Que doit faire le canonnier quelques jours avant le départ pour les grandes manœuvres ?
Que devra-t-il faire à ses chaussures ?
Que devra-t-il faire à ses armes ?
Quels effets doit-il emporter ?
A quel moment, la veille du départ, son paquetage doit-il être chargé ?

Le jour du départ, à quel moment doit-il se trouver au lieu de rassemblement ?
Quelles sont les précautions que l'homme monté doit prendre pour ses chevaux en cours de route ?
Que doit-il faire à chaque halte ?
Si à une halte on a de l'eau à proximité, que faut-il faire ?
Comment doivent marcher les hommes non montés quand ils sont réunis en tête de la batterie ?
Peuvent-ils quitter la colonne ?
Le canonnier peut-il fumer ? Peut-il chanter ?
Quand le canonnier doit prendre place sur les voitures, que fait-il de ses armes, de son équipement ?
Que fait le canonnier qui est obligé de quitter momentanément la colonne ?
Quand dit-on qu'une troupe est logée ?
Quand dit-on qu'une troupe est cantonnée ?
Quand dit-on qu'une troupe est bivouaquée ?
Lorsque la troupe est logée ou cantonnée, que font les hommes montés quand on a dételé ?
Lorsque la troupe est logée ou cantonnée, que font les hommes non montés quand on a dételé ?
Dans quel état doivent être laissées les voitures au parc ?
Que doivent faire les hommes dès leur arrivée dans le cantonnement de leur pièce ?
Qui soigne-t-on tout d'abord ?
A quel moment le canonnier monté s'occupe-t-il de son harnachement ?
Que fait le canonnier quand son chef de pièce lui a rendu sa liberté ?
Quand s'occupe-t-il de l'entretien de ses effets et de ses armes ?
Que fait le canonnier qui a reçu un billet de logement ?
Quelle doit-être sa conduite vis-à-vis des habitants ?
A quel moment a lieu le rassemblement général de la batterie ?
Dans quelle tenue le canonnier va-t-il à ce rassemblement ?
A quel moment a lieu le repas du soir ?
A quel moment est distribué le repas froid pour le lendemain ?
Le canonnier peut-il manquer aux repas ?
Que fait-il après le repas du soir ?
A quelle heure doit-il être couché ?

54. LÉGION D'HONNEUR. — MÉDAILLE MILITAIRE.

I. — Légion d'honneur.

L'ordre national de la Légion d'honneur a été institué pour récompenser les services militaires ou civils rendus à la Nation.

Son insigne est une croix suspendue à un ruban rouge. D'un côté la croix porte l'effigie de la République, de l'autre côté les mots : Honneur, Patrie.

L'ordre comprend 5 grades : chevalier, officier, commandeur, grand-officier, grand-croix.

Le chevalier porte la croix suspendue par le ruban au côté gauche de la poitrine.

L'officier porte la croix comme le chevalier, mais le ruban porte une rosette.

Le commandeur porte la croix suspendue au cou par le ruban porté en cravate.

Le grand-officier porte la croix d'officier et a en outre une plaque en argent sur le côté droit de la poitrine.

Le grand-croix porte la croix suspendue à un ruban rouge porté en sautoir de l'épaule droite à la hanche gauche et a en outre la plaque en argent sur le côté droit.

La croix de la Légion d'honneur n'est pas réservée aux officiers, elle peut être décernée aux sous-officiers et soldats qui accomplissent une action d'éclat, et quand on la voit briller sur la poitrine d'un canonnier, on peut dire de lui : « C'est un brave ».

II. — **Médaille militaire.**

La médaille militaire a été créée pour récompenser les sous-officiers et soldats qui ont servi la patrie pendant de nombreuses années, avec dévouement et discipline.

Elle est décernée aussi aux sous-officiers et soldats qui ont fait preuve de valeur dans le combat ou en exposant leur vie pour porter secours à leurs semblables dans des catastrophes.

Son insigne est une médaille suspendue à un ruban jaune bordé de vert, portée au côté gauche de la poitrine. D'un côté elle porte l'effigie de la République, de l'autre côté les mots : Valeur, Discipline.

A grade égal, les militaires décorés de la croix de la Légion d'honneur ou de la médaille militaire ont droit au salut de leurs égaux.

Les sentinelles rendent les honneurs : en présentant l'arme à tout membre de la Légion d'honneur porteur de la croix ; en prenant la position du canonnier reposé sur sur l'arme à tout décoré de la médaille militaire porteur de la médaille.

QUESTIONNAIRE

Pourquoi a été institué l'ordre national de la Légion d'honneur ?
Quel est l'insigne de la Légion d'honneur ?
Qu'y a-t-il d'inscrit sur la croix ?
A quoi reconnaissez-vous un chevalier ? un officier ? un commandeur, etc ?
La croix de la Légion d'honneur peut-elle être décernée aux simples soldats ?
Pourquoi a été instituée la médaille militaire ?
Quel est son insigne ?
Qu'y a-t-il d'inscrit sur la médaille ?
Quels sont les honneurs à rendre par les sentinelles aux décorés ?

55. NOTIONS SUR LA JUSTICE MILITAIRE.

Définitions. — Une contravention est une infraction (1) que les lois punissent des peines de simple police.

Un délit est une infraction que les lois punissent des peines correctionnelles.

Un crime est une infraction que les lois punissent d'une peine afflictive ou infamante.

Tribunaux chargés de juger les infractions. — Dans la vie civile, les contraventions sont jugées par les tribunaux de simple police.

Les délits sont jugés par les tribunaux correctionnels.

Les crimes sont jugés par les cours d'assises.

Les militaires sous les drapeaux sont jugés, pour les contraventions qu'ils peuvent commettre, par exemple pour infraction aux lois sur la pêche, sur la chasse, les douanes, les octrois, les forêts, la voirie, par les tribunaux de simple police. Mais pour les délits et les crimes, ils sont jugés par des tribunaux spéciaux appelés conseils de guerre.

Infractions spéciales aux militaires. — En outre des infractions qualifiées délits ou crimes par le Code pénal ordinaire, qui peuvent être commises aussi bien par un civil que par un militaire et qui, pour cette raison, sont appelées délits ou crimes de droit commun, il existe des infractions que seul un militaire peut commettre; exemples : abandon de poste, désertion, insoumission, meurtre sur la personne de son hôte, outrages envers un supérieur, refus d'obéissance, trahison, etc., etc. La liste de ces infractions spéciales aux militaires est donnée par le Code de justice militaire.

Conseil de guerre. — Il existe un conseil de guerre par région de corps d'armée.

Le conseil de guerre se compose :

1° De juges;

2° D'un commissaire du gouvernement chargé de soutenir l'accusation;

3° D'un rapporteur chargé d'instruire l'affaire.

Tous les membres sont militaires.

Les juges, au nombre de sept, comprennent : un colonel, un commandant, deux capitaines, deux lieutenants, un adjudant.

Ils sont désignés par le général commandant le corps d'armée, à tour de rôle, sur l'ensemble des officiers du corps d'armée.

---

(1) Une infraction est une violation d'une loi.

Les débats du conseil de guerre sont publics; l'accusation est présentée et soutenue par le commissaire du gouvernement; l'accusé est défendu par un avocat civil ou militaire à son choix.

Le jugement est rendu par les juges du conseil après que l'accusé a déclaré ne plus rien avoir à dire pour sa défense.

Les juges délibèrent à huis clos. La décision est prononcée à la majorité des voix. Les voix sont recueillies en commençant par celle du moins élevé en grade.

Le jugement est lu à l'accusé devant la garde rassemblée sous les armes.

Peines que peuvent prononcer les conseils de guerre. — Les peines que peuvent prononcer les conseils de guerre sont :

1° En ce qui concerne les délits : la destitution, les travaux publics, l'emprisonnement, l'amende.

2° En ce qui concerne les crimes : la mort, les travaux forcés à perpétuité, la déportation, les travaux forcés à temps, la détention, la réclusion [toutes ces peines sont dites afflictives et infamantes (1)], le bannissement, la dégradation militaire [ces deux dernières peines sont infamantes (1)].

La destitution est la perte du grade pour l'officier.

Le condamné à la peine des travaux publics est employé à des travaux d'utilité publique dans le sud de l'Algérie.

Le condamné à l'emprisonnement est enfermé dans une prison militaire où il est employé à des travaux établis dans cette prison.

Le militaire condamné à l'amende est tenu d'en verser le montant; s'il ne le fait, il est contraint de subir un emprisonnement de durée variant avec l'importance de l'amende.

Le militaire condamné à la peine de mort est fusillé si le crime qu'il a commis est une infraction spéciale aux militaires; il est guillotiné si l'infraction est un crime de droit commun.

Le condamné aux travaux forcés est employé aux travaux les plus pénibles de la colonisation dans certaines possessions françaises (Guyane, Nouvelle-Calédonie).

La peine de la déportation consiste à être transporté et à demeurer à perpétuité dans un lieu déterminé, hors de France, dans une colonie.

Le condamné à la détention est enfermé dans une forteresse située sur le territoire français.

Le condamné à la réclusion est enfermé dans une maison centrale (prison) et y est employé à des travaux.

---

(1) Une peine afflictive est un châtiment qui atteint le corps lui-même. Une peine infamante est une peine qui, sans atteindre le corps, imprime à l'individu une flétrissure qui le marque d'infamie.

La peine du bannissement consiste à être transporté hors de France pendant une durée de cinq à dix ans. Si le banni rentre en France avant la fin de sa peine, il est condamné à la détention.

Le condamné à la dégradation militaire est conduit devant les troupes rassemblées sous les armes. Il est donné lecture du jugement. Après cette lecture, le commandant des troupes, s'adressant au condamné, prononce à haute voix les paroles suivantes : « Vous êtes indigne de porter les armes, de par la loi nous vous dégradons. » Aussitôt les insignes militaires du condamné sont arrachés et celui-ci est remis à la gendarmerie.

La peine de la dégradation n'est pas prononcée seule, mais comme complément d'une autre peine.

QUESTIONNAIRE.

Qu'est-ce qu'une infraction ?
Qu'est-ce qu'une contravention ?
Qu'est-ce qu'un délit ?
Qu'est-ce qu'un crime ?
Par qui sont jugés les militaires qui commettent des contraventions ?
Par qui sont jugés les militaires qui commettent un délit ou un crime ?
Quelles sont les infractions autres que celles de droit commun qui peuvent être commises par des militaires ?
Comment est composé le conseil de guerre ?
Comment l'accusé est-il défendu devant le conseil ?
Comment est rendu le jugement ?
Comment est-il donné connaissance du jugement à l'accusé ?
Quelles sont les peines que le conseil peut prononcer en cas de délit ?
Quelles sont les peines que le conseil peut prononcer en cas de crime ?
Qu'est-ce qu'une peine afflictive ?
Qu'est-ce qu'une peine infamante ?
En quoi consiste la peine de ?

Observation. — L'instructeur lira et fera lire en même temps sur le livret individuel la nomenclature des crimes et délits en donnant, s'il y a lieu, les explications nécessaires sur la nature du crime ou délit.

56. SECTIONS SPÉCIALES

Les sections spéciales sont des corps de troupe dans lesquels les militaires qui en font partie sont considérés comme en état de punition permanente.

Ils ne peuvent obtenir ni congé, ni permission d'aucune sorte.

Ils sont privés de tous rapports avec les autres militaires de la garnison et avec les habitants de la localité où peut être installée la section.

Les lettres qui leur sont adressées sont ouvertes par

eux en présence d'un gradé, les valeurs qu'elles peuvent contenir leur sont retirées ; l'argent est versé à leur nom à la Caisse d'épargne, il ne leur en est jamais laissé entre les mains.

Les soldats des sections spéciales ne sont armés que pour le service.

Ils exécutent des manœuvres et surtout des travaux militaires ou d'utilité publique.

Ceux d'entre eux qui commettent des fautes répétées, dont la conduite habituelle est mauvaise, sont envoyés dans une section dite section de discipline où le régime est plus sévère encore.

Ceux qui, au contraire, s'amendent, ont une bonne conduite, peuvent être réintégrés dans un corps de troupe de leur arme d'origine.

On envoie aux sections spéciales :

1° Les canonniers qui, au régiment, ont une mauvaise conduite habituelle ou persistent à commettre des fautes que les punitions ordinaires sont impuissantes à réprimer; ces canonniers y sont envoyés par le Ministre de la guerre, d'après l'avis du conseil de discipline, lequel conseil est composé d'officiers du corps auquel appartiennent les canonniers;

2° Les canonniers qui prennent part à des actes collectifs d'indiscipline. On appelle ainsi des actes d'indiscipline commis simultanément par des canonniers après entente entre eux. Ces actes sont toujours très graves, car cette entente préalable prouve une intention bien arrêtée de mal faire. Il y a toujours, dans une affaire de ce genre, un ou plusieurs meneurs qui, très souvent, au moment de l'exécution de l'acte projeté, savent disparaître et laisser retomber toutes les responsabilités sur ceux qui ont eu la faiblesse et la bêtise de les écouter. Dans le cas d'actes collectifs d'indiscipline, l'envoi aux sections spéciales est prononcé par le Ministre de la guerre, sans avis du conseil de discipline;

3° Les canonniers qui se mutilent volontairement dans le but de se rendre inaptes au service militaire et ceux qui, malgré les remontrances ou les punitions, simulent des infirmités également dans le but de se soustraire au service. Ces canonniers sont envoyés aux sections spéciales par le Ministre de la guerre, après avis du conseil de discipline.

QUESTIONNAIRE

Qu'appelle-t-on section spéciale?
Quel est le régime auquel sont soumis les militaires des sections spéciales?
Que fait-on des militaires des sections spéciales qui s'y conduisent mal?
Que fait-on des militaires des sections spéciales qui s'y conduisent bien?
Quelles fautes peuvent entraîner l'envoi aux sections spéciales?
Qu'est-ce qu'un acte collectif d'indiscipline?

Pourquoi un tel acte est-il toujours considéré comme très grave?
Qui envoie aux sections spéciales?
Qu'est-ce que le conseil de discipline?

57. RÉFORME.

Le canonnier qui, à la suite de maladie ou d'accident, est devenu impropre au service, est réformé.

Il y a deux sortes de réformes : la réforme définitive; la réforme temporaire.

Réforme définitive. — Lorsque la maladie ou l'accident a rendu pour toujours l'homme impropre au service militaire, il est réformé définitivement, c'est-à-dire qu'il ne sera plus jamais, même en temps de guerre, appelé sous les drapeaux.

Si la maladie ou l'accident ont été contractés en service commandé et que le canonnier ne puisse plus, par suite, se livrer à son travail habituel et gagner sa vie, il est réformé avec un congé de réforme n° 1 et obtient une pension.

Si le canonnier ne subit, du fait de la maladie ou de l'accident, qu'une diminution de ses facultés, il est réformé avec un congé de réforme n° 1, avec pension ou secours renouvelable.

Si la maladie ou l'accident n'ont pas été contractés en service commandé ou ont une origine antérieure à l'incorporation, le canonnier est réformé avec un congé de réforme n° 2, c'est-à-dire sans pension ni secours.

Réforme temporaire. — Lorsque la maladie ou l'accident paraissent devoir se guérir dans un temps assez court, le canonnier est réformé temporairement. Dans cette situation, il est astreint à se présenter à une date qui lui est indiquée devant une commission composée d'officiers et de médecins. Si cette commission juge le malade guéri, celui-ci est rappelé sous les drapeaux; si, au contraire, le malade n'est pas guéri, la réforme temporaire se transforme en réforme définitive.

Certificat d'origine de maladie ou de blessure. — Les faits qui ont entraîné la maladie ou la blessure contractée en service commandé sont consignés dans un certificat, certifié par des témoins et remis à l'intéressé.

QUESTIONNAIRE

Que fait-on du canonnier qu'une maladie ou un accident rend impropre au service?
Combien y a-t-il de sortes de réformes?
Qu'est-ce que la réforme définitive?
Dans quel cas donne-t-on un congé de réforme n° 1?
Dans quel cas donne-t-on un congé de réforme n° 2?
Qu'est-ce que la réforme temporaire?
Que doit faire le canonnier réformé temporairement?
Qu'est-ce que le certificat d'origine de maladie ou de blessure?

58. NOTIONS SUR LA MASSE D'HABILLEMENT.

Le canonnier reçoit du magasin de la batterie tous les effets et objets d'habillement et d'équipement, les chaussures dont il a besoin.

Comment la batterie se procure-t-elle à son tour ces effets et objets?

De la façon suivante :

Pour chaque homme présent, l'Etat alloue une somme d'argent appelée prime d'habillement.

Le total ainsi constitué forme ce que l'on nomme la masse d'habillement de la batterie.

Cette masse est gérée par le capitaine.

Les effets nécessaires sont achetés au magasin d'habillement du régiment qui, lui, se les procure par achats chez des fournisseurs ou dans les magasins administratifs de l'Etat.

La prime journalière est de 0 fr. 335 pour les hommes montés, de 0 fr. 273 pour les hommes non montés.

Cette somme minime sert non seulement à procurer au canonnier tous les effets dont il a besoin, mais aussi à payer toutes les réparations à ces effets, le blanchissage du linge, le cirage, la graisse à chaussures, le savon et tous les ingrédients d'entretien et de plus tout le matériel de cuisine et de réfectoire.

Il y donc lieu, si l'on veut faire face à toutes ces dépenses, de veiller à ce que rien ne soit gaspillé. C'est pour cela qu'on recommande si souvent au canonnier d'entretenir parfaitement ses effets et qu'on les passe aussi souvent en revue.

La prime journalière, qui paraît minime, ne constitue pas moins pour l'Etat une dépense considérable, se chiffrant par plus de 50 millions de francs par an, pour l'ensemble de l'armée.

Le canonnier a le devoir de veiller à la conservation de ses effets et il doit comprendre qu'en agissant ainsi ce sont ses intérêts qu'il ménage. Les fonds employés par l'Etat proviennent des impôts que tous les Français, riches ou pauvres, paient. Chacun de nous a intérêt à voir ces impôts ne pas augmenter et doit donc éviter pour sa part tout gaspillage.

QUESTIONNAIRE.

Par qui le canonnier est-il pourvu de tous les effets d'habillement qui lui sont nécessaires?
Qu'est-ce que la batterie touche pour assurer l'habillement et l'entretien des effets des hommes?
Qu'appelle-t-on masse d'habillement?
Où sont achetés les effets?

Quel est le montant de la prime journalière?
Ne sert-elle qu'à l'achat d'effets d'habillement?
Le canonnier est-il intéressé à ce qu'il n'y ait pas de gaspillage d'effets?
Pourquoi?

59. OBLIGATIONS AUXQUELLES SONT TENUS DANS LEURS FOYERS LES HOMMES SOUMIS A LA LOI MILITAIRE

1° Du service militaire.

Tout Français doit le service militaire personnel.

Le service militaire est égal pour tous.

Sauf le cas d'incapacité physique il ne comporte aucune dispense.

Il a une durée de vingt-huit années réparties comme suit :

Trois ans dans l'armée active ;
Onze ans dans la réserve de l'armée active ;
Sept ans dans l'armée territoriale ;
Sept ans dans la réserve de l'armée territoriale.

Les hommes de la réserve de l'armée active pères de quatre enfants vivants passent de droit dans l'armée territoriale.

Les pères de six enfants vivants passent de droit dans la réserve de l'armée territoriale.

Les hommes n'ayant pas été reconnus aptes pour le service armé, mais reconnus susceptibles d'être utilisés dans certains emplois, sont classés dans les services auxiliaires.

2° Classe de recrutement et classe de mobilisation.

La classe de recrutement comprend tous les jeunes gens qui, dans le courant de la même année, atteignent l'âge de 19 ans.

La classe de mobilisation comprend tous les jeunes gens incorporés comme appelés ou engagés dans la même année ; elle porte le numéro de l'année précédant l'incorporation. Ainsi tous les jeunes gens entrés au service en 1912 appartiennent à la classe de mobilisation 1911, et c'est avec cette classe qu'ils marcheront en cas de mobilisation ou d'appels.

3° Domicile et résidence.

Le domicile est le lieu où l'homme libéré du service actif s'établit à demeure.

La résidence est le lieu où il s'établit provisoirement.

Le changement de domicile est l'abandon, sans esprit de retour, du lieu que l'on habite pour se fixer définitivement ailleurs.

Le changement de résidence est une absence plus ou moins longue du domicile, qui, lui, reste le même.

Le militaire libéré du service actif peut, à son départ du corps, être dirigé :

1° Sur son domicile de recrutement ;
2° Sur le domicile de ses parents ;
3° Sur toute autre localité, à condition de fournir, deux mois avant la libération, un certificat du maire de la localité attestant que l'homme pourra y trouver de l'ouvrage.

Tout homme lié au service militaire est astreint, s'il se déplace, aux formalités suivantes :

1° S'il se déplace pour changer de domicile ou de résidence (1), il fait viser, dans le délai d'un mois, son livret par la gendarmerie d'où dépend la localité où il transporte son domicile ou sa résidence ;
2° S'il se déplace pour plus de deux mois, il fait viser son livret, avant son départ, par la gendarmerie de sa résidence habituelle ;
3° S'il va se fixer en pays étranger, il fait viser son livret, avant son départ, par la gendarmerie et doit en outre, dès son arrivée dans le pays où il se rend, prévenir l'agent consulaire de France le plus voisin, lequel lui donne récépissé de sa déclaration.

A l'étranger, s'il se déplace, il en prévient l'agent consulaire. Lorsqu'il rentre en France, il fait viser son livret à la gendarmerie du lieu où il s'installe.

L'homme qui se conforme à ces règles a droit, en cas de mobilisation ou d'appel de sa classe, à des délais supplémentaires pour rejoindre son corps. Celui qui ne s'y conforme pas est considéré comme n'ayant pas changé de résidence et encourt des peines disciplinaires.

4° Appels.

Les hommes de la réserve de l'armée active sont assujettis, pendant leur temps de service dans ladite réserve, à prendre part à deux périodes d'exercices : la première, d'une durée de vingt-trois jours, la deuxième, d'une durée de dix-sept jours.

Les hommes de l'armée territoriale sont assujettis à une période de neuf jours.

Les hommes de la réserve de l'armée territoriale peuvent être soumis à une revue d'appel pour laquelle la durée du

---

(1) Les changements d'adresse, dans les villes de plus de 5.000 habitants, sont considérés comme des changements de résidence et doivent par conséquent être déclarés à la gendarmerie.

déplacement n'excédera pas un jour. Ceux qui, en temps de guerre, sont affectés à la garde des voies de communication, à la garde des points importants du littoral, ou employés comme auxiliaires d'artillerie dans les places fortes, dans les forts, peuvent être convoqués pour des exercices spéciaux dont la durée totale n'excédera pas sept jours, pendant les six années passées dans la réserve de l'armée territoriale.

5° Dispenses des périodes d'exercices.

Sont dispensés :

De la 1re période de vingt-trois jours, les hommes ayant accompli quatre années de service effectif ou une période de séjour aux colonies.

De la période de vingt-trois jours et de celle de dix-sept jours, les hommes ayant accompli au moins cinq ans de service effectif.

De la période de neuf jours, les hommes qui, au moment de l'appel de leur classe, sont inscrits depuis cinq ans au moins sur le contrôle des corps de sapeurs-pompiers.

Peuvent être dispensés : les hommes des services auxiliaires; les jeunes gens fixés à l'étranger.

6° Ajournements.

Les hommes convoqués pour une période d'exercices ou un exercice spécial ne peuvent obtenir d'ajournement que s'ils peuvent invoquer un cas de force majeure.

L'ajourné est convoqué l'année suivante ou deux ans après pour une période semblable à celle qu'il devait accomplir.

L'ajournement n'est jamais accordé deux fois pour la même période d'instruction.

L'homme qui sollicite un ajournement en fait la demande à la gendarmerie.

7° Ordres de convocation.

Les hommes astreints à une période d'exercices ou à un exercice spécial sont convoqués directement par un ordre d'appel individuel sur lequel sont mentionnés : le corps où ils doivent se rendre, le jour et l'heure de l'arrivée à destination.

L'ordre d'appel doit être conservé, il sert de feuille de route à l'homme et lui permet de voyager au tarif militaire. Il est remis au corps à l'arrivée.

Il est envoyé à l'homme deux mois environ avant le jour où l'homme doit se présenter au corps.

8° Indemnités.

L'homme convoqué a droit pour l'arrivée :

1° A une indemnité de chemin de fer partout où existe ce mode de transport et quelle que soit la distance à parcourir ; elle est calculée au tarif militaire de 3e classe, de la gare la plus rapprochée de la commune, de la résidence ou du domicile réguliers, au lieu de convocation ;

2° A une indemnité journalière de 1 fr. 25 par journée passée en voyage (y compris celle de l'arrivée si l'homme est convoqué après midi ; si l'homme est convoqué avant midi, il n'a pas droit pour le jour de l'arrivée à l'indemnité de 1 fr. 25, mais il a droit alors aux prestations et à la solde, il est nourri par l'ordinaire).

Pour le départ l'homme a droit :

1° A une indemnité de chemin de fer comme pour l'arrivée ;

2° A une indemnité de 1 fr. 25 pour toute journée ou fraction de journée de plus de six heures passée en route.

Les indemnités sont payées au corps où est convoqué l'homme.

L'homme appelé, qui n'aurait pas les ressources suffisantes pour faire l'avance de la dépense de chemin de fer et de l'indemnité journalière, en fait la déclaration à la gendarmerie, qui lui indique ce qu'il doit faire.

9° Soutiens de famille.

L'homme qui doit être convoqué pour une période d'instruction reçoit, dans le courant du mois de novembre précédant l'année de convocation, du commandant de son bureau de recrutement, une *carte postale-avis*, l'informant qu'il sera convoqué dans le courant de l'année qui suit.

L'homme qui remplit les conditions de soutien de famille et qui désire obtenir une allocation journalière pour venir en aide à sa famille pendant la durée de sa période, adresse au maire de sa commune, avant le 5 décembre, une demande dans ce sens en y joignant la carte postale-avis.

L'allocation est accordée par un conseil départemental et dans la limite de 12 pour cent des hommes convoqués.

Elle est touchée chez le percepteur sur la présentation d'un certificat délivré par le maire.

10° Discipline. — Punitions.

Les hommes de la réserve ou de l'armée territoriale, même non présents sous les drapeaux, lorsqu'ils sont revêtus de l'uniforme militaire sont soumis aux mêmes devoirs que les hommes de l'armée active et sont passibles des mêmes peines s'ils ne les remplissent pas.

Tout retard non justifié à répondre à une convocation de l'autorité militaire les rend passibles de punition.

L'homme ainsi puni est convoqué par écrit pour accomplir sa punition; l'ordre fixe le lieu et le jour. L'homme qui n'obéit pas à cet ordre est recherché par la gendarmerie et conduit sous escorte au lieu où il doit subir sa punition.

Pendant la durée des périodes d'instruction, les militaires de la réserve et de l'armée territoriale sont soumis à toutes les obligations imposées aux militaires de l'armée active. Ceux d'entre eux qui encourent des punitions de prison supérieures à huit jours sont maintenus au corps après leur période. Ceux qui, à la fin de leur période, subissent une punition de prison la terminent intégralement.

11° Réforme.

L'homme de la réserve ou de l'armée territoriale qui se croit susceptible d'être réformé ou versé dans le service auxiliaire doit en faire la déclaration à la gendarmerie de sa résidence sans attendre l'époque des appels ou l'ordre de mobilisation. Il est convoqué devant la commission de réforme. Celui qui ne fait pas sa démarche en temps utile se met dans le cas d'être appelé pour des périodes d'exercice ou même mobilisé, le cas échéant, malgré sa maladie ou son infirmité.

12° Livret individuel.

L'homme dans ses foyers doit conserver avec soin son livret individuel. Il doit pouvoir le présenter à toute réquisition de l'autorité militaire, judiciaire ou civile.

En cas de perte du livret, il doit immédiatement en faire la déclaration à la gendarmerie (voir n° 39).

13° Mobilisation.

La mobilisation sera annoncée à son de caisse dans toutes les communes, elle sera en outre publiée par voie d'affiches qui en indiqueront le premier jour.

Chaque homme devra se conformer alors exactement aux indications qui lui sont données de façon très nette dans son fascicule de mobilisation.

L'homme qui ne sera pas rendu à destination dans les deux jours qui suivront celui fixé par son ordre de route sera considéré comme insoumis et passera en conseil de guerre. La peine qui lui sera infligée sera de deux à cinq ans d'emprisonnement.

QUESTIONNAIRE

Quelle est la durée totale du service militaire ?
Comment se répartissent ces vingt-cinq années ?
De quelle classe de recrutement êtes-vous ? Pourquoi ?
De quelle classe de mobilisation êtes-vous ? Pourquoi ?
Qu'est-ce que le domicile ?
Qu'est-ce que la résidence ?
Que doit faire le militaire libéré qui se déplace pour changer de domicile ou de résidence ?
Que doit faire le militaire libéré qui change d'adresse dans une ville de plus de 5.000 habitants ?
Que doit faire le militaire libéré qui s'absente pendant plus de deux mois ?
Que doit faire le militaire libéré qui va se fixer en pays étranger ?
Que doit faire le militaire libéré qui, étant en pays étranger, se déplace ?
Que doit faire le militaire libéré qui, étant en pays étranger, rentre en France ?
Quels avantages sont faits à l'homme qui observe ces prescriptions ?
Qu'arrive-t-il à celui qui ne les observe pas ?
A combien de périodes d'exercices serez-vous soumis ?
Peut-on obtenir l'ajournement d'une période ?
A qui faut-il s'adresser pour cela ?
L'ajournement dispense-t-il de faire la période ?
Comment l'homme est-il prévenu de la date et de l'endroit où il doit accomplir une période d'instruction ?
Que doit-il faire de cet ordre d'appel ? à quoi lui sert-il ?
A quelles indemnités l'homme convoqué a-t-il droit ?
Qui lui paie ces indemnités ?
Que fait-il s'il est sans ressources ?
Que doit faire le soutien de famille qui désire obtenir une allocation ?
Qui lui paie cette allocation ?
Un homme dans ses foyers peut-il être puni par l'autorité militaire ?
Pour quelles fautes ?
Où sont subies les punitions ?
Qu'arrive-t-il au réserviste puni qui ne se rend pas au lieu indiqué pour y subir sa punition ?
Le réserviste accomplissant une période d'exercices et qui est puni de plus de huit jours de prison est-il libéré en même temps que ses camarades ?
Que doit faire le réserviste qui se croit susceptible d'être réformé ?
Qu'arrive-t-il s'il ne fait pas sa déclaration en temps utile ?
Qu'est-ce que le livret individuel ?
Que doit en faire l'homme dans ses foyers ?
Que doit-il faire s'il le perd ?
Qu'est-ce que le fascicule de mobilisation ?
Qui décrétera la mobilisation ?
Comment sera-t-elle annoncée ?
Que devra faire tout réserviste ou territorial à la mobilisation ?
Quelle peine encourt l'homme qui ne rejoint pas immédiatement son corps à la mobilisation ?

60. RENGAGEMENTS

RENGAGEMENTS DES MILITAIRES PRÉSENTS SOUS LES DRAPEAUX

Les canonniers ayant un an de service au moins peuvent contracter des rengagements de trois ans, deux ans et demi et un an et demi dans tous les corps de troupes métropolitaines ou coloniales.

Ils peuvent contracter des rengagements d'un an : pour les régiments d'artillerie stationnés dans les 6e, 7e, 14e, 15e et 20e régions de corps d'armée; ou pour les groupes à cheval des divisions de cavalerie; ou pour les troupes coloniales; ou pour les régiments de sapeurs-pompiers.

Les brigadiers ayant un an de service au moins peuvent contracter des rengagements de trois ans, deux ans et demi et un an dans les corps où ils servent. Pour les autres corps ils ne sont admis que comme simples soldats.

Les sous-officiers comptant au moins une année de service peuvent se rengager pour un an, un an et demi, deux ans, deux ans et demi, trois ans, quatre ans ou cinq ans dans le corps où ils servent, ou dans un autre corps de leur arme.

Les rengagements des canonniers peuvent être renouvelés jusqu'à ce qu'ils aient accompli cinq ans de service. Pour servir au delà, le canonnier doit remplir certains emplois ou passer dans l'armée coloniale. Il en est de même des brigadiers.

Les sous-officiers peuvent être rengagés jusqu'à quinze ans de service. Dans certains cas, ils peuvent être admis à servir comme commissionnés jusqu'à vingt et vingt-cinq ans de service.

RENGAGEMENTS DES MILITAIRES LIBÉRÉS

Les canonniers et brigadiers sont admis à se rengager, dans les deux années qui suivent leur libération du service actif, pour une durée qui ne peut être inférieure à deux ans.

Si les brigadiers sont libérés depuis plus de six mois, ou s'ils demandent à se rengager dans un autre corps que celui où ils ont servi, ils ne peuvent être admis que comme simples soldats.

Les sous-officiers peuvent se rengager avec leur grade dans les deux ans qui suivent leur départ du corps.

Les militaires de tous grades, libérés depuis plus de deux ans et ayant moins de trente-six ans d'âge, sont admis à se rengager dans les troupes coloniales comme simples soldats, mais pour une durée de trois ans au moins.

AVANTAGES ACCORDÉS AUX RENGAGÉS

1° Une prime est payée au rengagé, en totalité ou en partie selon qu'il le demande, le jour de son rengagement; la portion de prime non touchée produit intérêt à 2,50 0/0 l'an. Cette prime varie avec le corps.

2° Une haute paye journalière, payée même pendant les journées d'absence, est due au rengagé. Elle varie avec le corps.

3° Le sous-officier rengagé, après cinq ans de service, reçoit une solde mensuelle payable le dernier jour du mois.

4° Les effets d'habillement, le combustible, l'éclairage sont fournis gratuitement au rengagé.

5° En remplacement des effets réglementaires, les sous-officiers et brigadiers reçoivent des tenues de ville.

6° Ceux qui sont mariés sont autorisés à loger en ville et reçoivent une indemnité de logement.

7° Après quinze ans de service, tout rengagé reçoit une pension de retraite.

8° Des indemnités de vivres sont payées aux rengagés qui ne vivent pas à l'ordinaire.

9° Des emplois civils sont réservés aux militaires ayant accompli au moins quatre ans de service.

ÉNUMÉRATION DE QUELQUES EMPLOIS CIVILS RÉSERVÉS AUX CANONNIERS AYANT ACCOMPLI QUATRE ANS DE SERVICE

Gendarme, douanier, garde forestier, facteur rural, receveur buraliste de 2e classe, agent subalterne des ministères et des grandes administrations, gardien de la paix à Paris et à Lyon, etc., etc.

Exemples d'avantages pécuniaires accordés aux rengagés

(Calculés pour un an).

1° Canonnier servant ou conducteur appelé, rengagé pour deux ans dans un régiment

	de l'Est (Besançon).	du Centre (Clermont).
Prime de rengagement.......	100 »	75 »
Haute-paye..................	73 »	73 »
Supplément de haute-paye....	36 50	»
Solde journalière............	18 25	18 25
Total annuel............	227 75	166 25

2° Maître-pointeur appelé, rengagé pour deux ans dans un régiment

	de l'Est (Besançon).	du Centre (Clermont).
Prime de rengagement.......	100 »	75 »
Haute-paye..................	339 45	339 45
Supplément de haute-paye....	36 50	»
Solde journalière............	25 55	25 55
Total annuel............	501 50	440 »

3° Sous-officier non marié rengagé pour porter à cinq ans la durée de son service dans un régiment

	de l'Est (Besançon).	du Centre (Clermont).
Prime de rengagement.......	144 »	144 »
Haute-paye................	262 80	262 80
Supplément de haute-paye....	36 50	»
Prime de viande, pain, vivres.	310 20	310 20
Solde journalière............	365 »	365 »
Total annuel............	1.118 50	1.082 »
Sur lesquel il faut déduire, pour nourriture au mess....	365 »	365 »
Reste comme argent de poche..	753 50	717 »

4° Retraite :

	Francs.
D'un adjudant à 15 ans de service..............	600
D'un adjudant à 25 ans de service..............	1.000
Elle peut atteindre, au delà de 25 ans de service ou avec les campagnes......................	1.300
D'un maréchal des logis à 15 ans de service....	480
D'un maréchal des logis à 25 ans de service....	800
Elle peut atteindre, au delà de 25 ans de service ou avec les campagnes......................	1.100

TABLE DES MATIÈRES

Alimentation.

Armement.

Discipline.

Entretien des effets.

Extraits des lois militaires.

Hygiène des hommes.

Hygiène des chevaux.

Harnachement.

La vie en campagne.

Police des chambres.

Récompenses et sanctions.

Service de place.

Tenue.

Paris et Limoges. — Imp. et libr. milit. Henri CHARLES-LAVAUZELLE.

www.ingramcontent.com/pod-product-compliance
Ingram Content Group UK Ltd.
Pitfield, Milton Keynes, MK11 3LW, UK
UKHW020318230726
13925UKWH00002B/481